U0272171

邢台市
耕地质量演变及提质增效技术

◎ 张建发　彭正萍　王艳群　贾　莹　等　编著

中国农业科学技术出版社

图书在版编目（CIP）数据

邢台市耕地质量演变及提质增效技术 / 张建发等编著. --北京：中国农业科学技术出版社，2022.9

ISBN 978-7-5116-5914-9

Ⅰ.①邢… Ⅱ.①张… Ⅲ.①耕地资源-资源评价-邢台 Ⅳ.①F323.211

中国版本图书馆 CIP 数据核字（2022）第 172159 号

责任编辑 徐定娜
责任校对 马广洋
责任印制 姜义伟 王思文

出 版 者 中国农业科学技术出版社
北京市中关村南大街 12 号 邮编：100081
电 话 （010）82105169（编辑室） （010）82109702（发行部）
（010）82109709（读者服务部）
网 址 https://castp.caas.cn
经 销 者 各地新华书店
印 刷 者 北京建宏印刷有限公司
开 本 185 mm×260 mm 1/16
印 张 17
字 数 362 千字
版 次 2022 年 9 月第 1 版 2022 年 9 月第 1 次印刷
定 价 48.00 元

《邢台市耕地质量演变及提质增效技术》
编著人员

主　　编：张建发　彭正萍　王艳群　贾　莹

副主编：侯　瑞　门　杰　李旭光　刘淑桥　郝立岩

参编人员：付　鑫　郭　靖　王　洋　薛　澄　李　艳　邹立坤

李晓鹏　陈立宏　刘克桐　刘晓明　刘　赞　彭先园

刘志刚　王亚玲　孙坤雁　田培荣　王　赫　崔禹章

崔祥朝　董丽丽　董若征　杜伟帅　吴立勇　徐灵丽

王玉锁　张翠华　马　阳　宋利玲　韩　鹏　刘晓丽

高明聪　王　平　张　培　张世辉　张晓东　张俊娟

周　繁　谷小雨　倪玉雪　赵　静　赵尚杰　郑卫红

赫运霞　贺立民　胡京蕊　贾利民　李国清　王建章

李　杰　李锐娟　刘文智　马金翠　苗昕彧　曲　兵

尚美娟　史雪梅　苏红娟　王永高　温晓涵　武红霞

吴晋宁　肖延仁　杨　炯　杨丽娜　宋小颖　刘胜蓝

杨亚鹏　张　程　冯英明　高泽崇

内容简介

《邢台市耕地质量演变及提质增效技术》全书共分为7章，阐述了邢台市的自然概况、农业生产概况、耕地物理和化学属性演变规律、土壤属性分级特征等；系统探究了耕地质量综合等级时空变化特征；经实地调查和统计分析，明确了邢台市主要农作物的施肥现状，并根据耕地质量等级和作物类型进行施肥指导；针对邢台市耕地质量现状、作物种植情况，提出有机肥替代化肥、缓控释氮肥替代普通氮肥、机械深耕提升耕地质量和水肥一体化等耕地质量提升技术模式；针对邢台市耕地资源利用中存在的主要问题，制定了相应的高、中、低产田合理利用措施。这为该市耕地资源合理管理与利用、农业生产中科学合理施肥、提升耕地质量、增加耕地产出效率等提供了科学依据。

本书可供土壤、肥料、耕保、农学、植保、园艺、农业管理和农业推广等专业以及其他农学领域的科研工作者、学生、农技推广人员及相关管理部门工作人员阅读和参考。

前　言

耕地是农业发展之基、农民安身之本，也是乡村振兴的物质基础。习近平总书记明确指出："耕地是我国最为宝贵的资源。我国人多地少的基本国情，决定了我们必须把关系十几亿人吃饭大事的耕地保护好，绝不能有闪失。""要实行最严格的耕地保护制度……像保护大熊猫一样保护耕地。"摸清耕地质量家底，有针对性开展耕地质量保护和培育，可使耕地内在质量得到改善，产出能力得以提升。《邢台市耕地质量演变及提质增效技术》一书将为邢台市在农业生产中科学合理管理耕地、制订合理施肥技术、提高耕地质量、改善农产品产量和品质提供科学依据。

自 2005 年，邢台市在实施测土配方施肥项目和耕地质量调查评价项目中产生了大量田间调查、农户调查、土壤和植物样品分析测试和田间试验数据。本书收集了邢台全市测土配方施肥项目土壤养分测定结果、第二次土壤普查的各类成果、2020 年之前的全市地力评价结果、耕地资源资产负债表和耕地质量监测数据及报告、作物肥料利用率田间试验、国家粮丰工程河北项目在黑龙港平原区小麦和玉米田间的研究成果等数据和文本资料。

本书在部分内容中融合了编著人员的多年实践和研究成果，共分为七章。第一章着重阐述了邢台市自然资源概况和农业生产概况，第二章着重阐述了邢台市耕地土壤属性演变规律等，第三章采用河北省地方标准将土壤评价指标进行级别变化特征分析，第四章分析了耕地质量综合等级时空演变特征，第五章明确了主要作物施肥现状和各类肥料特征并进行分区施肥指导，第六章根据耕地质量特征和生产现状提出了多种耕地质量提升技术模式，第七章针对高、中低产田类型特征提出相应的合理利用措施。

本书由邢台市农业农村局、河北农业大学相关人员共同编著，在部分内容中融合了编著成员的多年实践和研究成果。在相关内容的实施过程中河北省农业技术推广总站、河北省耕地质量监测保护中心、邢台市农业农村局等单位的相关技术人员也给予了大力支持和帮助，在此表示谢意！最后感谢国家重点研发计划（2021YFD190100308）、河北省重点研发计划（22326401D、21326402D）、邢台市耕地质量保护与提升、化肥减量增效等项目的支持。

由于写作时间仓促及作者学识水平所限，书中疏漏在所难免，敬请各级专家及读者提出宝贵意见和建议，有待于进一步修改和完善。

本书涉及土壤肥料、植物营养、耕保等多个学科，可供土壤、肥料、农学、植保、园艺、农业管理、农业技术推广、大专院校以及科研院所等部门的技术人员和广大师生阅读、参考。

编著者

2022 年 7 月

目　　录

第一章 自然资源概况与农业生产概况

一、地理位置与行政区划

邢台市地处河北省南部，太行山脉南段东麓，华北平原西部边缘。位于北纬36°50′～37°47′，东经113°52′～115°49′，东以卫运河为界与山东省相望，西依太行山和山西省毗邻，南与邯郸市相连，北及东北分别与石家庄市、衡水市接壤。辖区东西最长处约185 km，南北最宽处约80 km，总面积1.24万km²。截至2020年，邢台市下辖4个市辖区（襄都区、信都区、任泽区、南和区，其中襄都区2020年之前为桥东区、信都区2020年之前为桥西区、任泽区2020年之前为任县、南和区2020年之前为南和县）、12个县（内丘县、临城县、隆尧县、柏乡县、宁晋县、巨鹿县、平乡县、新河县、广宗县、威县、临西县、清河县）、代管2个县级市（沙河市、南宫市），另设有邢台经济开发区、邢东新区。

二、自然资源概况

（一）自然气候条件

邢台市属典型暖温带大陆性半干旱季风气候区，年平均气温为13.9 ℃。≥0 ℃积温，山区为4 455 ℃，平原为5 008 ℃。全年平均日照时数2 359.7 h，太阳总辐射量年平均5 477～5 553 MJ/m²，年光合有效辐射平均2 683.7～2 721 MJ/m²。多年平均降水量525.1 mm，降水总量65.41亿m³。

1. 气温

2020年，全市年平均气温为14.2 ℃，较常年（13.4 ℃）偏高0.8 ℃，为偏高年份，与2016年并列为建站以来第六高值年（图1-1）。自2013年以来，各年的平均气温均处于较高水平。2020年冬季气温显著偏高，春季、秋季气温偏高，夏季气温接近常年（表1-1）。

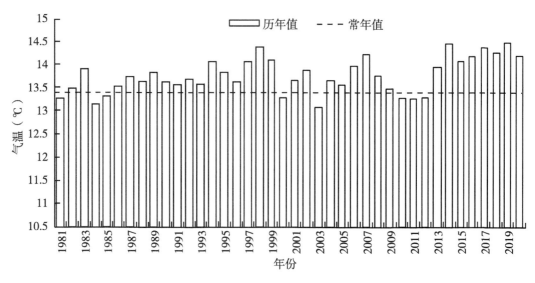

图1-1　邢台市1981—2020年逐年平均气温

（来源：邢台市2020年气候公报）

表1-1　邢台市2020年各季和年平均气温（℃）

气温	冬季	春季	夏季	秋季	年值
2020年值	0.7	15.8	26.3	14.4	14.2
常年值	-0.9	14.4	26.1	13.4	13.4

2. 降水

　　2020年，全市年平均降水量为586.6 mm，较常年（485.5 mm）偏多2成，为偏多年份（图1-2）。冬季降水异常偏多，春季、夏季降水偏多，秋季降水偏少（表1-2）。

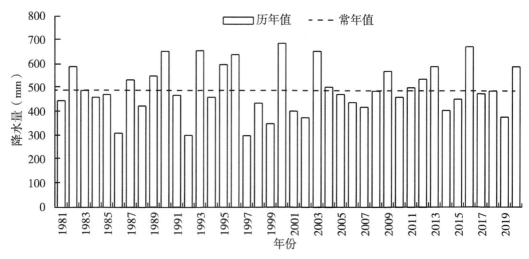

图1-2　邢台市1981—2020年逐年降水量

（来源：邢台市2020年气候公报）

表 1-2　邢台市 2020 年各季和年降水量（mm）

降水量	冬季	春季	夏季	秋季	年值
2020 年值	32.9	101.7	394.9	60.2	586.6
常年值	12.1	73.9	311.4	88.1	485.5

3. 日照

2020 年年日照时数接近常年，时空分布不均。全市年日照时数为 2 350.9 h，较常年（2 377.5 h）偏少 26.6 h，为正常年份。各县（市、区）年日照时数为 2 168.9（内丘）～2 701 h（柏乡），空间分布差异较大（表 1-3）。

表 1-3　2020 年各季和年日照时数（h）

日照时数	冬季	春季	夏季	秋季	年值
2020 年值	365.4	820.1	602.3	528.3	2 350.9
常年值	486.1	693.9	646	550	2 377.5

（二）地形地貌及地质状况

邢台市地处太行山脉南段东麓和华北平原交汇处，境内地势高低悬殊，西高东低，自西而东山地、丘陵、平原阶梯排列，以平原为主。京广铁路南北贯穿于丘陵和平原交界处，西部为山地和丘陵区，东部为平原区。山地位于信都、沙河、内丘和临城西部，面积 1 767.31 km²，占总面积 14.21%。山脉多呈北东走向，海拔高度 500 m 以上。丘陵位于山区以东、京广铁路以西，总面积 1 901.32 km²，占总面积 15.29%，海拔 100～500 m，岗坡起伏、坡度较缓。平原位于京广铁路以东，面积 8 765.75 km²，占总面积 70.50%。海拔高度 30～100 m，坡度 1/10 000～1/500。根据形态和成因的不同，分为山麓平原及低平原两部分，二者基本上以滏阳河为界。山麓平原位于滏阳河以西京广铁路两侧，面积 3 951.33 km²，占全市总面积 31.78%。地势倾斜，坡度 1/1 000～1/500，扇缘参差不齐。扇基土层薄、砾石多、质地粗；扇缘土层厚，虽有砾石，但多被黄土覆盖，质地稍细。靠近山麓部分的平原坡度较大，流水切割作用明显，河流阶地发育；中腰地带坡度渐缓，侵蚀变轻；平原前缘地势平缓开阔，与两大碟形洼地——大陆泽、宁晋泊相连，地势低洼、河流汇集，最低处海拔高度仅 24 m。低平原面积 4 814.43 km²，占总面积 38.72%。位于滏阳河以东至卫运河西岸。地貌形态复杂。古河床和沙丘岗坡呈带形分布，中间形成许多封闭洼地。南宫威县缓岗纵贯南北，其东西皆为二坡地，并夹一些沙丘、沙带和洼地。

（三）水资源概况

1. 河流

邢台市共有河流 21 条，除东部界河——卫运河外，均属于海河流域子牙河和黑龙港两大水系，河道总长度 1 052 km，堤防 1 121 km。子牙河流域共有 15 条行洪河道，分别是：汦河、北沙河、午河、泜河、李阳河、小马河、牛尾河、白马河、七里—顺水河、南澧河、沙洺河、留垒河、北澧河、滏阳河、滏阳新河，这些河道除留垒河外，均发源于西部太行山区，上游源头繁多，流域形状呈倒扫帚形。河道上宽下窄，源短流急，平时基流很少，甚至干涸。留垒河、沙洺河、七里—顺水河、牛尾河、南澧河、白马河、小马河、李阳河 8 条河道汇流大陆泽，进而汇入北澧河。北澧河、泜河、午河、北沙河、汦河等流入宁晋泊，至艾新庄汇入滏阳新河，流入衡水市。黑龙港区有老漳河、滏东排河、西沙河、索泸河、老沙河—清凉江 5 条骨干排沥河道。

2. 水利工程

全市共有大中小型水库 49 座，总库容 7.92 亿 m³，其中库容在 1 亿 m³ 以上的大型水库 2 座，库容在 1 000 万 m³ 至 1 亿 m³ 的中型水库 4 座，库容在 1 000 万 m³ 至 100 万 m³ 的小型水库 43 座。建水闸 151 座，小水电站 9 座。海河流域面积最大的滞洪区——涉及宁晋县、任泽区、隆尧县、巨鹿县、柏乡县、广宗县、南和区、平乡县 8 县（区），滞洪区面积 2 041 km²。

（四）土地资源概况

1. 土壤类型及分布现状

邢台市土壤分类为 7 个土纲，12 个土类，24 个亚类，67 个土属，103 个土种（表1-4）。

表1-4 邢台市土壤类型及其分布情况

土类	亚类名称	土种个数	面积（hm²）	占总面积（%）
棕壤	棕壤	7	29 730	2.48
	棕壤性土	3		
褐土	褐土	8	427 000	35.68
	淋溶褐土	5		
	石灰性褐土	12		
	潮褐土	10		
	褐土性土	6		

（续表）

土类	亚类名称	土种个数	面积（hm²）	占总面积（%）
潮土	潮土	10	652 497	54.50
	湿潮土	4		
	脱潮土	7		
	盐化潮土	6		
	碱化潮土	4		
砂姜黑土	石灰性砂姜黑土	3	4 075	0.340 5
沼泽土	沼泽土	1	388	0.032 4
水稻土	潜育水稻土	2	600	0.050 1
盐土	草甸盐土	2	3 180	0.265
红黏土	红黏土	1	135	0.011 3
新积土	冲积土	2	10 045	0.839 4
风沙土	草甸风沙土	5	30 219	2.53
粗骨土	酸性粗骨土	1	28 650	2.39
	中性粗骨土	1		
	钙质粗骨土	1		
石质土	酸性石质土	1	10 505	0.88
	钙质石质土	1	10 505	

2. 耕地质量与数量

2020 年全市耕地 599 232.80 hm²，1 ~ 10 等耕地面积分别为 26.91 hm²、25 666.44 hm²、121 266.92 hm²、154 402.28 hm²、196 415.13 hm²、66 497.46 hm²、19 375.61 hm²、14 406.08 hm²、123.70 hm²、1 052.27 hm²，分别占耕地总面积 0.004%、4.28%、20.24%、25.77%、32.78%、11.10%、3.23%、2.40%、0.02%、0.18%，全市耕地质量平均等级 4.48。

三、农业生产概况

2020 年邢台市农业生产总值 335.1 亿元，较上年增长 5.8%。全市粮食作物播种面积 763 513.4 hm²，减少 9 045 hm²，比上年下降 1.2%。粮食产量 485.2 万 t，增加 10.8 万 t，增长 2.3%。其中，夏粮产量 227.2 万 t，下降 0.9%；秋粮产量 258.0 万 t，增长 5.2%。油料作物播种面积 41 990.5 hm²，比上年增长 10.6%，油料产量 13.4 万 t，增长 4.2%。棉花播种面积 78 836.1 hm²，比上年下降 4.7%，产量 8.6 万 t，下降 5.4%。

中草药材总产量 9.4 万 t，比上年增长 13.3%。蔬菜播种面积 55 792 hm²，比上年增长 9.8%。蔬菜总产量 302.6 万 t，增长 9.7%。全年食用菌产量（干鲜混合）16.3 万 t，比上年增长 9.2%。其中，干品 3 462.5 t，增长 316.4%；鲜品 16.0 万 t，增长 7.5%。瓜果类播种面积 5 731 hm²，比上年增长 33.9%，总产量 25.2 万 t，增长 34.3%。

第二章 耕地土壤属性演变规律分析

土壤性质是衡量土壤肥力高低和耕地质量等级的重要参数，包括物理、化学和生物学性状。了解土壤的理化性质可以为耕地质量综合等级评价和制定相应的合理利用技术措施提供科学依据。本章将邢台市 2009—2011 年 3 年所有农业项目测定的各种土壤理化性状结果进行汇总分析记作该市 2010 年统计结果（陈宏丽，2017），把 2019—2021 年 3 年所有农业项目测定的各种土壤理化性状的结果进行汇总分析记作该市 2020 年统计结果，比较两时间段土壤性状演变规律。

第一节 土壤物理性质

一、土壤容重

（一）土壤容重时间变化特征

表 2-1 表明，邢台市 2010 年耕地土壤平均容重 1.35 g/cm³，变幅 0.70～1.80 g/cm³；2020 年土壤平均容重 1.37 g/cm³，变幅 0.73～1.95 g/cm³。2010—2020 年土壤平均容重增加 0.02 g/cm³，年均增加 0.002 g/cm³，变异系数增加 0.61 个百分点。10 年来该区土壤容重含量和区域间容重差距基本稳定。

表 2-1 土壤容重时间变化特征

年份	平均值（g/cm³）	最大值（g/cm³）	最小值（g/cm³）	标准差（g/cm³）	变异系数（%）
2010 年	1.35	1.80	0.70	0.15	11.47
2020 年	1.37	1.95	0.73	0.17	12.08

（二）不同地区土壤容重时间变化特征

表 2-2 表明，2010 年土壤平均容重宁晋县与襄都区相差 0.51 g/cm³；2020 年土壤

平均容重最高的宁晋县与最低的襄都区相差 0.52 g/cm³。2010—2020 年邢东新区、平乡县、隆尧县、威县、清河县、宁晋县、柏乡县、内丘县、巨鹿县、新河县、临西县、南宫市、南和区、任泽区、沙河市、临城县、信都区、襄都区土壤容重有所增加，邢东新区土壤容重增幅最大为 0.08 g/cm³；其余地区均下降，广宗县土壤容重降幅最大。

表 2-2　不同地区土壤容重时间变化特征

地区	2010 年 （g/cm³）					2020 年 （g/cm³）				
	平均	最大	最小	标准差	变异系数（%）	平均	最大	最小	标准差	变异系数（%）
柏乡县	1.58	1.68	1.50	0.04	2.74	1.61	1.87	1.39	0.12	7.16
广宗县	1.58	1.68	1.50	0.04	2.74	1.42	1.52	1.31	0.07	4.94
巨鹿县	1.47	1.80	1.20	0.13	8.75	1.50	1.83	1.23	0.11	7.62
临城县	1.37	1.43	1.32	0.02	1.78	1.40	1.69	1.17	0.12	8.42
临西县	1.29	1.32	1.27	0.01	0.91	1.32	1.44	1.18	0.07	5.09
隆尧县	1.38	1.44	1.34	0.03	1.87	1.42	1.52	1.27	0.05	3.45
南宫市	1.29	1.32	1.14	0.02	1.42	1.32	1.38	1.30	0.02	1.78
南和区	1.26	1.33	1.17	0.04	2.99	1.29	1.50	0.95	0.12	9.51
内丘县	1.56	1.65	1.49	0.04	2.52	1.59	1.68	1.52	0.05	3.16
宁晋县	1.65	1.76	1.52	0.04	2.66	1.68	1.95	1.39	0.14	8.26
平乡县	1.17	1.51	0.90	0.18	15.13	1.24	1.59	0.93	0.18	14.20
清河县	1.20	1.26	1.14	0.03	2.14	1.24	1.44	1.02	0.11	9.27
任泽区	1.23	1.27	1.18	0.03	2.33	1.26	1.40	1.20	0.05	4.00
沙河市	1.23	1.41	1.17	0.04	3.61	1.26	1.40	1.20	0.05	4.15
威　县	1.27	1.34	1.22	0.02	1.41	1.31	1.38	1.21	0.03	2.30
新河县	1.32	1.42	1.23	0.04	3.10	1.35	1.48	1.26	0.04	3.18
信都区	1.27	1.34	1.21	0.03	2.44	1.29	1.39	1.21	0.05	3.52
襄都区	1.14	1.39	0.70	0.22	19.11	1.16	1.35	0.73	0.13	11.59
邢东新区	1.16	1.39	0.88	0.16	13.42	1.24	1.53	0.91	0.17	13.79
经济开发区	1.39	1.66	0.93	0.17	12.57	1.34	1.69	0.86	0.19	13.85
全市平均	1.35	1.80	0.70	0.15	11.47	1.37	1.95	0.73	0.17	12.08

二、土壤耕层厚度

（一）土壤耕层厚度时间变化特征

表 2-3 表明，邢台市 2010 年土壤平均耕层厚度 19.7 cm，变幅 13～35 cm；2020 年

平均耕层厚度20.6 cm，变幅13～35 cm。2010—2020年土壤平均耕层厚度增加0.9 cm，年均增加0.09 cm，变异系数增加3.98个百分点。10年来土壤耕层厚度逐步增加，区域间耕层厚度差距变幅增大。

表2-3　土壤耕层厚度时间变化特征

年份	平均值（cm）	最大值（cm）	最小值（cm）	标准差（cm）	变异系数（%）
2010年	19.7	35	13	3.20	16.25
2020年	20.6	35	13	4.16	20.23

（二）不同地区土壤耕层厚度时间变化特征

表2-4表明，2010年平均耕层厚度最高的清河县与最低的南宫市相差19.5 cm；2020年平均耕层厚度清河县高于广宗县18.0 cm。2010—2020年信都区、临城县、南宫市、襄都区、宁晋县、沙河市、南和区、经济开发区、邢东新区、任泽区耕层厚度有所提升，信都区耕层厚度升幅最大为2.50 cm；其余地区平均耕层厚度没有变化。全市耕层厚度基本稳定。

表2-4　不同地区土壤耕层厚度时间变化特征

地区	2010年（cm）					2020年（cm）				
	平均	最大	最小	标准差	变异系数（%）	平均	最大	最小	标准差	变异系数（%）
柏乡县	20.0	20	20	0	0	20.0	20	20	0	0
广宗县	17.0	17	17	0	0	17.0	17	17	0	0
巨鹿县	20.0	20	20	0	0	20.0	20	20	0	0
临城县	23.0	23	23	0	0	25.0	25	25	0	0
临西县	20.0	20	20	0	0	20.0	20	20	0	0
隆尧县	17.0	19	16	0.38	2.24	17.2	19	16	0.53	3.06
南宫市	15.5	20	13	1.46	9.42	17.3	20	13	2.07	11.96
南和区	20.1	30	18	1.39	6.92	20.7	30	15	2.93	14.14
内丘县	20.0	20	20	0	0	20.0	20	20	0	0
宁晋县	20.0	20	20	0	0	20.6	25	20	1.49	7.20
平乡县	20.0	20	20	0	0	20.0	20	20	0	0
清河县	35.0	35	35	0	0	35.0	35	35	0	0
任泽区	18.4	20	18	0.82	4.46	18.6	20	18	0.92	4.97

（续表）

地区	2010 年（cm）					2020 年（cm）				
	平均	最大	最小	标准差	变异系数（%）	平均	最大	最小	标准差	变异系数（%）
沙河市	17.2	20	17	0.61	3.55	17.8	20	17	0.89	5.01
威 县	20.0	20	20	0	0	20.0	20	20	0	0
新河县	20.0	20	20	0	0	20.0	20	20	0	0
信都区	20.0	22	20	0.16	0.80	22.5	30	20	4.37	19.41
襄都区	18.3	20	18	0.55	3.00	19.3	20	17	0.95	4.89
邢东新区	19.0	19	19	0	0	19.3	20	16	1.08	5.61
经济开发区	18.8	20	17	0.81	4.31	19.3	20	16	1.07	5.53
全市平均	19.7	35	13	3.20	16.25	20.6	35	13	4.16	20.23

第二节　土壤 pH 和有机质

一、土壤 pH

（一）土壤 pH 时间变化特征

表 2-5 表明，邢台市 2010 年耕地土壤 pH 平均 7.95，变幅 4.60～9.20；2020 年土壤 pH 平均 8.15，变幅 6.07～9.17。2010—2020 年土壤 pH 增长 0.20 个单位，变异系数下降 2.68 个百分点。

表 2-5　土壤 pH 时间变化特征

年份	平均值	最大值	最小值	标准差	变异系数（%）
2010 年	7.95	9.20	4.60	0.50	6.24
2020 年	8.15	9.17	6.07	0.29	3.56

（二）不同地区土壤 pH 时间变化特征

表 2-6 表明，2010 年土壤 pH 平均最高的临西县与最低的襄都区相差 1.34；2020 年土壤 pH 平均临西县与南宫市相差 0.74。2010—2020 年襄都区、邢东新区、信都区、清河县、任泽区、柏乡县、沙河市、南宫市、经济开发区、巨鹿县、宁晋县、南和区、

新河县土壤pH增加，襄都区土壤pH增幅最大；其余地区土壤pH均呈下降趋势。

表2-6　不同地区土壤pH时间变化特征

地区	2010年					2020年				
	平均	最大	最小	标准差	变异系数（%）	平均	最大	最小	标准差	变异系数（%）
柏乡县	7.50	7.70	7.00	0.14	1.85	8.08	8.35	7.79	0.14	1.67
广宗县	8.31	8.60	8.00	0.17	2.06	7.99	8.23	7.62	0.14	1.76
巨鹿县	7.78	8.38	7.21	0.30	3.85	8.09	8.67	7.30	0.24	2.92
临城县	7.93	8.50	6.00	0.43	5.44	7.90	8.30	6.07	0.40	5.07
临西县	8.68	9.20	8.30	0.19	2.13	8.63	9.17	8.20	0.21	2.41
隆尧县	8.37	9.03	7.34	0.24	2.87	7.96	8.37	7.13	0.22	2.79
南宫市	7.51	8.00	7.10	0.28	3.77	7.89	8.59	7.35	0.20	2.50
南和区	8.02	8.70	7.30	0.29	3.56	8.07	8.70	6.99	0.24	2.98
内丘县	8.18	8.49	7.60	0.18	2.16	8.16	8.82	7.02	0.47	5.73
宁晋县	8.01	8.20	7.70	0.11	1.42	8.09	8.32	7.82	0.11	1.37
平乡县	8.41	8.90	8.00	0.18	2.13	8.33	8.70	7.70	0.20	2.43
清河县	7.66	8.00	7.30	0.17	2.26	8.37	9.10	8.00	0.23	2.70
任泽区	7.69	8.30	7.00	0.46	6.02	8.33	8.52	8.16	0.09	1.08
沙河市	7.74	8.80	4.60	0.58	7.48	8.27	8.64	6.09	0.36	4.31
威　县	8.27	8.50	8.00	0.15	1.82	8.15	8.46	7.82	0.12	1.51
新河县	7.99	8.20	7.70	0.11	1.35	8.00	8.22	7.52	0.14	1.74
信都区	7.35	8.30	6.30	0.56	7.56	8.06	8.30	7.70	0.15	1.85
襄都区	7.34	8.30	6.30	0.63	8.59	8.26	8.66	8.00	0.16	1.89
邢东新区	7.36	8.30	6.30	0.61	8.38	8.23	8.43	8.04	0.10	1.26
经济开发区	7.90	8.20	7.40	0.20	2.59	8.28	8.52	8.03	0.12	1.40
全市平均	7.95	9.20	4.60	0.50	6.24	8.15	9.17	6.07	0.29	3.56

（三）不同地貌类型土壤pH时间变化特征

图2-1表明，两年度均以东部平原区土壤pH平均最大，山地丘陵区最小。2010年东部平原区土壤pH最大8.11，山麓平原区次之7.94，山地丘陵区最小7.64；2020年东部平原区最大8.17，山麓平原区8.14，山地丘陵区最低8.08。与2010年比，10年间山地丘陵区土壤pH平均增加0.44个单位；山麓平原区土壤pH平均增加0.20个单位；东部平原区平均增加0.06个单位。

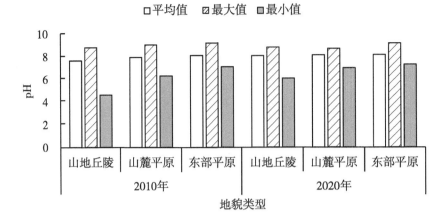

图 2-1 不同地貌类型的土壤 pH 演变规律

二、土壤有机质

(一)土壤有机质时间变化特征

表 2-7 表明,2010 年耕地土壤有机质平均 15.03 g/kg,变幅 0.30～43.00 g/kg;2020 年土壤有机质平均 18.45 g/kg,变幅 2.74～44.92 g/kg。2010—2020 年平均含量上升 3.42 g/kg,年均升高 0.342 g/kg,变异系数减少 8.39 个百分点。10 年间土壤有机质有增加趋势,区域间差距逐渐减小。

表 2-7 土壤有机质时间变化特征

年份	平均值（g/kg）	最大值（g/kg）	最小值（g/kg）	标准差（g/kg）	变异系数（%）
2010 年	15.03	43.00	0.30	5.68	37.78
2020 年	18.45	44.92	2.74	5.42	29.39

(二)不同地区土壤有机质时间变化特征

表 2-8 表明,2010 年土壤有机质平均含量最高的临城县与最低的南宫市相差 12.61 g/kg;2020 年最高的邢东新区与最低的威县相差 11.70 g/kg。2010—2020 年经济开发区、邢东新区、沙河市、隆尧县、广宗县、柏乡县、内丘县、南和区、平乡县、清河县、襄都区、宁晋县、南宫市、任泽区、临西县、信都区、巨鹿县、威县土壤有机质含量均提升;新河县、临城县下降,临城县降幅最大为 3.18 g/kg。各县土壤有机质总体呈上升趋势。

表 2-8　不同地区土壤有机质时间变化特征

地区	2010 年（g/kg）					2020 年（g/kg）				
	平均	最大	最小	标准差	变异系数（%）	平均	最大	最小	标准差	变异系数（%）
柏乡县	15.17	23.40	6.00	3.68	24.24	20.24	30.13	14.12	3.87	19.13
广宗县	10.03	16.10	2.80	2.84	28.28	15.88	22.64	9.55	3.26	20.54
巨鹿县	14.06	34.21	4.95	3.70	26.28	15.94	22.64	7.95	3.44	21.59
临城县	22.48	43.00	7.70	5.50	24.45	19.30	27.02	11.28	4.14	21.47
临西县	13.65	34.10	6.20	3.98	29.16	16.07	24.24	9.12	3.36	20.89
隆尧县	14.21	25.50	4.60	4.45	31.31	21.04	34.54	11.38	4.54	21.58
南宫市	9.87	14.60	6.10	1.84	18.59	12.55	20.12	6.42	3.03	24.12
南和区	16.57	30.60	5.60	4.96	29.94	20.96	44.92	2.74	7.09	33.83
内丘县	15.65	29.10	6.09	3.66	23.36	20.52	31.50	5.06	5.66	27.59
宁晋县	18.55	30.00	4.00	4.82	25.99	21.52	28.89	14.35	3.56	16.55
平乡县	14.67	23.90	8.50	3.12	21.24	19.01	34.50	5.80	5.62	29.58
清河县	12.41	23.50	1.60	4.93	39.70	16.61	24.40	7.80	4.16	25.05
任泽区	19.15	42.00	9.00	5.73	29.92	21.60	28.92	15.10	3.04	14.07
沙河市	15.90	40.90	0.30	8.83	55.49	23.65	41.00	11.40	4.77	20.16
威　县	10.63	17.56	3.71	2.99	28.09	11.97	19.10	5.20	3.49	29.15
新河县	14.33	22.90	6.40	3.52	24.54	14.12	22.73	5.08	4.25	30.07
信都区	15.89	32.50	4.50	4.92	30.97	18.26	26.40	11.70	4.06	22.26
襄都区	17.97	31.40	8.90	5.85	32.57	21.01	26.87	13.89	3.35	15.97
邢东新区	15.36	26.60	10.20	3.82	24.90	23.67	34.82	11.10	4.83	20.43
经济开发区	10.80	23.70	1.20	6.77	62.71	19.40	32.56	8.30	5.07	26.12
全市平均	15.03	43.00	0.30	5.68	37.78	18.45	44.92	2.74	5.42	29.39

（三）不同地貌类型土壤有机质时间变化特征

图 2-2 表明，两年度均以东部平原区土壤有机质最低。2010 年山地丘陵区土壤有机质最高，山麓平原区次之，东部平原区最低；2020 年山麓平原区土壤有机质最高，山地丘陵区次之，东部平原区最低。与 2010 年比，10 年来山麓平原区土壤有机质平均增加 4.54 g/kg；东部平原区平均增加 2.70 g/kg；山地丘陵区平均增加 2.61 g/kg。

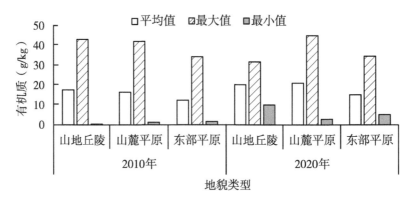

图 2-2 不同地貌类型的土壤有机质演变规律

第三节 土壤大量营养元素

土壤养分包括氮（N）、磷（P）、钾（K）、钙（Ca）、镁（Mg）、硫（S）、铁（Fe）、锰（Mn）、铜（Cu）、锌（Zn）、硼（B）、钼（Mo）和氯（Cl）等元素。根据作物对它们的需要量可以划分为大量元素、中量元素和微量元素。本次邢台市完成的土壤养分包括全氮、有效磷、速效钾、缓效钾、有效硫、有效硅、有效铁、有效锰、有效铜、有效锌、水溶性硼等。在进行土壤样品数据整理时，结合专业经验，采用 $\bar{x} \pm 3S$ 法判断分析数据中的异常值：根据 1 组数据的测定结果，由大到小排列，把大于 $\bar{x}+3S$ 和小于 $\bar{x}-3S$ 的测定值视为异常值去掉。

一、土壤氮素

（一）土壤全氮时间变化特征

表 2-9 表明，2010 年土壤全氮 0.89 g/kg，变幅 0.04～3.50 g/kg；2020 年土壤全氮平均含量 1.12 g/kg，变幅 0.30～2.09 g/kg。2010—2020 年土壤全氮平均含量上升 0.23 g/kg，年均升高 0.023 g/kg，变异系数下降 13.11 个百分点。10 年间土壤全氮增加，区域间差距逐渐减小。

表 2-9 土壤全氮时间变化特征

年份	平均值（g/kg）	最大值（g/kg）	最小值（g/kg）	标准差（g/kg）	变异系数（%）
2010 年	0.89	3.50	0.04	0.37	41.06
2020 年	1.12	2.09	0.30	0.31	27.95

（二）不同地区土壤全氮时间变化特征

表 2-10 表明，2010 年土壤全氮平均含量最高的任泽区与最低的清河县相差 0.98 g/kg；2020 年土壤全氮最高的南和区 1.42 g/kg，最低的威县 0.74 g/kg，两者相差 0.68 g/kg。2010—2020 年仅任泽区土壤全氮下降，为 0.14 g/kg；其余县（市、区）均有提升。全市总体有上升趋势。

表 2-10 不同地区土壤全氮时间变化特征

地区	2010 年（g/kg）					2020 年（g/kg）				
	平均	最大	最小	标准差	变异系数（%）	平均	最大	最小	标准差	变异系数（%）
柏乡县	0.97	1.48	0.38	0.24	24.43	1.20	1.78	0.83	0.23	19.09
广宗县	0.71	0.96	0.35	0.11	15.05	0.96	1.36	0.58	0.19	20.31
巨鹿县	0.46	1.03	0.21	0.13	29.02	1.07	1.67	0.59	0.25	23.71
临城县	1.01	1.32	0.73	0.16	15.54	1.15	1.61	0.69	0.24	21.20
临西县	0.87	1.27	0.43	0.22	24.83	1.14	1.59	0.65	0.21	18.47
隆尧县	1.03	1.70	0.56	0.22	21.06	1.31	2.07	0.63	0.24	18.10
南宫市	0.65	0.95	0.40	0.12	19.10	0.76	1.20	0.39	0.18	23.78
南和区	0.76	1.70	0.60	0.15	20.18	1.42	2.00	0.30	0.38	27.03
内丘县	1.13	1.76	0.49	0.26	22.80	1.16	1.80	0.30	0.31	26.94
宁晋县	1.26	2.00	0.37	0.34	27.34	1.29	1.72	0.85	0.23	17.84
平乡县	0.83	1.24	0.51	0.13	15.44	1.27	1.91	0.46	0.31	24.17
清河县	0.45	3.50	0.05	0.47	104.36	1.08	1.88	0.46	0.29	26.76
任泽区	1.43	2.56	0.59	0.55	38.33	1.29	1.73	0.91	0.18	13.89
沙河市	0.84	2.23	0.13	0.34	40.88	0.92	1.49	0.42	0.24	26.51
威 县	0.67	0.96	0.42	0.10	15.31	0.74	1.37	0.30	0.22	29.36
新河县	0.80	1.28	0.36	0.19	24.23	1.05	1.77	0.45	0.34	32.27
信都区	0.96	1.68	0.21	0.39	40.78	1.10	1.57	0.71	0.24	21.86
襄都区	1.05	1.82	0.40	0.37	35.19	1.24	1.62	0.83	0.19	15.51
邢东新区	1.12	1.64	0.36	0.36	32.32	1.41	2.09	0.67	0.28	19.63
经济开发区	0.64	1.71	0.04	0.42	65.34	1.17	1.92	0.50	0.28	24.24
全市平均	0.89	3.50	0.04	0.37	41.06	1.12	2.09	0.30	0.31	27.95

（三）不同地貌类型土壤全氮时间变化特征

图 2-3 表明，两年度均以山麓平原区土壤全氮平均最高，东部平原区最低。2010

年山麓平原区土壤全氮平均含量最高，山地丘陵区次之，东部平原区土壤全氮最低；2020 年山麓平原区土壤全氮平均含量最高 1.26 g/kg，山地丘陵区 1.04 g/kg，东部平原区最低 1.00 g/kg。与 2010 年比，10 年间东部平原区土壤全氮平均增加 0.31 g/kg；山麓平原区增加 0.20 g/kg；山地丘陵区增加 0.07 g/kg。

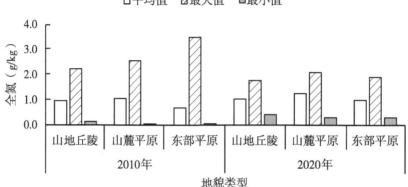

图 2-3 不同地貌类型的土壤全氮演变规律

二、土壤有效磷

（一）土壤有效磷时间变化特征

表 2-11 表明，2010 年土壤有效磷平均 18.20 mg/kg，变幅 0.60～149.20 mg/kg；2020 年土壤有效磷 20.39 mg/kg，变幅 1.50～236.60 mg/kg。2010—2020 年土壤有效磷平均增加 2.19 mg/kg，年均增加 0.219 mg/kg，变异系数增加 8.17 个百分点。多年来该地区土壤有效磷逐步增加，区域间差距逐渐增大。

表 2-11 土壤有效磷时间变化特征

年份	平均值 （mg/kg）	最大值 （mg/kg）	最小值 （mg/kg）	标准差 （mg/kg）	变异系数 （%）
2010 年	18.20	149.20	0.60	13.94	76.58
2020 年	20.39	236.60	1.50	17.28	84.75

（二）不同地区土壤有效磷时间变化特征

表 2-12 表明，2010 年土壤有效磷清河县最高 30.04 mg/kg，南宫市最低 4.76 mg/kg，相差 25.28 mg/kg；2020 年南和区最高 41.05 mg/kg，巨鹿县最低 13.54 mg/kg，相差 27.51 mg/kg。2010—2020 年南和区、南宫市、邢东新区、平乡县、

临西县、广宗县、柏乡县、临城县、隆尧县、宁晋县、任泽区、内丘县、威县土壤有效磷提升，南和区升幅最大 21.97 mg/kg；其余地区土壤有效磷均呈下降趋势，襄都区降幅最大 10.64 mg/kg。该市土壤有效磷总体逐渐增加。

表 2-12　不同地区土壤有效磷时间变化特征

地区	2010 年（mg/kg）					2020 年（mg/kg）				
	平均	最大	最小	标准差	变异系数（%）	平均	最大	最小	标准差	变异系数（%）
柏乡县	19.44	74.10	1.00	12.49	64.26	21.43	37.27	9.99	6.13	28.61
广宗县	11.03	36.00	1.30	5.53	50.10	15.61	25.11	7.09	4.37	28.00
巨鹿县	16.12	38.22	4.10	7.13	44.27	13.54	40.27	3.24	7.90	58.35
临城县	16.30	69.60	2.40	10.59	64.96	17.87	28.50	8.30	4.83	27.02
临西县	20.91	62.50	4.10	13.26	63.40	25.63	60.20	5.00	13.59	53.04
隆尧县	20.68	66.90	5.50	11.23	54.31	21.88	69.12	6.64	10.75	49.12
南宫市	4.76	30.80	0.70	4.01	84.34	14.86	63.86	3.04	10.97	73.82
南和区	19.08	63.00	0.70	11.54	60.47	41.05	223.50	3.60	40.99	99.86
内丘县	20.46	54.20	4.45	11.85	57.89	20.51	236.60	1.50	33.45	163.11
宁晋县	20.33	50.00	2.30	13.02	64.04	21.29	30.59	11.35	5.15	24.19
平乡县	11.35	83.00	2.10	9.13	80.45	18.95	111.50	4.50	18.92	99.89
清河县	30.04	97.20	2.10	20.73	69.03	27.22	88.60	1.50	20.46	75.16
任泽区	20.14	43.80	3.50	8.27	41.05	20.29	44.81	11.22	6.69	32.98
沙河市	19.03	149.20	0.70	21.91	115.13	17.03	72.50	2.50	13.72	80.58
威县	14.14	47.85	3.11	5.95	42.09	14.18	23.95	6.34	5.15	36.30
新河县	26.84	40.00	13.20	7.69	28.65	17.57	77.56	3.03	13.86	78.90
信都区	19.95	113.10	0.80	19.86	99.55	15.35	28.50	5.70	6.20	40.37
襄都区	27.87	81.50	9.60	20.30	72.85	17.23	56.88	2.95	13.64	79.17
邢东新区	10.46	25.90	0.60	7.19	68.71	18.46	65.29	6.62	13.96	75.62
经济开发区	25.05	85.70	2.20	18.46	73.70	24.53	63.52	4.08	14.11	57.53
全市平均	18.20	149.20	0.60	13.94	76.58	20.39	236.60	1.50	17.28	84.75

（三）不同地貌类型土壤有效磷时间变化特征

图 2-4 表明，两年度均以东部平原区土壤有效磷平均最低。2010 年山地丘陵区土壤有效磷平均含量最高为 20.25 mg/kg，山麓平原区次之 19.50 mg/kg，东部平原区最低 15.92 mg/kg；2020 年山麓平原区土壤有效磷平均含量最高 22.80 mg/kg，山地丘陵

区次之 18.38 mg/kg，东部平原区最低 18.42 mg/kg。与 2010 年比，10 年来山麓平原区土壤有效磷平均增加 3.30 mg/kg；东部平原区平均增加 2.50 mg/kg；山地丘陵区平均减少 1.87 mg/kg。

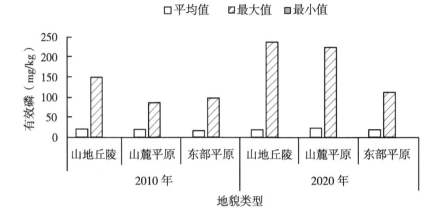

图 2-4　不同地貌类型的土壤有效磷演变规律

三、土壤钾素

（一）速效钾

1. 土壤速效钾时间变化特征

表 2-13 表明，全市 2010 年土壤速效钾平均 111.2 mg/kg，变幅 24～569 mg/kg；2020 年土壤速效钾平均 178.4 mg/kg，变幅 35～685 mg/kg。2010—2020 年增加 67.20 mg/kg，年均增加 6.72 mg/kg，变异系数减少 1.47 个百分点。10 年间该地区土壤速效钾逐步增加。

表 2-13　土壤速效钾时间变化特征

年份	平均值 （mg/kg）	最大值 （mg/kg）	最小值 （mg/kg）	标准差 （mg/kg）	变异系数 （%）
2010 年	111.2	569	24	54.34	48.86
2020 年	178.4	685	35	84.56	47.39

2. 不同地区土壤速效钾时间变化特征

表 2-14 表明，2010 年土壤速效钾平均任泽区最高 173.2 mg/kg，清河县最低 53.4 mg/kg，两者相差 119.8 mg/kg；2020 年土壤速效钾南和区最高 257.1 mg/kg，内丘县最低 122.4 mg/kg，两者相差 134.7 mg/kg。2010—2020 年南和区、清河县、邢东

新区、沙河市、巨鹿县、平乡县、隆尧县、新河县、襄都区、经济开发区、信都区、柏乡县、临西县、威县、广宗县、南宫市、内丘县、临城县、宁晋县土壤速效钾均有所提升，南和区土壤速效钾升幅最大为 163.6 mg/kg；仅任泽区土壤速效钾下降 7.3 mg/kg。10 年间各县土壤速效钾总体逐步增加。

表 2-14　不同地区土壤速效钾时间变化特征

地区	2010 年（mg/kg）					2020 年（mg/kg）				
	平均	最大	最小	标准差	变异系数（%）	平均	最大	最小	标准差	变异系数（%）
柏乡县	86.8	569	34	65.09	74.95	148.7	248	85	38.5	25.89
广宗县	102.8	192	43	33.44	32.53	155.9	217	91	32.46	20.82
巨鹿县	135.5	226	37	37.76	27.88	230.8	560	103	101.42	43.95
临城县	111.1	247	49	38.53	34.68	140.9	219	65	35.81	25.42
临西县	109.7	245	55	37.26	33.96	167.9	465	67	83.26	49.58
隆尧县	124.1	320	30	63.42	51.10	213.9	443	74	96.72	45.22
南宫市	106.5	225	45	33.16	31.13	157.9	274	71	57.4	36.36
南和区	93.5	182	25	25.00	26.75	257.1	685	92	127.34	49.52
内丘县	88.3	330	28	41.68	47.18	122.4	375	35	73.09	59.74
宁晋县	139.0	436	36	79.39	57.10	157.1	242	89	40.53	25.79
平乡县	139.5	500	60	62.75	45.00	234.4	540	84	108.09	46.12
清河县	53.4	99	31	16.32	30.58	190.8	437	82	82.3	43.14
任泽区	173.2	314	75	61.01	35.22	165.9	273	98	41.58	25.07
沙河市	112.9	350	24	50.69	44.90	217.4	600	80	105.72	48.63
威　县	89.0	260	26	47.82	53.76	142.4	239	87	30.93	21.73
新河县	102.5	180	30	40.61	39.62	187.3	594	39	102.42	54.69
信都区	101.0	297	48	43.05	42.61	162.9	240	92	43.68	26.81
襄都区	96.1	200	54	40.87	42.53	173.1	405	79	68.24	39.43
邢东新区	106.2	180	50	35.62	33.53	221.8	534	106	109.24	49.26
经济开发区	94.1	310	36	52.09	55.34	157.3	372	50	71.72	45.6
全市平均	111.2	569	24	54.34	48.86	178.4	685	35	84.56	47.39

3. 不同地貌类型土壤速效钾时间变化特征

图 2-5 表明，两年度土壤速效钾平均含量均以山地丘陵区最低。2010 年山麓平原区最高 117.1 mg/kg，其次东部平原区 107.8 mg/kg，山地丘陵区最低 105.1 mg/kg；2020 年东部平原区土壤速效钾平均含量最高为 181.2 mg/kg，其次是山麓平原区 179.1 mg/kg，山地丘陵区最低 167.9 mg/kg。与 2010 年比，10 年间东部平原区土壤速效钾平均增加 73.3 mg/kg；山地丘陵区平均增加 62.8 mg/kg；山麓平原区平均增加

61. 9 mg/kg。

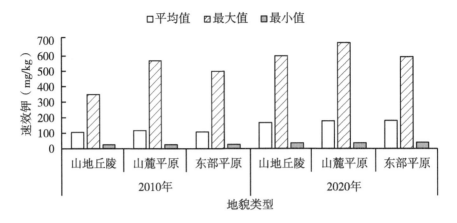

图 2-5　不同地貌类型的土壤速效钾演变规律

（二）缓效钾

1. 土壤缓效钾时间变化特征

表 2-15 表明，2010 年耕地土壤缓效钾平均 828.1 mg/kg，变幅 283～1 840 mg/kg；2020 年土壤缓效钾平均 995.6 mg/kg，变幅 333～2 858 mg/kg。2010—2020 年土壤缓效钾增加 167.50 mg/kg，年均增加 16.75 mg/kg，变异系数增加 3.83 个百分点。10 年间全市土壤缓效钾逐步增加，区域间差距逐渐增大。

表 2-15　土壤缓效钾时间变化特征

年份	平均值 （mg/kg）	最大值 （mg/kg）	最小值 （mg/kg）	标准差 （mg/kg）	变异系数 （%）
2010 年	828.1	1 840	283	227.99	27.53
2020 年	995.6	2 858	333	313.18	31.36

2. 不同地区土壤缓效钾时间变化特征

表 2-16 表明，2010 年土壤缓效钾平均最高的是襄都区为 1 192.9 mg/kg，最低的是广宗县 480.4 mg/kg，两者相差 712.5 mg/kg；2020 年土壤缓效钾南和区最高1 531.9 mg/kg，清河县最低 744.9 mg/kg，两者相差 787.0 mg/kg。2010—2020 年南和区、广宗县、邢东新区、平乡县、隆尧县、内丘县、南宫市、沙河市、经济开发区、临西县、新河县、任泽区、宁晋县、威县、襄都区土壤缓效钾均提升，南和区升幅最大为709.80 mg/kg；其余地区均下降，信都区降幅最大为 153.70 mg/kg，全市土壤缓效钾总体逐步增加。

表 2-16　不同地区土壤缓效钾时间变化特征

地区	2010 年（mg/kg）					2020 年（mg/kg）				
	平均	最大	最小	标准差	变异系数（%）	平均	最大	最小	标准差	变异系数（%）
柏乡县	918.3	1 366	578	145.37	15.83	898.7	1 125	708	102.23	11.38
广宗县	480.4	679	378	53.99	11.24	886.7	1 087	718	84.74	9.56
巨鹿县	948.1	1 407	584	175.78	18.54	894.8	1 640	670	163.85	18.31
临城县	886.2	1 335	564	132.34	14.93	854.8	1 198	623	112.33	13.14
临西县	879.2	1 212	585	119.32	13.57	1 043.7	1 895	508	199.11	19.08
隆尧县	598.4	850	283	148.38	24.80	885.4	1 345	333	263.67	29.78
南宫市	653.0	968	323	100.19	15.34	867.6	1 083	677	92.23	10.63
南和区	822.1	1 192	420	123.11	14.98	1 531.9	2 415	365	390.63	25.50
内丘县	936.6	1 680	440	254.47	27.17	1 177.3	2 682	616	448.47	38.09
宁晋县	817.6	1 192	420	124.00	15.17	917.4	733	1 040	70.82	7.72
平乡县	830.3	1 210	360	147.15	17.72	1 139.8	1 825	539	240.66	21.11
清河县	750.6	1 713	332	318.59	42.44	744.9	996	441	102.98	13.82
任泽区	829.1	1 035	517	108.61	13.10	945.5	1 103	573	90.57	9.58
沙河市	936.3	1 680	440	245.80	26.25	1 144.0	2 710	394	472.82	41.33
威　县	758.1	1 227	402	127.85	16.86	791.7	953	645	85.61	10.81
新河县	663.1	850	390	97.90	14.76	803.4	1 417	451	182.37	22.70
信都区	1 039.7	1 840	640	224.45	21.59	886.0	1 065	712	84.89	9.58
襄都区	1 192.9	1 480	920	205.54	17.23	1 196.1	1 624	631	237.43	19.85
邢东新区	1 042.2	1 760	520	318.07	30.52	1 381.3	1 867	977	242.40	17.55
经济开发区	1 110.0	1 520	760	190.62	17.17	1 278.3	2 858	570	376.30	29.44
全市平均	828.1	1 840	283	227.99	27.53	995.6	2 858	333	313.18	31.36

3. 不同地貌类型土壤缓效钾时间变化特征

图 2-6 表明，两年度均以东部平原区土壤缓效钾平均含量最低。2010 年山地丘陵区土壤缓效钾平均含量最高为 955.8 mg/kg，山麓平原区次之 847.8 mg/kg，东部平原区最低 748.2 mg/kg；2020 年山麓平原区最高 1 086.0 mg/kg，山地丘陵区次之为 1 028.3 mg/kg，东部平原区最低为 886.0 mg/kg。与 2010 年比，10 年间山麓平原区均增加 238.2 mg/kg，东部平原区平均增加 137.8 mg/kg；山地丘陵区平均增加

72.4 mg/kg。

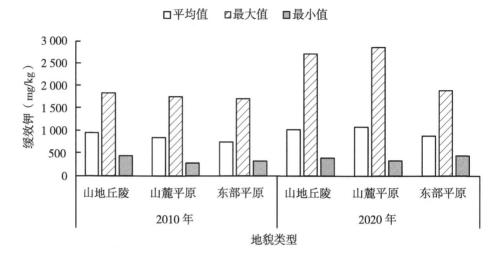

图 2-6　不同地貌类型的土壤缓效钾演变规律

第四节　土壤中量营养元素

一、土壤有效硫

（一）土壤有效硫时间变化特征

表2-17表明，该区2010年耕地土壤有效硫平均28.75 mg/kg，变幅1.90～167.80 mg/kg；2020年土壤有效硫平均为45.05 mg/kg，变幅4.16～312.44 mg/kg。2010—2020年土壤有效硫平均增加16.30 mg/kg，年均增加1.63 mg/kg，变异系数增加51.79个百分点。10年间全市土壤有效硫逐步增加，区域间差距逐渐增大。

表2-17　土壤有效硫时间变化特征

年份	平均值（mg/kg）	最大值（mg/kg）	最小值（mg/kg）	标准差（mg/kg）	变异系数（%）
2010年	28.75	167.80	1.90	20.62	71.72
2020年	45.05	312.44	4.16	55.64	123.51

（二）不同地区土壤有效硫时间变化特征

表2-18表明，2010年平均有效硫柏乡县最高65.75 mg/kg，隆尧县最低

4.65 mg/kg，相差 61.10 mg/kg；2020 年沙河市最高 273.58 mg/kg，巨鹿县最低
17.57 mg/kg，相差 256.01 mg/kg。2010—2020 年沙河市、南和区、威县、襄都区、隆
尧县、邢东新区、经济开发区、信都区、广宗县、平乡县、任泽区、临城县、宁晋县、
巨鹿县土壤有效硫有所提升，沙河市升幅最大 244.14 mg/kg；其余地区均呈下降趋势，
柏乡县降幅最大为 34.67 mg/kg。全市土壤有效硫总体逐渐增加。

表 2-18 不同地区土壤有效硫时间变化特征

地区	2010 年（mg/kg）					2020 年（mg/kg）				
	平均	最大	最小	标准差	变异系数（%）	平均	最大	最小	标准差	变异系数（%）
柏乡县	65.75	116.60	14.90	31.51	47.92	31.08	35.23	26.78	3.01	9.68
广宗县	20.60	74.60	5.10	8.70	42.25	32.47	39.08	28.71	3.73	11.48
巨鹿县	15.17	37.96	5.09	7.11	46.87	17.57	26.36	6.92	7.48	42.58
临城县	38.78	85.10	5.80	15.36	39.60	44.13	47.57	39.26	3.07	6.95
临西县	43.32	53.90	16.60	6.09	14.05	19.89	47.55	9.88	14.25	71.66
隆尧县	4.65	16.20	1.90	2.18	46.94	26.63	32.28	21.82	3.52	13.22
南宫市	48.44	159.34	10.10	35.34	72.95	33.80	44.72	4.16	14.92	44.13
南和区	15.42	54.90	4.80	8.89	57.66	56.10	169.46	16.80	56.57	100.85
内丘县	27.59	112.90	10.10	20.37	73.83	22.30	39.58	8.97	13.91	62.36
宁晋县	36.28	99.40	9.10	17.46	48.12	38.92	41.94	36.44	1.97	5.06
平乡县	20.33	40.40	7.40	7.73	38.04	31.37	145.59	5.77	37.52	119.62
清河县	41.12	167.80	11.30	28.02	68.14	20.77	24.30	17.80	2.57	12.39
任泽区	30.79	69.44	10.88	13.50	43.82	37.56	42.15	34.40	3.05	8.11
沙河市	29.44	109.20	11.60	15.80	53.68	273.58	312.44	249.03	22.65	8.28
威县	16.50	31.54	5.48	5.98	36.24	53.96	57.19	49.23	3.07	5.69
新河县	38.72	91.70	20.80	11.87	30.65	19.39	31.49	10.44	8.89	45.85
信都区	22.98	77.60	9.90	11.98	52.14	39.77	42.30	37.50	1.76	4.43
襄都区	17.22	21.50	12.00	2.25	13.08	39.28	47.71	34.46	7.33	18.65
邢东新区	17.81	22.10	13.20	2.89	16.21	36.83	41.42	31.52	4.99	13.55
经济开发区	32.37	88.50	16.50	20.00	61.77	50.43	56.28	43.16	5.17	10.25
全市平均	28.75	167.80	1.90	20.62	71.72	45.05	312.44	4.16	55.64	123.51

（三）不同地貌类型土壤有效硫时间变化特征

图 2-7 表明，两年度均以东部平原区土壤有效硫平均最低。2010 年山麓平原区土
壤有效硫含量最高为 39.11 mg/kg，其次是山地丘陵区为 29.40 mg/kg，东部平原区土

壤有效硫最低；2020 年山地丘陵区土壤有效硫平均含量最高 100.13 mg/kg，其次是山麓平原区 45.90 mg/kg，东部平原区最低 29.27 mg/kg。与 2010 年比，10 年间山地丘陵区土壤有效硫平均值增加 70.73 mg/kg；山麓平原区平均增加 6.79 mg/kg；东部平原区平均增加 4.86 mg/kg。

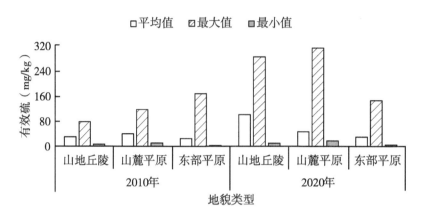

图 2-7 不同地貌类型的土壤有效硫演变规律

二、土壤有效硅

（一）土壤有效硅空间分布特征

表 2-19 表明，2020 年土壤有效硅平均为 213.08 mg/kg，变幅 12.24 ～ 390.00 mg/kg。2020 年临城县土壤平均有效硅最高，为 369.17 mg/kg，临西县最低为 26.48 mg/kg，两者相差 342.69 mg/kg，区域间差距较大。

表 2-19 不同地区土壤有效硅空间分布特征

地区	平均（mg/kg）	最大（mg/kg）	最小（mg/kg）	标准差（mg/kg）	变异系数（%）
柏乡县	353.73	388.05	316.62	27.06	7.65
广宗县	213.74	243.19	189.86	19.35	9.05
巨鹿县	159.93	195.84	133.03	25.46	15.92
临城县	369.17	390.00	347.00	17.79	4.82
临西县	26.48	32.22	21.00	4.61	17.40
隆尧县	231.31	261.95	210.80	18.32	7.92
南宫市	206.61	219.62	187.43	12.33	5.97
南和区	33.29	47.78	12.24	13.07	39.27

（续表）

地区	平均 （mg/kg）	最大 （mg/kg）	最小 （mg/kg）	标准差 （mg/kg）	变异系数 （%）
内丘县	105.17	198.40	80.93	45.85	43.59
宁晋县	277.31	343.96	204.63	48.42	17.46
平乡县	206.38	349.15	126.85	49.39	23.93
清河县	176.12	214.60	143.31	22.99	13.06
任泽区	252.18	273.19	234.39	13.18	5.23
沙河市	176.81	203.24	156.96	16.65	9.42
威　县	237.13	270.46	216.60	19.61	8.27
新河县	140.74	195.27	72.61	43.51	30.91
信都区	250.34	275.62	228.44	17.53	7.00
襄都区	306.91	332.01	281.81	25.10	8.18
邢东新区	323.21	340.82	297.23	22.97	7.11
经济开发区	332.75	350.95	327.61	9.05	2.72
全市平均	213.08	390.00	12.24	93.17	43.73

（二）不同地貌类型土壤有效硅空间分布特征

图 2-8 表明，就平均值而言，2020 年山麓平原区土壤有效硅最高为 260.58 mg/kg，变幅 80.93～372.00 mg/kg；其次是山地丘陵区为 200.84 mg/kg，变幅 12.24～390.00 mg/kg；东部平原区最低 178.91 mg/kg，变幅 21.00～349.15 mg/kg。

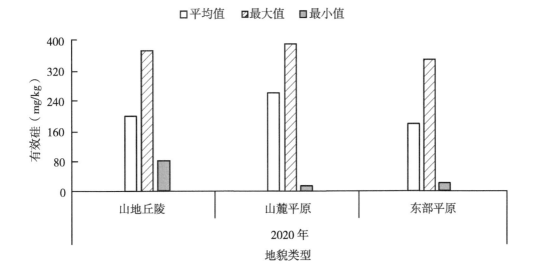

图 2-8　不同地貌类型的土壤有效硅空间分布特征

第五节 土壤微量营养元素

一、有效铁

（一）土壤有效铁时间变化特征

表 2-20 表明，2010 年土壤有效铁平均 6.61 mg/kg，变幅 0.10～151.00 mg/kg；2020 年土壤有效铁平均 12.14 mg/kg，变幅 6.10～59.49 mg/kg。2010—2020 年土壤有效铁平均增加 5.53 mg/kg，年均增加 0.553 mg/kg，变异系数减少 53.14%。10 年来该地区土壤有效铁含量增加，区域间差距变小。

表 2-20 土壤有效铁时间变化特征

年份	平均值（mg/kg）	最大值（mg/kg）	最小值（mg/kg）	标准差（mg/kg）	变异系数（%）
2010 年	6.61	151.00	0.10	7.89	119.38
2020 年	12.14	59.49	6.10	8.04	66.24

（二）不同地区土壤有效铁时间变化特征

表 2-21 表明，2010 年土壤有效铁清河县平均最高为 18.65 mg/kg，邢东新区最低为 2.12 mg/kg，两者相差 16.53 mg/kg；2020 年新河县最高为 39.17 mg/kg，南宫市最低为 7.62 mg/kg，两者相差 31.55 mg/kg。2010—2020 年新河县、巨鹿县、信都区、内丘县、邢东新区、襄都区、广宗县、柏乡县、隆尧县、南宫市、平乡县、任泽区、南和区、威县、临城县、沙河市、临西县土壤有效铁提升，新河县升幅最大 30.98 mg/kg；其余地区土壤有效铁均呈下降趋势，清河县降幅最大为 6.35 mg/kg。10 年来该市土壤有效铁总体呈增加趋势。

表 2-21 不同地区土壤有效铁时间变化特征

地区	2010 年（mg/kg）					2020 年（mg/kg）				
	平均	最大	最小	标准差	变异系数（%）	平均	最大	最小	标准差	变异系数（%）
柏乡县	4.51	8.60	0.30	2.64	58.48	9.03	10.60	7.90	0.96	10.66
广宗县	3.19	8.80	1.30	1.29	40.25	8.48	9.70	7.50	0.81	9.50

（续表）

地区	2010 年（mg/kg）					2020 年（mg/kg）				
	平均	最大	最小	标准差	变异系数（%）	平均	最大	最小	标准差	变异系数（%）
巨鹿县	2.85	7.02	0.22	1.01	35.49	19.48	23.16	16.69	2.67	13.69
临城县	5.75	11.10	0.90	2.32	40.42	8.10	9.70	6.60	1.13	13.95
临西县	8.25	14.30	3.20	2.15	26.00	8.83	10.62	6.10	1.60	18.17
隆尧县	4.44	8.26	2.31	1.34	30.09	8.68	9.41	8.21	0.50	5.72
南宫市	3.43	6.90	1.80	0.87	25.43	7.62	8.50	6.90	0.65	8.48
南和区	7.86	9.60	6.10	0.71	8.98	10.89	16.18	7.24	2.90	26.62
内丘县	7.96	20.86	2.62	3.22	40.44	15.82	44.20	7.80	14.02	88.65
宁晋县	10.13	18.40	4.10	2.54	25.06	8.90	10.10	8.00	0.92	10.30
平乡县	7.74	14.70	3.40	1.93	24.97	11.91	17.00	8.30	2.12	17.77
清河县	18.65	36.40	0.30	6.91	37.03	12.30	17.40	9.70	3.47	28.20
任泽区	4.44	8.10	2.03	1.85	41.54	8.07	8.70	7.40	0.56	6.91
沙河市	13.61	151.00	0.70	24.04	176.71	15.19	29.20	8.02	7.95	52.35
威　县	5.34	11.65	1.64	2.18	40.79	7.78	9.10	6.60	0.91	11.70
新河县	8.19	17.10	3.80	2.43	29.68	39.17	59.49	23.74	12.80	32.67
信都区	2.52	12.00	0.10	2.44	96.75	12.75	13.80	10.80	1.07	8.41
襄都区	4.24	10.50	0.40	3.16	74.64	9.93	11.90	8.32	1.82	18.33
邢东新区	2.12	6.50	0.10	1.85	87.42	9.54	12.00	7.87	2.18	22.80
经济开发区	9.47	19.30	3.50	4.47	47.25	8.44	9.58	7.55	0.70	8.28
全市平均	6.61	151.00	0.10	7.89	119.38	12.14	59.49	6.10	8.04	66.24

（三）不同地貌类型土壤有效铁时间变化特征

图 2-9 表明，两年度均以山地丘陵区土壤有效铁平均最高，山麓平原区最低。2010 年山地丘陵区土壤有效铁平均含量最高 7.42 mg/kg，其次是东部平原区，山麓平原区最低 6.42 mg/kg；2020 年山地丘陵区土壤有效铁平均含量最高 14.32 mg/kg，其次是东部平原区，山麓平原区土壤有效铁最低 9.19 mg/kg。与 2010 年比，10 年来东部平

原区土壤有效铁平均增加 7.43 mg/kg；山地丘陵区平均增加 6.90 mg/kg；山麓平原区平均增加 2.77 mg/kg。

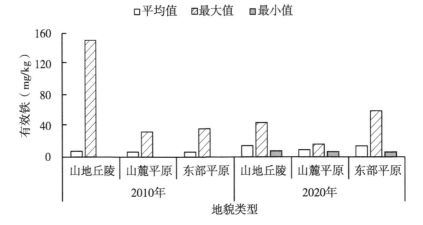

图 2-9　不同地貌类型的土壤有效铁演变规律

二、有效锰

（一）土壤有效锰时间变化特征

表 2-22 表明，该区 2010 年耕地土壤有效锰平均为 11.67mg/kg，变幅 0.20～45.50 mg/kg；2020 年为 14.09 mg/kg，变幅 5.82～40.60 mg/kg。2010—2020 年土壤有效锰平均增加 2.42 mg/kg，年均增加 0.242 mg/kg，变异系数减少 20.73 个百分点。这表明 10 年间全市土壤有效锰含量增加，区域间差距逐渐减小。

表 2-22　土壤有效锰时间变化特征

年份	平均值 （mg/kg）	最大值 （mg/kg）	最小值 （mg/kg）	标准差 （mg/kg）	变异系数 （%）
2010 年	11.67	45.50	0.20	6.35	54.46
2020 年	14.09	40.60	5.82	4.75	33.73

（二）不同地区土壤有效锰时间变化特征

表 2-23 表明，2010 年有效锰平均含量临城县最高 19.14 mg/kg，邢东新区最低 3.63 mg/kg，相差 15.51 mg/kg；2020 年沙河市最高 28.43 mg/kg，临西县最低 9.13 mg/kg，相差 19.30 mg/kg。2010—2020 年沙河市、襄都区、邢东新区、信都区、清河县、威县、任泽区、隆尧县、新河县、巨鹿县、南和区、经济开发区、广宗县、平

乡县、南宫市土壤有效锰提升，沙河市增幅最大；其余地区均呈下降趋势，临城县降幅最大为 6.47 mg/kg。10 年间全市土壤有效锰含量总体逐渐增加。

表 2-23　不同地区土壤有效锰时间变化特征

地区	2010 年（mg/kg）					2020 年（mg/kg）				
	平均	最大	最小	标准差	变异系数（%）	平均	最大	最小	标准差	变异系数（%）
柏乡县	14.91	25.80	3.30	5.84	39.16	13.43	15.60	11.30	1.51	11.21
广宗县	12.22	42.70	2.90	8.06	65.93	12.75	13.80	11.60	0.83	6.54
巨鹿县	10.40	18.60	2.90	4.72	45.42	13.75	22.95	7.69	5.78	42.07
临城县	19.14	29.40	2.40	6.11	31.93	12.67	14.20	11.80	0.89	7.04
临西县	15.05	26.70	2.50	5.07	33.66	9.13	11.43	6.81	1.84	20.21
隆尧县	9.54	23.21	2.13	5.21	54.64	13.00	15.42	11.27	1.58	12.13
南宫市	12.41	31.40	6.00	4.23	34.05	12.53	13.40	11.80	0.63	4.99
南和区	9.07	14.00	4.80	2.57	28.38	11.65	14.46	8.96	1.98	16.99
内丘县	15.38	21.88	7.38	3.12	20.27	11.82	18.40	7.60	3.89	32.90
宁晋县	15.51	20.60	8.40	2.78	17.94	12.98	15.40	10.60	1.80	13.89
平乡县	15.48	24.40	5.00	3.45	22.30	15.94	20.90	10.40	2.88	18.08
清河县	10.13	19.00	0.60	4.27	42.18	15.25	18.60	13.10	1.98	13.01
任泽区	7.64	17.90	1.40	4.79	62.74	12.22	13.40	11.30	0.83	6.82
沙河市	15.06	45.50	5.50	7.30	48.47	28.43	40.60	19.60	8.71	30.63
威　县	7.51	14.41	2.65	3.00	39.99	12.33	14.10	10.60	1.20	9.71
新河县	12.44	15.50	9.50	1.16	9.32	15.86	28.44	5.82	7.74	48.82
信都区	4.26	24.90	0.20	5.40	126.85	13.02	13.80	12.20	0.53	4.08
襄都区	5.04	17.80	0.70	5.19	103.11	14.47	15.31	13.41	0.97	6.68
邢东新区	3.63	8.10	0.30	2.18	60.01	12.91	14.42	11.79	1.36	10.52
经济开发区	11.64	24.10	5.80	3.95	33.93	13.04	14.91	11.38	1.39	10.67
全市平均	11.67	45.50	0.20	6.35	54.46	14.09	40.60	5.82	4.75	33.73

（三）不同地貌类型土壤有效锰时间变化特征

图 2-10 表明，2010 年东部平原区土壤有效锰平均含量最高 12.00 mg/kg，其次是山麓平原区为 11.58 mg/kg，山地丘陵区最低为 11.05 mg/kg；2020 年山地丘陵区平均含量最高，其次是东部平原区，山麓平原区最低。与 2010 年比，10 年间山地丘陵区土壤有效锰平均增加 5.49 mg/kg；东部平原区平均增加 2.01 mg/kg；山麓平原区平均增

加 1.78 mg/kg。

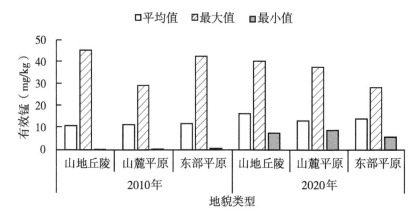

图 2-10 不同地貌类型的土壤有效锰演变规律

三、有效铜

（一）土壤有效铜时间变化特征

表 2-24 表明，该区 2010 年耕地土壤有效铜平均 1.30 mg/kg，变幅 0.02～ 17.04 mg/kg；2020 年土壤有效铜平均 1.20 mg/kg，变幅 0.48～4.89 mg/kg。2010— 2020 年平均下降 0.10 mg/kg，年均下降 0.01 mg/kg，变异系数减少 30.33 个百分点。10 年来该地区土壤有效铜有下降趋势，区域间差距逐渐减小。

表 2-24 土壤有效铜时间变化特征

年份	平均值 （mg/kg）	最大值 （mg/kg）	最小值 （mg/kg）	标准差 （mg/kg）	变异系数 （%）
2010 年	1.30	17.04	0.02	0.95	73.33
2020 年	1.20	4.89	0.48	0.51	43.00

（二）不同地区土壤有效铜时间变化特征

表 2-25 表明，2010 年有效铜平均南宫市最高 2.95 mg/kg，隆尧县最低 0.68 mg/kg，相差 2.27 mg/kg；2020 年沙河市最高 2.12 mg/kg，巨鹿县最低 0.84 mg/kg，相差 1.28 mg/kg。2010—2020 年南和区、沙河市、隆尧县、任泽区、清河县、临城县、新河县、邢东新区、威县土壤有效铜提升，南和区升幅最大；其余地区均呈下降，襄都区降幅最大 0.33 mg/kg。10 年来邢台市土壤有效铜含量逐渐减少。

表 2-25　不同地区土壤有效铜时间变化特征

地区	2010 年（mg/kg）					2020 年（mg/kg）				
	平均	最大	最小	标准差	变异系数（%）	平均	最大	最小	标准差	变异系数（%）
柏乡县	2.63	4.59	0.74	1.08	40.93	1.15	1.47	0.79	0.23	19.65
广宗县	1.08	3.20	0.41	0.41	37.97	1.07	1.16	0.97	0.08	7.06
巨鹿县	1.06	1.70	0.60	0.26	24.86	0.84	1.30	0.48	0.29	34.42
临城县	0.86	2.36	0.21	0.34	39.88	1.08	1.20	0.94	0.10	9.70
临西县	1.22	3.89	0.45	0.40	32.39	1.10	1.44	0.77	0.25	22.40
隆尧县	0.68	2.37	0.20	0.31	45.13	1.13	1.58	0.87	0.25	21.66
南宫市	2.95	3.83	2.15	0.42	14.23	1.09	1.22	0.99	0.09	8.31
南和区	1.06	1.54	0.63	0.26	24.97	2.11	3.93	1.19	1.06	50.32
内丘县	1.25	2.47	0.49	0.42	33.95	1.10	1.40	0.87	0.18	16.80
宁晋县	1.50	10.30	0.19	1.34	89.40	1.06	1.33	0.84	0.18	16.94
平乡县	1.23	3.05	0.50	0.35	28.62	1.07	1.80	0.67	0.25	23.00
清河县	0.89	1.88	0.12	0.45	50.40	1.19	2.11	0.79	0.46	38.78
任泽区	0.85	1.85	0.22	0.46	53.95	1.17	1.50	0.90	0.22	18.52
沙河市	1.66	17.04	0.19	1.80	108.71	2.12	4.89	1.06	1.41	66.69
威　县	1.08	2.62	0.43	0.39	36.00	1.11	1.40	0.93	0.17	15.45
新河县	0.97	2.29	0.53	0.33	33.85	1.09	2.00	0.62	0.51	46.80
信都区	1.19	3.53	0.02	0.76	64.21	1.07	1.22	0.97	0.09	8.39
襄都区	1.46	2.72	0.19	0.72	49.52	1.13	1.32	1.03	0.17	14.69
邢东新区	1.42	3.53	0.02	0.95	67.17	1.49	1.62	1.32	0.15	10.39
经济开发区	1.93	8.54	0.67	1.77	91.57	1.19	1.36	1.06	0.11	8.96
全市平均	1.30	17.04	0.02	0.95	73.33	1.20	4.89	0.48	0.51	43.00

（三）不同地貌类型土壤有效铜时间变化特征

图 2-11 表明，2010 年山地丘陵区和东部平原区土壤有效铜均为 1.33 mg/kg，山麓平原区最低为 1.25 mg/kg；2020 年山地丘陵区最高为 1.44 mg/kg，其次是山麓平原区，东部平原区最低。与 2010 年比，10 年来东部平原区土壤有效铜变化最大，平均减少 0.26 mg/kg；山地丘陵区平均增加 0.11 mg/kg；山麓平原区平均增加 0.02 mg/kg。

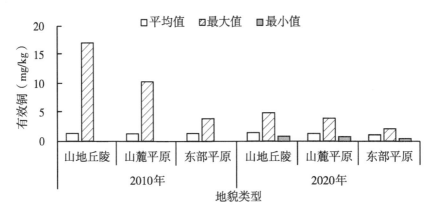

图 2-11 不同地貌类型的土壤有效铜演变规律

四、有效锌

（一）土壤有效锌时间变化特征

表 2-26 表明，2010 年耕地土壤有效锌平均 1.97 mg/kg，变幅 0.05～14.21 mg/kg；2020 年土壤有效锌为 2.19 mg/kg，变幅 0.46～7.20 mg/kg。2010—2020 年土壤有效锌平均增加 0.22 mg/kg，年均增加 0.022 mg/kg，变异系数减少 18.58%。10 年来全市土壤有效锌逐步增加。

表 2-26 土壤有效锌时间变化特征

年份	平均值（mg/kg）	最大值（mg/kg）	最小值（mg/kg）	标准差（mg/kg）	变异系数（%）
2010 年	1.97	14.21	0.05	1.40	70.86
2020 年	2.19	7.20	0.46	1.14	52.28

（二）不同地区土壤有效锌时间变化特征

表 2-27 表明，2010 年土壤有效锌平均沙河市最高 3.35 mg/kg，临西县最低 1.01 mg/kg，相差 2.34 mg/kg；2020 年南和区土壤有效锌最高 3.42 mg/kg，临西县最低 0.93 mg/kg，相差 2.49 mg/kg。2010—2020 年南和区、巨鹿县、清河县、隆尧县、内丘县、广宗县、宁晋县、临城县、任泽区、平乡县、威县、信都区土壤有效锌提升，南和区土壤有效锌升幅最大 2.17 mg/kg；其余地区土壤有效锌均呈下降趋势，襄都区土壤有效锌降幅最大，为 0.84 mg/kg。10 年来邢台市土壤有效锌含量总体逐渐增加。

表 2-27 不同地区土壤有效锌时间变化特征

地区	2010 年（mg/kg）					2020 年（mg/kg）				
---	平均	最大	最小	标准差	变异系数（%）	平均	最大	最小	标准差	变异系数（%）
柏乡县	2.82	4.60	0.98	1.01	35.66	2.04	2.62	1.73	0.31	15.26
广宗县	1.52	3.79	0.09	0.73	48.36	2.12	2.49	1.87	0.23	10.70
巨鹿县	1.53	2.48	0.61	0.54	35.43	3.11	5.28	0.85	1.66	53.35
临城县	1.85	3.95	0.43	0.77	41.44	2.14	2.57	1.70	0.29	13.78
临西县	1.01	4.15	0.18	0.69	68.14	0.93	1.07	0.70	0.14	15.17
隆尧县	1.13	4.27	0.10	0.65	57.39	1.84	2.06	1.55	0.21	11.54
南宫市	2.88	5.21	1.43	0.87	30.10	2.04	2.35	1.81	0.20	9.99
南和区	1.25	8.93	0.65	0.79	62.94	3.42	7.20	1.09	2.87	83.95
内丘县	1.75	6.89	0.06	1.40	80.31	2.39	5.40	1.19	1.57	65.68
宁晋县	1.52	7.00	0.05	1.46	96.41	2.09	2.45	1.84	0.23	11.03
平乡县	1.69	6.70	0.42	1.03	61.09	1.79	5.46	0.90	1.05	58.68
清河县	2.01	7.70	0.09	1.65	81.97	3.07	5.67	1.28	1.90	61.79
任泽区	2.15	5.31	0.24	1.19	55.56	2.30	2.90	1.90	0.45	19.64
沙河市	3.35	14.21	0.52	2.09	62.49	2.98	5.54	1.67	1.48	49.58
威 县	2.31	8.87	0.53	1.25	54.20	2.33	3.02	1.88	0.43	18.33
新河县	1.79	5.07	0.85	0.70	39.03	1.24	2.05	0.46	0.51	41.44
信都区	2.26	8.56	0.08	1.72	75.84	2.28	2.47	2.05	0.15	6.67
襄都区	2.91	7.42	0.30	2.39	82.39	2.07	2.25	1.86	0.20	9.50
邢东新区	2.63	7.85	0.27	2.19	83.11	2.11	2.46	1.89	0.31	14.56
经济开发区	2.78	8.90	1.10	1.59	57.10	2.31	2.88	1.78	0.43	18.78
全市平均	1.97	14.21	0.05	1.40	70.86	2.19	7.20	0.46	1.14	52.28

（三）不同地貌类型土壤有效锌时间变化特征

图 2-12 表明，两年度均以东部平原区土壤有效锌平均最低。2010 年山地丘陵区有效锌平均含量最高为 2.66 mg/kg，其次是山麓平原区，东部平原区最低 1.82 mg/kg；2020 年山麓平原区有效锌平均最高为 2.38 mg/kg，其次是山地丘陵区为 2.27 mg/kg，东部平原区最低为 2.01 mg/kg。与 2010 年比，10 年来山麓平原区土壤有效锌平均增加

0.50 mg/kg；东部平原区增加 0.19 mg/kg；山地丘陵区平均减少 0.39 mg/kg。

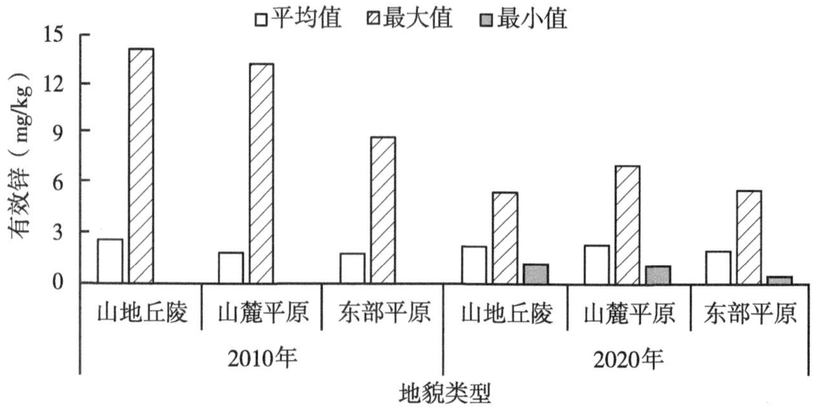

图 2-12 不同地貌类型的土壤有效锌演变规律

五、水溶性硼

（一）土壤水溶性硼时间变化特征

表 2-28 表明，2010 年土壤水溶性硼平均 0.87 mg/kg，变幅 0.07～2.56 mg/kg；2020 年土壤水溶性硼平均 20.94 mg/kg，变幅 0.03～72.01 mg/kg。2010—2020 年土壤水溶性硼平均增加 20.07 mg/kg，年均增加 2.007 mg/kg，变异系数增加 49.25%。全市土壤水溶性硼含量逐步增加。

表 2-28 土壤水溶性硼时间变化特征

年份	平均值 （mg/kg）	最大值 （mg/kg）	最小值 （mg/kg）	标准差 （mg/kg）	变异系数 （%）
2010 年	0.87	2.56	0.07	0.55	63.65
2020 年	20.94	72.01	0.03	23.65	112.90

（二）不同地区土壤水溶性硼时间变化特征

表 2-29 表明，2010 年水溶性硼平均柏乡县最高 1.40 mg/kg，南宫市最低 0.25 mg/kg，相差 1.15 mg/kg；2020 年清河县最高 55.51 mg/kg，沙河市最低 0.07 mg/kg，相差 55.44 mg/kg。2010—2020 年清河县、信都区、临城县、柏乡县、南宫市、广宗县、任泽区、邢东新区水溶性硼提升，清河县升幅最大为 54.58 mg/kg；内丘县、平乡县、威县、南和区、隆尧县、宁晋县、巨鹿县、经济开发区、新河县、沙河

市 2010 年未测定土壤水溶性硼含量；临西县和襄都区土壤水溶性硼均呈下降趋势，襄都区土壤水溶性硼降幅最大 0.19 mg/kg。全市土壤水溶性硼含量总体呈增加趋势。

表 2-29　不同地区土壤水溶性硼时间变化特征

地区	2010 年（mg/kg）					2020 年（mg/kg）				
	平均	最大	最小	标准差	变异系数（%）	平均	最大	最小	标准差	变异系数（%）
柏乡县	1.40	2.56	0.08	0.75	53.41	31.01	56.01	11.01	18.57	59.88
广宗县	0.63	0.74	0.52	0.05	8.16	26.18	45.01	13.01	11.84	45.23
巨鹿县	—	—	—	—	—	6.67	30.01	0.58	11.71	175.62
临城县	1.10	2.10	0.13	0.56	50.92	33.84	49.01	12.01	14.33	42.34
临西县	0.80	1.06	0.39	0.14	17.08	0.74	0.93	0.62	0.11	14.56
隆尧县	—	—	—	—	—	8.40	37.01	0.76	14.49	172.59
南宫市	0.25	0.45	0.11	0.07	27.88	28.01	54.01	4.01	21.55	76.94
南和区	—	—	—	—	—	12.31	71.01	0.43	28.76	233.62
内丘县	—	—	—	—	—	51.35	70.01	2.05	25.39	49.45
宁晋县	—	—	—	—	—	8.31	28.01	0.91	11.54	138.91
平乡县	—	—	—	—	—	28.88	72.01	0.79	30.92	107.08
清河县	0.93	2.52	0.10	0.66	70.92	55.51	68.01	36.01	13.10	23.59
任泽区	0.84	1.95	0.15	0.44	52.52	21.51	38.01	8.01	10.29	47.84
沙河市	—	—	—	—	—	0.07	0.13	0.03	0.03	47.86
威　县	—	—	—	—	—	27.51	47.01	3.01	19.23	69.91
新河县	—	—	—	—	—	0.50	0.73	0.30	0.14	28.07
信都区	1.15	2.34	0.07	0.56	48.98	36.01	52.01	22.01	11.19	31.07
襄都区	1.16	1.89	0.24	0.51	43.82	0.97	1.25	0.73	0.26	26.83
邢东新区	1.08	2.01	0.07	0.55	51.41	1.28	1.35	1.17	0.10	7.71
经济开发区	—	—	—	—	—	1.47	1.85	1.17	0.25	17.22
全市平均	0.87	2.56	0.07	0.55	63.65	20.94	72.01	0.03	23.65	112.90

（三）不同地貌类型土壤水溶性硼时间变化特征

图 2-13 表明，2010 年山麓平原区土壤水溶性硼最高 1.13 mg/kg，其次是山地丘陵区平均 1.04 mg/kg，东部平原区最低平均 0.63 mg/kg；2020 年山地丘陵区水溶硼平均最高为 31.50 mg/kg，其次是东部平原区为 23.36 mg/kg，山麓平原区最低 14.22 mg/kg。与 2010 年比，10 年来山地丘陵区土壤水溶硼平均增加 30.46 mg/kg；东

部平原区平均增加 22.73 mg/kg；山麓平原区平均增加 13.09 mg/kg。

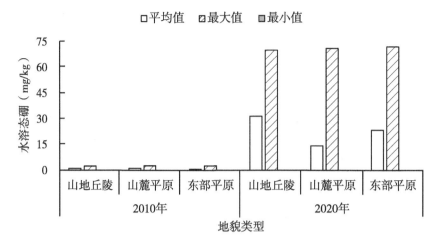

图 2-13 不同地貌类型的土壤水溶性硼演变规律

六、有效钼

（一）土壤有效钼空间分布特征

表 2-30 表明，2020 年土壤有效钼平均 0.30 mg/kg，变幅 0.01～0.78 mg/kg。2020 年南宫市土壤平均最高 0.71 mg/kg，南和区平均最低 0.02 mg/kg，相差 0.69 mg/kg，区域间差距较大。

表 2-30 不同地区土壤有效钼空间分布特征

地区	平均 （mg/kg）	最大 （mg/kg）	最小 （mg/kg）	标准差 （mg/kg）	变异系数 （%）
柏乡县	0.35	0.43	0.29	0.05	14.34
广宗县	0.18	0.21	0.14	0.03	15.28
巨鹿县	0.07	0.08	0.06	0.01	14.08
临城县	0.42	0.47	0.36	0.04	10.44
临西县	0.03	0.05	0.02	0.01	43.05
隆尧县	0.14	0.17	0.10	0.02	17.78
南宫市	0.71	0.78	0.61	0.06	8.11
南和区	0.02	0.03	0.01	0.01	42.83
内丘县	0.17	0.20	0.17	0.04	21.37

（续表）

地区	平均 （mg/kg）	最大 （mg/kg）	最小 （mg/kg）	标准差 （mg/kg）	变异系数 （%）
宁晋县	0.39	0.45	0.34	0.04	11.07
平乡县	0.41	0.57	0.34	0.06	15.58
清河县	0.03	0.06	0.02	0.02	45.17
任泽区	0.36	0.44	0.26	0.07	19.51
沙河市	0.20	0.30	0.12	0.07	34.55
威　县	0.35	0.39	0.32	0.02	6.85
新河县	0.09	0.14	0.03	0.04	44.95
信都区	0.53	0.61	0.45	0.06	11.43
襄都区	0.54	0.66	0.43	0.12	21.37
邢东新区	0.56	0.68	0.43	0.13	22.88
经济开发区	0.51	0.68	0.33	0.13	25.65
全市平均	0.30	0.78	0.01	0.20	65.90

（二）不同地貌类型土壤有效钼空间分布特征

图 2-14 表明，2020 年山麓平原区土壤有效钼平均含量最高 0.34 mg/kg，变幅 0.01～0.68 mg/kg；其次是山地丘陵区 0.31 mg/kg，变幅 0.11～0.61 mg/kg；东部平原区最低 0.27 mg/kg，变幅 0.02～0.78 mg/kg。

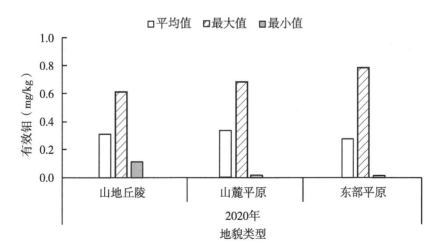

图 2-14　不同地貌类型的土壤有效钼空间分布特征

第三章 土壤属性分级评述

一、土壤属性分级标准

为了科学地评价耕地质量状况，科学指导施肥，提升耕地质量，在 2021 年河北省耕地质量监测保护中心制定了河北省地方标准《耕地地力主要指标分级诊断》（DB13/T 5406—2021）（表3-1）。

表 3-1　耕地地力主要指标分级诊断标准

序号	指标	分级标准				
		1级（高）	2级（较高）	3级（中）	4级（较低）	5级（低）
1	容重(g/cm³)	(1.00,1.25]	(1.25,1.35]，≤1.00	(1.35,1.45]	(1.45,1.55]	>1.55
2	耕层厚度(cm)	>20.0	(18.0,20.0]	(15.0,18.0]	(10.0,15.0]	≤10.0
3	pH	(6.5,7.5]	(6.0,6.5]，(7.5,8.0]	(5.5,6.0]，(8.0,8.5]	(5.0,5.5]，(8.5,9.0]	≤5.0，>9.0
4	有机质(g/kg)	>25	(20,25]	(15,20]	(10,15]	≤10
5	全氮(g/kg)	>1.50	(1.20,1.50]	(0.90,1.20]	(0.60,0.90]	≤0.60
6	有效磷(mg/kg)	>30	(25,30]	(15,25]	(10,15]	≤10
7	速效钾(mg/kg)	>130	(115,130]	(100,150]	(85,100]	≤85
8	缓效钾(mg/kg)	>1 200	(1 000,1 200]	(800,1 000]	(600,800]	≤600
9	有效硫(mg/kg)	>45	(35,45]	(25,35]	(15,25]	≤15
10	有效硅(mg/kg)	>200	(150,200]	(100,150]	(50,100]	≤50
11	有效铁(mg/kg)	>20	(10,20]	(4.5,10]	(2.5,4.5]	≤2.5
12	有效锰(mg/kg)	>30	(15,30]	(5,15]	(1,5]	≤1
13	有效铜(mg/kg)	>2.0	(1.5,2.0]	(1.0,1.5]	(0.5,1.0]	≤0.5
14	有效锌(mg/kg)	>3.0	(2.0,3.0]	(1.0,2.0]	(0.5,1.0]	≤0.5
15	水溶性硼(mg/kg)	>2.0	(1.0,2.0]	(0.5,1.0]	(0.25,0.5]	≤0.25
16	有效钼(mg/kg)	>0.30	(0.20,0.30]	(0.15,0.20]	(0.10,0.15]	≤0.10

二、土壤物理性质分级论述

（一）土壤容重

1. 土壤容重级别时间变化特征

2010 年，全市耕地土壤容重大多属于 2 级（表 3-2），容重 1 级地 93 067.66 hm²，占总耕地 15.53%；容重 2 级地 264 529.65 hm²，占总耕地 44.14%；容重 3 级地 97 532.44 hm²，占总耕地 16.28%；容重 4 级地 45 702.01 hm²，占总耕地 7.63%；容重 5 级地 98 401.04 hm²，占总耕地 16.42%。2020 年，全市耕地土壤容重大多属于 2 级，容重 1 级地 40 845.06 hm²，占总耕地 6.82%；容重 2 级地 279 708.54 hm²，占总耕地 46.68%；容重 3 级地 110 809.21 hm²，占总耕地 18.49%；容重 4 级地 62 618.55 hm²，占总耕地 10.45%；容重 5 级地 105 251.44 hm²，占总耕地 17.56%。2020 年邢台市耕地土壤容重级别与 2010 年比有下降趋势，由 2010 年的以 1～2 级地占比 59.67% 降到 2020 年占比为 53.50%，减少 6.17 个百分点。

表 3-2　土壤容重级别时间变化特征

级别	容重（g/cm³）	2010 年		2020 年	
		耕地面积（hm²）	占总耕地（%）	耕地面积（hm²）	占总耕地（%）
1	(1.00, 1.25]	93 067.66	15.53	40 845.06	6.82
2	(1.25, 1.35]，≤1.00	264 529.65	44.14	279 708.54	46.68
3	(1.35, 1.45]	97 532.44	16.28	110 809.21	18.49
4	(1.45, 1.55]	45 702.01	7.63	62 618.55	10.45
5	>1.55	98 401.04	16.42	105 251.44	17.56

2. 不同地区土壤容重级别时间变化特征（表 3-3）

（1）1 级　2010 年土壤容重 1 级地主要分布在清河县、任泽区、平乡县、沙河市、南和区，清河县占面积最大为 21 592.39 hm²，2020 年土壤容重 1 级地主要分布在平乡县、任泽区、清河县、沙河市、南和区，平乡县占面积最大为 8 382.77 hm²。2010—2020 年隆尧县、广宗县、襄都区、临西县、邢东新区、南宫市、经济开发区、威县、信都区、平乡县、沙河市、南和区、任泽区、清河县该级别耕地面积均有所减少；其余地区变化不大。

（2）2 级　2010 年土壤容重 2 级地主要分布在威县、南宫市、临西县、新河县、信都区，威县面积最大为 54 283.58 hm²；2020 年土壤容重 2 级地主要分布在威县、南

表 3-3 不同地区土壤容重分级面积

地区	项目	2010年					2020年				
		1级	2级	3级	4级	5级	1级	2级	3级	4级	5级
柏乡县	面积（hm²)	—	—	1 681.53	6 031.95	9 968.30	—	—	52.90	4 434.62	13 194.27
	占比（%)	—	—	9.51	34.11	56.38	—	—	0.30	25.08	74.62
广宗县	面积（hm²)	71.32	9 398.67	16 462.98	1231.17	64.38	—	5 000.03	19 128.95	3 099.54	—
	占比（%)	0.26	34.52	60.46	4.52	0.24	—	18.36	70.25	11.38	—
巨鹿县	面积（hm²)	—	5 589.34	14 440.69	14 560.17	1 442.04	—	—	15 838.71	20 136.33	57.19
	占比（%)	—	15.51	40.08	40.41	4.00	—	—	43.96	55.88	0.16
临城县	面积（hm²)	—	819.04	24 267.01	1 582.46		—	607.95	22 333.15	3 716.05	11.37
	占比（%)	—	3.07	90.99	5.93		—	2.28	83.74	13.93	0.04
临西县	面积（hm²)	269.12	36 238.76	—	—		—	36 507.88	—	—	—
	占比（%)	0.74	99.26	—	—		—	100.00	—	—	—
隆尧县	面积（hm²)	23.00	9 161.10	29 568.16	7 204.20	3 972.17	—	6 580.04	22 819.66	14 581.37	5 947.57
	占比（%)	0.05	18.35	59.22	14.43	7.96	—	13.18	45.70	29.20	11.91
南宫市	面积（hm²)	405.69	52 380.46	661.92	28.09		—	49 050.00	4 129.68	296.48	—
	占比（%)	0.76	97.95	1.24	0.05		—	91.72	7.72	0.55	—
南和区	面积（hm²)	13 480.18	12 840.12	—	—		5 568.03	20 752.27	—	—	—
	占比（%)	51.22	48.78	—	—		21.15	78.85	—	—	—
内丘县	面积（hm²)	—	1 263.64	6 311.32	14 763.85	6 455.70	—	832.98	4 600.80	14 078.61	9 282.13
	占比（%)	—	4.39	21.92	51.27	22.42	—	2.89	15.98	48.89	32.24
宁晋县	面积（hm²)	—	—	—	275.31	76 498.46	—	—	—	14.86	76 758.91
	占比（%)	—	—	—	0.36	99.64	—	—	—	0.02	99.98

（续表）

地区	项目	2010年					2020年				
		1级	2级	3级	4级	5级	1级	2级	3级	4级	5级
平乡县	面积（hm²）	14 633.12	9 065.14	786.23	—	—	8 382.77	13 591.10	2 510.61	—	—
	占比（%）	59.76	37.02	3.21	—	—	34.24	55.51	10.25	—	—
清河县	面积（hm²）	21 592.39	2 349.79	—	—	—	7 088.80	16 853.38	—	—	—
	占比（%）	90.19	9.81	—	—	—	29.61	70.39	—	—	—
任泽区	面积（hm²）	17 151.29	10 488.80	—	—	—	7 109.67	20 494.64	35.78	—	—
	占比（%）	62.05	37.95	—	—	—	25.72	74.15	0.13	—	—
沙河市	面积（hm²）	13 767.09	11 984.95	—	—	—	6 708.93	19 043.11	—	—	—
	占比（%）	53.46	46.54	—	—	—	26.05	73.95	—	—	—
威 县	面积（hm²）	1 473.54	54 283.58	189.95	—	—	—	52 994.96	2 952.12	—	—
	占比（%）	2.63	97.03	0.34	—	—	—	94.72	5.28	—	—
新河县	面积（hm²）	—	24 254.60	430.58	—	—	—	12 976.79	11 708.39	—	—
	占比（%）	—	98.26	1.74	—	—	—	52.57	47.43	—	—
信都区	面积（hm²）	3 982.84	19 771.16	2 507.00	24.79	—	1 019.47	18 960.98	4 044.66	2 260.68	—
	占比（%）	15.15	75.22	9.54	0.09	—	3.88	72.13	15.39	8.60	—
襄都区	面积（hm²）	2 183.23	611.30	—	—	—	1 975.81	793.57	25.15	—	—
	占比（%）	78.13	21.87	—	—	—	70.70	28.40	0.90	—	—
邢东新区	面积（hm²）	2 236.09	—	—	—	—	1 940.51	295.58	—	—	—
	占比（%）	100.00	—	—	—	—	86.78	13.22	—	—	—
经济开发区	面积（hm²）	1 798.75	4 029.21	225.05	—	—	1 051.06	4 373.29	628.65	—	—
	占比（%）	29.72	66.57	3.72	—	—	17.36	72.25	10.39	—	—

宫市、临西县、南和区、任泽区、沙河市、信都区，威县占最大为 52 994.96 hm²。2010—2020 年清河县、任泽区、南和区、沙河市、平乡县、经济开发区、邢东新区、临西县、襄都区所占面积有所增加，清河县增加最多为 14 503.59 hm²；临城县、内丘县、信都区、威县、隆尧县、南宫市、广宗县、巨鹿县、新河县所占面积有所减少；其余地区变化不大。

（3）3级　2010 年土壤容重 3 级地主要分布在隆尧县、临城县、广宗县、巨鹿县，隆尧县占耕地最大为 29 568.16 hm²；2020 年土壤容重 3 级地主要分布在隆尧县、临城县、广宗县、巨鹿县、新河县，隆尧县占耕地最大为 22 819.66 hm²。2010—2020 年新河县、南宫市、威县、广宗县、平乡县、信都区、巨鹿县、经济开发区、任泽区、襄都区占耕地面积有所增加，新河县增加最多 11 277.81 hm²；柏乡县、内丘县、临城县、隆尧县占耕地面积减少，其余地区变化不大。

（4）4级　2010 年土壤容重 4 级地主要分布在内丘县、巨鹿县、隆尧县、柏乡县，内丘县占耕地最大为 14 763.85 hm²；2020 年土壤容重 4 级地主要分布在巨鹿县、隆尧县、内丘县，巨鹿县占耕地最大为 20 136.33 hm²。2010—2020 年隆尧县、巨鹿县、信都区、临城县、广宗县、南宫市占耕地面积增加，隆尧县增加最多为 7 377.17 hm²；宁晋县、内丘县、柏乡县占耕地面积减少，其余地区变化不大。

（5）5级　2010 年土壤容重 5 级地主要分布在宁晋县、柏乡县、内丘县；2020 年土壤容重 5 级地主要分布在宁晋县、柏乡县、内丘县、隆尧县。2010—2020 年柏乡县、内丘县、隆尧县、宁晋县、临城县占耕地面积增加；广宗县、巨鹿县占耕地面积减少，巨鹿县减少最多为 1 384.85 hm²；其余地区变化不大。

（二）耕层厚度

1. 耕层厚度级别时间变化特征

2010 年全市耕层厚度大多属于 2 级（表 3-4）；耕层厚度 1 级地 50 837.88 hm²，占总耕地 8.49%；耕层厚度 2 级地 370 392.05 hm²，占总耕地 61.81%；耕层厚度 3 级地 151 921.77 hm²，占总耕地 25.35%；耕层厚度 4 级地 26 081.10 hm²，占总耕地 4.35%。2020 年全市土壤耕层厚度大多属于 2 级；耕层厚度 1 级地 63 492.21 hm²，占总耕地 10.60%；耕层厚度 2 级地 384 545.72 hm²，占总耕地 64.17%；耕层厚度 3 级地 148 507.48 hm²，占总耕地 24.78%；耕层厚度 4 级地 2 687.39 hm²，占总耕地 0.45%。2020 年该市耕层厚度级别与 2010 年比略有上升趋势，分级由 2010 年的 1～2 级地占比 70.30% 上升到 2020 年的 74.77%，提高 4.47 个百分点。

表 3-4　耕层厚度级别时间变化特征

级别	耕层厚度（cm）	2010 年		2020 年	
		耕地面积（hm²）	占总耕地（%）	耕地面积（hm²）	占总耕地（%）
1	>20.0	50 837.88	8.49	63 492.21	10.60
2	(18.0, 20.0]	370 392.05	61.81	384 545.72	64.17
3	(15.0, 18.0]	151 921.77	25.35	148 507.48	24.78
4	(10.0, 15.0]	26 081.10	4.35	2 687.39	0.45
5	≤10.0	—	—	—	—

2. 不同地区耕层厚度级别时间变化特征（表 3-5）

（1）1 级　2010 年和 2020 年耕层厚度 1 级地主要分布在临城县、清河县。2010—2020 年宁晋县、威县、清河县、内丘县、信都区、南和区、隆尧县、临城县、南宫市、临西县所占耕地面积有所增加，宁晋县增加最多为 5 181.67 hm²；只有柏乡县所占耕地面积略有减少；其余地区变化不大。

（2）2 级　2010 年和 2020 年耕层厚度 2 级地各县均有分布；2010 年和 2020 年耕层厚度 2 级地主要分布在宁晋县、威县、临西县、巨鹿县。2010—2020 年南宫市、隆尧县、任泽区、沙河市、襄都区、广宗县、经济开发区、巨鹿县、柏乡县、新河县所占耕地面积有所增加，南宫市增加最多 17 882.89 hm²；临西县、邢东新区、临城县、平乡县、内丘县、清河县、信都区、南和区、宁晋县、威县所占耕地面积有所减少。

（3）3 级　2010 年和 2020 年耕层厚度 3 级地主要分布在隆尧县、广宗县、沙河市、南宫市、任泽区。2010—2020 年南宫市、威县、信都区、平乡县、南和区、新河县、邢东新区、临城县耕地面积有所增加；清河县、宁晋县、内丘县、柏乡县、巨鹿县、经济开发区、广宗县、襄都区、沙河市、任泽区、隆尧县所占耕地面积有所减少；其余地区变化不大。

（4）4 级　2010 年耕层厚度 4 级地主要分布在南宫市；2020 年耕层厚度 4 级地主要分布在南宫市、南和区、威县。2010—2020 年南和区、威县、沙河市占耕地面积增加，南和区增加最多 728.25 hm²；巨鹿县、新河县、广宗县、清河县、南宫市占耕地面积减少，南宫市减少最多 23 694.31 hm²；其余地区变化不大。

表3-5　不同地区土壤耕层厚度分级面积

地区	项目	2010年					2020年				
		1级	2级	3级	4级	5级	1级	2级	3级	4级	5级
柏乡县	面积（hm²）	116.29	17 185.76	379.74	—	—	105.76	17 504.05	71.98	—	—
	占比（%）	0.66	97.19	2.15	—	—	0.60	98.99	0.41	—	—
广宗县	面积（hm²）	—	1 088.42	25 889.86	250.24	—	—	2 538.82	24 689.70	—	—
	占比（%）	—	4.00	95.08	0.92	—	—	9.32	90.68	—	—
巨鹿县	面积（hm²）	—	34 957.43	923.07	151.74	—	—	35 470.39	561.85	—	—
	占比（%）	—	97.02	2.56	0.42	—	—	98.44	1.56	—	—
临城县	面积（hm²）	25 776.02	892.50	—	—	—	26 146.46	504.47	17.59	—	—
	占比（%）	96.65	3.35	—	—	—	98.04	1.89	0.07	—	—
临西县	面积（hm²）	317.95	36 189.93	—	—	—	344.24	36 163.64	—	—	—
	占比（%）	0.87	99.13	—	—	—	0.94	99.06	—	—	—
隆尧县	面积（hm²）	157.56	1 531.29	48 239.79	—	—	604.25	7 154.34	42 170.05	—	—
	占比（%）	0.32	3.07	96.62	—	—	1.21	14.33	84.46	—	—
南宫市	面积（hm²）	595.82	5 294.73	22 551.56	25 034.04	—	707.18	23 177.62	28 251.62	1 339.73	—
	占比（%）	1.11	9.90	42.17	46.81	—	1.32	43.34	52.83	2.51	—
南和区	面积（hm²）	783.60	24 386.48	1 150.22	—	—	1 471.95	22 510.05	1 610.05	728.25	—
	占比（%）	2.98	92.65	4.37	—	—	5.59	85.52	6.12	2.77	—
内丘县	面积（hm²）	356.15	27 511.35	927.01	—	—	1 259.16	26 725.48	809.87	—	—
	占比（%）	1.24	95.54	3.22	—	—	4.37	92.81	2.81	—	—
宁晋县	面积（hm²）	—	75 956.40	817.37	—	—	5 181.67	70 829.29	762.80	—	—
	占比（%）	—	98.94	1.06	—	—	6.75	92.26	0.99	—	—

（续表）

地区	项目	2010年					2020年				
		1级	2级	3级	4级	5级	1级	2级	3级	4级	5级
平乡县	面积（hm²）	—	24 103.77	380.71	—	—	—	23 592.37	892.11	—	—
	占比（%）	—	98.45	1.55	—	—	—	96.36	3.64	—	—
清河县	面积（hm²）	22 299.04	1 365.06	23.75	254.33	—	23 483.68	458.50	—	—	—
	占比（%）	93.14	5.70	0.10	1.06	—	98.08	1.92	—	—	—
任泽区	面积（hm²）	—	6 348.54	21 291.55	—	—	—	8 801.24	18 838.85	—	—
	占比（%）	—	22.97	77.03	—	—	—	31.84	68.16	—	—
沙河市	面积（hm²）	—	3 008.77	22 743.27	—	—	—	4 993.27	20 755.46	3.32	—
	占比（%）	—	11.68	88.32	—	—	—	19.39	80.60	0.01	—
威县	面积（hm²）	256.53	53 427.64	2 080.95	181.96	—	3 144.98	46 312.96	5 873.04	616.10	—
	占比（%）	0.46	95.50	3.72	0.33	—	5.62	82.78	10.50	1.10	—
新河县	面积（hm²）	—	24 191.13	285.27	208.79	—	—	24 233.04	452.14	—	—
	占比（%）	—	98.00	1.16	0.85	—	—	98.17	1.83	—	—
信都区	面积（hm²）	178.92	25 559.85	547.03	—	—	1 042.87	24 107.48	1 135.43	—	—
	占比（%）	0.68	97.24	2.08	—	—	3.97	91.71	4.32	—	—
襄都区	面积（hm²）	—	687.70	2 106.83	—	—	—	2 273.63	520.90	—	—
	占比（%）	—	24.61	75.39	—	—	—	81.36	18.64	—	—
邢东新区	面积（hm²）	—	1 891.38	344.71	—	—	—	1 864.48	371.61	—	—
	占比（%）	—	84.58	15.42	—	—	—	83.38	16.62	—	—
经济开发区	面积（hm²）	—	4 813.93	1 239.08	—	—	—	5 330.60	722.41	—	—
	占比（%）	—	79.53	20.47	—	—	—	88.07	11.93	—	—

三、土壤 pH 和有机质分级论述

（一）土壤 pH

1. 土壤 pH 级别时间变化特征

2010 年全市耕地土壤 pH 大多属于 2 级（表 3-6），pH 为 1 级地 59 072.84 hm²，占总耕地 9.86%；pH 为 2 级地 262 684.26 hm²，占总耕地 43.84%；pH 为 3 级地 247 114.93 hm²，占总耕地 41.24%；pH 为 4 级地 30 360.77 hm²，占总耕地 5.06%。2020 年全市耕地土壤 pH 大多属于 3 级，pH 为 2 级地 191 048.31 hm²，占总耕地 31.88%；pH 为 3 级地 382 383.78 hm²，占总耕地 63.81%；pH 为 4 级地 25 800.71 hm²，占总耕地 4.31%。2020 年邢台市土壤 pH 级别与 2010 年比呈下降趋势，分级由 2010 年的以 2～3 级地为主转变为 2020 年的以 3 级地为主。

表 3-6　土壤 pH 级别时间变化特征

级别	pH	2010 年		2020 年	
		耕地面积（hm²）	占总耕地（%）	耕地面积（hm²）	占总耕地（%）
1	(6.5, 7.5]	59 072.84	9.86	—	—
2	(6.0, 6.5] (7.5, 8.0]	262 684.26	43.84	191 048.31	31.88
3	(5.5, 6.0] (8.0, 8.5]	247 114.93	41.24	382 383.78	63.81
4	(5.0, 5.5] (8.5, 9.0]	30 360.77	5.06	25 800.71	4.31
5	≤5.0, >9.0	—	—	—	—

2. 不同地区土壤 pH 级别时间变化特征（表 3-7）

（1）1 级　2010 年土壤 pH 1 级地主要分布在南宫市、信都区、柏乡县（表 3-7）；2020 年土壤 pH 无 1 级地。2010—2020 年南宫市、信都区、柏乡县、任泽区、沙河市、邢东新区、襄都区、清河县、新河县、巨鹿县、临城县所占耕地面积减少，南宫市减少最多 29 136.81 hm²；其余地区变化不大。

（2）2 级　2010 年土壤 pH 2 级地主要分布在宁晋县、巨鹿县、新河县、沙河市、南宫市、任泽区，宁晋县所占耕地面积最大为 45 032.06 hm²；2020 年土壤 pH 2 级地主要分布在南宫市、隆尧县、新河县、广宗县、临城县，南宫市所占耕地面积最大为 43 909.25 hm²。2010—2020 年隆尧县、广宗县、南宫市、临城县、平乡县、威县所占面积增加，隆尧县增加最多 27 747.03 hm²；新河县、邢东新区、信都区、襄都区、内丘县、经济开发区、柏乡县、南和区、清河县、巨鹿县、任泽区、沙河市、宁晋县所占

表3-7 不同地区土壤 pH 分级面积

地区	项目	2010年					2020年				
		1级	2级	3级	4级	5级	1级	2级	3级	4级	5级
柏乡县	面积（hm²）	6 313.24	10 916.29	452.27	—	—	—	3 862.27	13 819.52	—	—
	占比（%）	35.70	61.74	2.56	—	—	—	21.84	78.16	—	—
广宗县	面积（hm²）	—	796.20	26 432.32	—	—	—	22 739.41	4 489.11	—	—
	占比（%）	—	2.92	97.08	—	—	—	83.51	16.49	—	—
巨鹿县	面积（hm²）	13.46	32 446.53	3 572.25	—	—	—	12 960.45	23 071.79	—	—
	占比（%）	0.04	90.05	9.91	—	—	—	35.97	64.03	—	—
临城县	面积（hm²）	3.23	13 143.25	13 522.04	—	—	—	18 431.22	8 237.30	—	—
	占比（%）	0.01	49.28	50.70	—	—	—	69.11	30.89	—	—
临西县	面积（hm²）	—	—	6 558.77	29 949.11	—	—	—	11 685.37	24 822.51	—
	占比（%）	—	—	17.97	82.03	—	—	—	32.01	67.99	—
隆尧县	面积（hm²）	—	1 727.15	48 201.49	—	—	—	29 474.18	20 454.46	—	—
	占比（%）	—	3.46	96.54	—	—	—	59.03	40.97	—	—
南宫市	面积（hm²）	29 136.81	24 098.63	240.72	—	—	—	43 909.25	9 566.91	—	—
	占比（%）	54.49	45.06	0.45	—	—	—	82.11	17.89	—	—
南和区	面积（hm²）	—	16 037.08	10 283.22	—	—	—	6 085.94	20 234.36	—	—
	占比（%）	—	60.93	39.07	—	—	—	23.12	76.88	—	—
内丘县	面积（hm²）	—	4 784.67	24 009.84	—	—	—	1 479.85	27 314.66	—	—
	占比（%）	—	16.62	83.38	—	—	—	5.14	94.86	—	—
宁晋县	面积（hm²）	—	45 032.06	31 741.71	—	—	—	13 996.07	62 777.70	—	—
	占比（%）	—	58.66	41.34	—	—	—	18.23	81.77	—	—

（续表）

地区	项目	2010年					2020年				
		1级	2级	3级	4级	5级	1级	2级	3级	4级	5级
平乡县	面积（hm²）	—	—	24 484.48	—	—	—	372.21	24 112.27	—	—
	占比（%）	—	—	100.00	—	—	—	1.52	98.48	—	—
清河县	面积（hm²）	650.72	18 910.16	4 381.29	—	—	—	—	22 963.98	978.20	—
	占比（%）	2.72	78.98	18.30	—	—	—	—	95.91	4.09	—
任泽区	面积（hm²）	2 018.44	21 440.84	4 180.81	—	—	—	—	27 640.09	—	—
	占比（%）	7.30	77.57	15.13	—	—	—	—	100.00	—	—
沙河市	面积（hm²）	1 332.33	24 419.71	—	—	—	—	572.11	25 179.93	—	—
	占比（%）	5.17	94.83	—	—	—	—	2.22	97.78	—	—
威 县	面积（hm²）	—	6 657.76	48 877.65	411.66	—	—	6 831.19	49 115.89	—	—
	占比（%）	—	11.90	87.36	0.74	—	—	12.21	87.79	—	—
新河县	面积（hm²）	22.83	24 662.35	—	—	—	—	23 851.81	833.37	—	—
	占比（%）	0.09	99.91	—	—	—	—	96.62	3.38	—	—
信都区	面积（hm²）	17 798.40	8 486.87	0.52	—	—	—	6 482.34	19 803.45	—	—
	占比（%）	67.71	32.29	—	—	—	—	24.66	75.34	—	—
襄都区	面积（hm²）	776.23	2 018.30	—	—	—	—	—	2 794.53	—	—
	占比（%）	27.78	72.22	—	—	—	—	—	100.00	—	—
邢东新区	面积（hm²）	1 007.14	1 228.95	—	—	—	—	—	2 236.09	—	—
	占比（%）	45.04	54.96	—	—	—	—	—	100.00	—	—
经济开发区	面积（hm²）	—	5 877.46	175.55	—	—	—	—	6 053.01	—	—
	占比（%）	—	97.10	2.90	—	—	—	—	100.00	—	—

耕地面积减少；其余地区变化不大。

（3）3级　2010年土壤pH 3级地主要分布在威县、隆尧县、宁晋县、广宗县、平乡县、内丘县，威县面积最大48 877.65 hm²；2020年土壤pH为3级地主要分布在宁晋县、威县、任泽区、内丘县、沙河市，宁晋县面积最大为62 777.70 hm²。2010—2020年宁晋县、沙河市、任泽区、信都区、巨鹿县、清河县、柏乡县、南和区、南宫市、经济开发区、临西县、内丘县、襄都区、邢东新区、新河县、威县所占面积增加，宁晋县增加最多31 035.99 hm²；平乡县、临城县、广宗县、隆尧县所占面积减少，隆尧县减少最多为27 747.03 hm²。

（4）4级　2010年土壤pH 4级地全部分布在临西县、威县，所占耕地分别为29 949.11 hm²、411.66 hm²；2020年土壤pH为4级地全部分布在临西县、清河县，所占耕地分别为24 822.51 hm²、978.20 hm²。2010—2020年清河县所占面积有所增加，为978.20 hm²；威县、临西县所占耕地面积有所减少，分别减少411.66 hm²、5 126.60 hm²；其余地区变化不大。

（二）土壤有机质

1. 土壤有机质级别时间变化特征

2010年全市土壤有机质大多属于4级（表3-8）；有机质2级地14 139.71 hm²，占总耕地2.36%；有机质3级地251 199.73 hm²，占总耕地41.92%；有机质4级地277 004.16 hm²，占总耕地46.23%；有机质5级地56 889.20 hm²，占总耕地9.49%。2020年全市土壤有机质大多属于2级；有机质1级地472.22 hm²，占总耕地0.08%；有机质2级地268 363.23 hm²，占总耕地44.78%；有机质3级地178 263.38 hm²，占总耕地29.75%；有机质4级地151 701.26 hm²，占总耕地25.32%；有机质5级地432.71 hm²，占总耕地0.07%。2020年邢台市土壤有机质级别与2010年比呈上升趋势，分级由2010年的以3~4级地为主转变为2020年的以2~4级地为主。

表3-8　土壤有机质级别时间变化特征

级别	有机质（g/kg）	2010年		2020年	
		耕地面积（hm²）	占总耕地（%）	耕地面积（hm²）	占总耕地（%）
1	>25	—	—	472.22	0.08
2	(20, 25]	14 139.71	2.36	268 363.23	44.78
3	(15, 20]	251 199.73	41.92	178 263.38	29.75
4	(10, 15]	277 004.16	46.23	151 701.26	25.32
5	≤10	56 889.20	9.49	432.71	0.07

2. 不同地区土壤有机质级别时间变化特征

（1）1级 2010年土壤有机质无1级地（表3-9）；2020年土壤有机质1级地全部分布在邢东新区、沙河市、南和区、内丘县、隆尧县，邢东新区面积最大为184.49 hm²，隆尧县面积最小为6.51 hm²。

（2）2级 2010年土壤有机质2级地主要分布在临城县、宁晋县，临城县面积最大10 154.06 hm²；2020年土壤有机质2级地主要分布在宁晋县、隆尧县、任泽区、沙河市、内丘县，宁晋县面积最大为72 797.08 hm²。2010—2020年宁晋县、隆尧县、任泽区、沙河市、内丘县、信都区、南和区、柏乡县、平乡县、临城县、经济开发区、襄都区、邢东新区耕地面积增加，宁晋县增加最多为69 842.85 hm²；其余地区无变化。

（3）3级 2010年土壤有机质3级地主要分布在宁晋县、任泽区、隆尧县、南和区、内丘县，宁晋县面积最大为73 191.27 hm²；2020年土壤有机质3级地主要分布在巨鹿县、临西县、广宗县、清河县、平乡县，巨鹿县面积最大为27 709.45 hm²。2010—2020年临西县、巨鹿县、广宗县、清河县、平乡县、新河县、威县、经济开发区、南宫市所占面积增加，临西县增加最多为27 460.94 hm²；邢东新区、襄都区、临城县、柏乡县、信都区、沙河市、内丘县、南和区、隆尧县、任泽区、宁晋县所占耕地面积减少。

（4）4级 2010年土壤有机质4级地主要分布在临西县、威县、巨鹿县、南宫市、隆尧县，临西县面积最大36 350.51 hm²；2020年土壤有机质4级地主要分布在南宫市、威县、新河县，南宫市面积最大52 852.71 hm²。2010—2020年南宫市、威县所占面积增加，分别增加23 879.01 hm²、16 677.28 hm²；除任泽区所占耕地面积无变化，其余地区所占耕地面积均减少。

（5）5级 2010年土壤有机质5级地主要分布在南宫市、威县、广宗县，南宫市所占面积最大为24 502.46 hm²；2020年土壤有机质5级地全部分布在南宫市、威县，面积分别为381.04 hm²、51.67 hm²。2010—2020年新河县、清河县、广宗县、威县、南宫市所占耕地面积减少，南宫市减少最多为24 121.42 hm²；其余地区变化不大。

四、土壤大量营养元素分级论述

（一）土壤全氮

1. 土壤全氮级别时间变化特征

2010年全市耕层土壤全氮大多属于4级，全氮1级地5 914.98 hm²，占总耕地0.99%；全氮2级地58 843.37 hm²，占总耕地9.82%；全氮3级地132 030.19 hm²，占总耕地22.03%；全氮4级地256 959.89 hm²，占总耕地42.88%；全氮5级地

表3-9　不同地区土壤有机质分级面积

地区	项目	2010年					2020年				
		1级	2级	3级	4级	5级	1级	2级	3级	4级	5级
柏乡县	面积（hm²）	—	—	13 678.68	4 003.11	—	—	12 439.79	5 242.00	—	—
	占比（%）	—	—	77.36	22.64	—	—	70.35	29.65	—	—
广宗县	面积（hm²）	—	—	—	15 909.65	11 318.87	—	—	18 283.68	8 944.84	—
	占比（%）	—	—	—	58.43	41.57	—	—	67.15	32.85	—
巨鹿县	面积（hm²）	—	—	3 307.88	32 724.36	—	—	—	27 709.45	8 322.79	—
	占比（%）	—	—	9.18	90.82	—	—	—	76.90	23.10	—
临城县	面积（hm²）	—	10 154.06	16 510.28	4.18	—	—	15 038.60	11 629.92	—	—
	占比（%）	—	38.08	61.91	0.02	—	—	56.39	43.61	—	—
临西县	面积（hm²）	—	—	157.37	36 350.51	—	—	—	27 618.31	8 889.57	—
	占比（%）	—	—	0.43	99.57	—	—	—	75.65	24.35	—
隆尧县	面积（hm²）	6.51	—	23 349.44	26 579.20	—	6.51	43 326.07	6 596.06	—	—
	占比（%）	0.01	—	46.77	53.23	—	0.01	86.78	13.21	—	—
南宫市	面积（hm²）	—	—	—	28 973.70	24 502.46	—	—	242.41	52 852.71	381.04
	占比（%）	—	—	—	54.18	45.82	—	—	0.45	98.83	0.71
南和区	面积（hm²）	—	—	23 297.63	3 022.67	—	77.50	18 567.15	7 675.65	—	—
	占比（%）	—	—	88.52	11.48	—	0.29	70.54	29.16	—	—
内丘县	面积（hm²）	—	87.61	21 753.47	6 953.43	—	25.67	21 267.72	7 499.51	1.61	—
	占比（%）	—	0.30	75.55	24.15	—	0.09	73.86	26.04	0.01	—
宁晋县	面积（hm²）	—	2 954.23	73 191.27	628.26	—	—	72 797.08	3 976.69	—	—
	占比（%）	—	3.85	95.33	0.82	—	—	94.82	5.18	—	—

（续表）

地区	项目	2010年 1级	2级	3级	4级	5级	2020年 1级	2级	3级	4级	5级
平乡县	面积（hm²）	—	—	7 818.34	16 662.49	3.65	—	6 579.69	17 660.90	243.89	—
	占比（%）	—	—	31.93	68.05	0.01	—	26.87	72.13	1.00	—
清河县	面积（hm²）	—	—	—	23 246.01	696.17	—	—	17 926.98	6 015.20	—
	占比（%）	—	—	—	97.09	2.91	—	—	74.88	25.12	—
任泽区	面积（hm²）	—	425.15	27 214.94	—	—	—	26 935.98	704.11	—	—
	占比（%）	—	1.54	98.46	—	—	—	97.45	2.55	—	—
沙河市	面积（hm²）	178.05	518.66	12 850.44	12 382.94	—	—	24 860.71	713.27	—	—
	占比（%）	0.69	2.01	49.90	48.09	—	—	96.54	2.77	—	—
威县	面积（hm²）	—	—	—	35 867.93	20 079.15	—	—	3 350.20	52 545.21	51.67
	占比（%）	—	—	—	64.11	35.89	—	—	5.99	93.92	0.09
新河县	面积（hm²）	—	—	5 706.18	18 690.09	288.90	—	—	10 799.90	13 885.28	—
	占比（%）	—	—	23.12	75.71	1.17	—	—	43.75	56.25	—
信都区	面积（hm²）	—	—	16 298.62	9 987.17	—	—	18 730.21	7 555.58	—	—
	占比（%）	—	—	62.01	37.99	—	—	71.26	28.74	—	—
襄都区	面积（hm²）	—	—	2 737.03	57.50	—	—	2 624.34	170.19	—	—
	占比（%）	—	—	97.94	2.06	—	—	93.91	6.09	—	—
邢东新区	面积（hm²）	—	—	2 201.01	35.08	—	184.49	1 946.86	104.75	—	—
	占比（%）	—	—	98.43	1.57	—	8.25	87.07	4.68	—	—
经济开发区	面积（hm²）	—	—	1 127.12	4 925.89	—	—	3 249.02	2 803.83	0.16	—
	占比（%）	—	—	18.62	81.38	—	—	53.68	46.32	—	—

145 484.37 hm^2，占总耕地的24.28%。2020年全市耕层土壤全氮大多属于3级，全氮1级地34.45 hm^2，占总耕地0.01%；全氮2级地225 408.62 hm^2，占总耕地37.62%；全氮3级地255 740.55 hm^2，占总耕地42.68%；全氮4级地118 049.18 hm^2，占总耕地19.69%。邢台市土壤全氮与2010年比呈上升趋势，分级由2010年的3～5级地为主转变为2020年的以2～4级地为主。详见表3-10。

表3-10　土壤全氮级别时间变化特征

级别	全氮（g/kg）	2010 年		2020 年	
		耕地面积（hm^2）	占总耕地（%）	耕地面积（hm^2）	占总耕地（%）
1	＞1.50	5 914.98	0.99	34.45	0.01
2	1.20～1.50	58 843.37	9.82	225 408.62	37.62
3	0.90～1.20	132 030.19	22.03	255 740.55	42.68
4	0.60～0.90	256 959.89	42.88	118 049.18	19.69
5	≤0.60	145 484.37	24.28	—	—

2. 不同地区土壤全氮级别时间变化特征

（1）1级　2010年土壤全氮1级地全部分布在任泽区，面积5 914.98 hm^2（表3-11）；2020年土壤全氮1级地全部分布在经济开发区、邢东新区，耕地面积分别为33.53 hm^2、0.91 hm^2。2010—2020年经济开发区、邢东新区耕地面积增加；任泽区耕地面积有所减少；其余地区无变化。

（2）2级　2010年土壤全氮2级地主要分布在宁晋县、任泽区、内丘县，宁晋县占耕地面积最大43 613.36 hm^2；2020年土壤全氮2级地主要分布在宁晋县、隆尧县、任泽区、南和区，宁晋县耕地面积最大73 879.81 hm^2。2010—2020年隆尧县、宁晋县、南和区、任泽区、平乡县、柏乡县、内丘县、临城县、新河县、经济开发区、襄都区、邢东新区、临西县、巨鹿县、清河县、信都区、沙河市占耕地增加，隆尧县增加最多为45 422.46 hm^2；其余地区无变化。

（3）3级　2010年土壤全氮3级地主要分布在宁晋县、临城县、内丘县，宁晋县耕地面积最大27 372.38 hm^2；2020年土壤全氮3级地主要分布在临西县、巨鹿县、沙河市、信都区、临城县，临西县耕地最大为34 408.08 hm^2。2010—2020年市巨鹿县、临西县、广宗县、清河县、沙河市、新河县、信都区、平乡县、威县、隆尧县、经济开发区、南宫市占耕地面积增加，巨鹿县增加最多为33 867.30 hm^2；临城县、襄都区、内丘县、邢东新区、南和区、柏乡县、任泽区、宁晋县占耕地面积减少。

（4）4级　2010年土壤全氮4级地主要分布在威县、临西县、广宗县、平乡县、

表3-11 不同地区土壤全氮分级面积

地区	项目	2010年					2020年				
		1级	2级	3级	4级	5级	1级	2级	3级	4级	5级
柏乡县	面积（hm²）	—	—	12 642.36	3 783.37	1 256.07	—	9 692.00	7 989.79	—	—
	占比（%）	—	—	71.50	21.40	7.10	—	54.81	45.19	—	—
广宗县	面积（hm²）	—	—	—	25 943.92	1 284.60	—	—	18 764.02	8 464.50	—
	占比（%）	—	—	—	95.28	4.72	—	—	68.91	31.09	—
巨鹿县	面积（hm²）	—	—	—	7 061.14	28 971.10	—	1 991.80	33 867.30	173.14	—
	占比（%）	—	—	—	19.60	80.40	—	5.53	93.99	0.48	—
临城县	面积（hm²）	—	—	25 237.18	1 375.82	55.52	—	3 242.47	23 426.05	—	—
	占比（%）	—	—	94.63	5.16	0.21	—	12.16	87.84	—	—
临西县	面积（hm²）	—	—	5 140.38	31 367.50	—	—	2 077.89	34 408.08	21.91	—
	占比（%）	—	—	14.08	85.92	—	—	5.69	94.25	0.06	—
隆尧县	面积（hm²）	—	—	610.78	6 176.17	43 141.69	—	45 422.46	4 506.18	—	—
	占比（%）	—	—	1.22	12.37	86.41	—	90.97	9.03	—	—
南宫市	面积（hm²）	—	—	—	16 340.98	37 135.18	—	—	2 561.10	50 915.06	—
	占比（%）	—	—	—	30.56	69.44	—	—	4.79	95.21	—
南和区	面积（hm²）	—	182.92	4 114.32	21 813.55	209.51	—	26 001.16	319.14	—	—
	占比（%）	—	0.69	15.63	82.88	0.80	—	98.79	1.21	—	—
内丘县	面积（hm²）	—	4 785.04	21 538.65	1 617.26	853.56	—	9 337.43	19 457.08	—	—
	占比（%）	—	16.62	74.80	5.62	2.96	—	32.43	67.57	—	—
宁晋县	面积（hm²）	—	43 613.36	27 372.38	5 444.79	343.24	—	73 879.81	2 893.96	—	—
	占比（%）	—	56.81	35.65	7.09	0.45	—	96.23	3.77	—	—

（续表）

地区	项目	2010年					2020年				
		1级	2级	3级	4级	5级	1级	2级	3级	4级	5级
平乡县	面积（hm²）	—	—	230.16	24 254.32	—	—	12 556.68	11 927.80	—	—
	占比（%）	—	—	0.94	99.06	—	—	51.28	48.72	—	—
清河县	面积（hm²）	—	—	—	4 380.68	19 561.50	—	1 523.25	18 235.56	4 183.37	—
	占比（%）	—	—	—	18.30	81.70	—	6.36	76.16	17.47	—
任泽区	面积（hm²）	5 914.98	10 153.73	9 226.48	2 231.28	113.61	—	27 640.09	—	—	—
	占比（%）	21.40	36.74	33.38	8.07	0.41	—	100.00	—	—	—
沙河市	面积（hm²）	—	—	7 578.56	16 906.82	1 266.66	—	489.05	25 216.21	46.78	—
	占比（%）	—	—	29.43	65.65	4.92	—	1.90	97.92	0.18	—
威　县	面积（hm²）	—	—	—	49 806.77	6 140.31	—	—	5 739.83	50 207.25	—
	占比（%）	—	—	—	89.02	10.98	—	—	10.26	89.74	—
新河县	面积（hm²）	—	—	—	23 743.10	942.08	—	3 012.99	17 635.02	4 037.18	—
	占比（%）	—	—	—	96.18	3.82	—	12.21	71.44	16.35	—
信都区	面积（hm²）	—	—	13 221.34	10 532.50	2 423.64	—	1 280.34	25 005.45	—	—
	占比（%）	—	—	50.30	40.07	9.22	—	4.87	95.13	—	—
襄都区	面积（hm²）	—	108.31	2 410.34	384.19	—	—	2 341.12	453.41	—	—
	占比（%）	—	0.41	86.25	13.75	—	—	83.78	16.22	—	—
邢东新区	面积（hm²）	—	—	2 236.09	—	—	0.91	2 199.05	36.13	—	—
	占比（%）	—	—	100.00	—	—	0.04	98.34	1.62	—	—
经济开发区	面积（hm²）	—	—	471.18	3 795.73	1 786.11	33.53	2 721.03	3 298.44	—	—
	占比（%）	—	—	7.78	62.71	29.51	0.55	44.95	54.49	—	—

新河县、南和区，威县耕地面积最大49 806.77 hm²；2020年土壤全氮4级地主要分布在南宫市、威县，南宫市耕地面积最大50 915.06 hm²。2010—2020年南宫市、威县占耕地面积分别增加34 574.08 hm²、400.48 hm²；除邢东新区耕地面积无变化，其余地区耕地面积均减少。

（5）5级 2010年土壤全氮5级地主要分布在隆尧县、南宫市、巨鹿县、清河县，隆尧县耕地面积最大43 141.69 hm²；2020年土壤全氮无5级地。2010—2020年除邢东新区、襄都区、平乡县、临西县无变化外，其余地区占耕地面积均减少，隆尧县减少最多。

（二）土壤有效磷

1. 土壤有效磷级别时间变化特征

2010年全市耕层土壤有效磷大多属于3级（表3-12）；有效磷1级地2 611.62 hm²，占总耕地0.44%；有效磷2级地31 469.29 hm²，占总耕地5.25%；有效磷3级地342 526.77 hm²，占总耕地57.16%；有效磷4级地141 519.48 hm²，占总耕地23.62%；有效磷5级地81 105.64 hm²，占总耕地13.53%。2020年全市耕地土壤有效磷大多属于3级；有效磷1级地973.23 hm²，占总耕地0.16%；有效磷2级地14 749.49 hm²，占总耕地2.46%；有效磷3级地361 132.61 hm²，占总耕地60.27%；有效磷4级地219 491.83 hm²，占总耕地36.63%；有效磷5级地2 885.64 hm²，占总耕地0.48%。2010年和2020年邢台市耕地土壤有效磷均以3级和4级地为主。

表3-12 土壤有效磷级别时间变化特征

级别	有效磷（mg/kg）	2010年		2020年	
		耕地面积（hm²）	占总耕地（%）	耕地面积（hm²）	占总耕地（%）
1	>30	2 611.62	0.44	973.23	0.16
2	(25, 30]	31 469.29	5.25	14 749.49	2.46
3	(15, 25]	342 526.77	57.16	361 132.61	60.27
4	(10, 15]	141 519.48	23.62	219 491.83	36.63
5	≤10	81 105.64	13.53	2 885.64	0.48

2. 不同地区土壤有效磷级别时间变化特征

（1）1级　2010年土壤有效磷1级地主要分布在经济开发区、沙河市、宁晋县，经济开发区耕地面积最大795.17 hm²（表3-13）；2020年土壤有效磷1级地全部分布在南和区、清河县，耕地面积分别为962.26 hm²、10.97 hm²。2010—2020年南和区、清河县占耕地面积分别增加907.18 hm²、10.97 hm²；柏乡县、任泽区、临城县、内丘县、襄都区、隆尧县、信都区、宁晋县、沙河市、经济开发区占耕地面积减少，经济开发区减少最多为795.17 hm²；其余地区无变化。

（2）2级　2010年土壤有效磷2级地主要分布在新河县、宁晋县、隆尧县，新河县耕地面积最大为11 405.89 hm²；2020年土壤有效磷2级地主要分布在南和区、清河县，南和区耕地面积最大为10 846.90 hm²。2010—2020年南和区、清河县、临西县占耕地面积增加，南和区增加最多为10 284.10 hm²；临城县、襄都区、内丘县、经济开发区、信都区、沙河市、柏乡县、任泽区、隆尧县、宁晋县、新河县占耕地面积减少；其余地区无变化。

（3）3级　2010年和2020年土壤有效磷3级地在各地区均有分布；2010年土壤有效磷3级地主要分布在宁晋县、隆尧县、临西县、内丘县、任泽区，宁晋县耕地面积最大为64 379.46 hm²；2020年土壤有效磷3级地主要分布在宁晋县、隆尧县、临西县、任泽区、临城县，宁晋县耕地面积最大为76 773.77 hm²。2010—2020年宁晋县、广宗县、平乡县、威县、南宫市、临西县、沙河市、柏乡县、任泽区、隆尧县、经济开发区、临城县、邢东新区、新河县、襄都区耕地面积增加，宁晋县增加最多为12 394.31hm²；清河县、信都区、巨鹿县、南和区、内丘县占耕地面积减少，内丘县减少最多为22 334.06 hm²。

（4）4级　2010年土壤有效磷4级地主要分布在威县、巨鹿县、广宗县、沙河市，威县耕地面积最大48 500.27 hm²；2020年土壤有效磷4级地主要分布在南宫市、威县、巨鹿县、内丘县，南宫市耕地面积最大45 693.63 hm²。2010—2020年南宫市、内丘县、新河县、巨鹿县、信都区、清河县、平乡县、隆尧县、广宗县、襄都区耕地面积增加，南宫市增加最多为41 379.06 hm²；任泽区、经济开发区、邢东新区、临城县、柏乡县、南和区、沙河市、宁晋县、威县、临西县占耕地面积减少，柏乡县减少最多为1 334.04 hm²。

（5）5级　2010年土壤有效磷5级地主要分布在南宫市、平乡县、广宗县，南宫市耕地面积最大48 199.41 hm²；2020年土壤有效磷5级地全部分布在巨鹿县、南宫市、新河县，巨鹿县耕地面积最大为2 421.20 hm²。2010—2020年除隆尧县、襄都区、临西县耕地面积无变化，其余地区占耕地面积减少，南宫市减少最多为47 801.29 hm²。

表3-13　不同地区土壤有效磷分级面积

地区	项目	2010年					2020年				
		1级	2级	3级	4级	5级	1级	2级	3级	4级	5级
柏乡县	面积（hm²）	28.46	1 422.14	14 871.74	1 334.04	25.41	—	—	17 681.79	—	—
	占比（%）	0.16	8.04	84.11	7.54	0.14	—	—	100.00	—	—
广宗县	面积（hm²）	—	—	330.99	15 715.73	11 181.79	—	—	10 541.11	16 687.41	—
	占比（%）	—	—	1.22	57.72	41.07	—	—	38.71	61.29	—
巨鹿县	面积（hm²）	—	—	12 048.86	20 250.77	3 732.62	—	—	3 853.85	29 757.19	2 421.20
	占比（%）	—	—	33.44	56.20	10.36	—	—	10.70	82.58	6.72
临城县	面积（hm²）	44.75	148.31	22 476.57	3 996.20	2.69	—	—	23 788.80	2 879.72	—
	占比（%）	0.17	0.56	84.28	14.98	0.01	—	—	89.20	10.80	—
临西县	面积（hm²）	—	205.41	29 743.61	6 558.86	—	—	563.83	35 626.81	317.24	—
	占比（%）	—	0.56	81.47	17.97	—	—	1.54	97.59	0.87	—
隆尧县	面积（hm²）	219.62	3 223.05	46 338.43	147.54	—	—	—	48 356.69	1 571.95	—
	占比（%）	0.44	6.46	92.81	0.30	—	—	—	96.85	3.15	—
南宫市	面积（hm²）	—	—	962.18	4 314.57	48 199.41	962.26	—	7 384.41	45 693.63	398.12
	占比（%）	—	—	1.80	8.07	90.13	3.66	—	13.81	85.45	0.74
南和区	面积（hm²）	55.08	562.80	23 774.81	1 835.64	91.97	—	10 846.90	14 511.14	—	—
	占比（%）	0.21	2.14	90.33	6.97	0.35	—	41.21	55.13	—	—
内丘县	面积（hm²）	48.33	463.93	26 461.43	1 805.13	15.69	—	—	4 127.37	24 667.14	—
	占比（%）	0.17	1.61	91.90	6.27	0.05	—	—	14.33	85.67	—
宁晋县	面积（hm²）	511.07	7 138.42	64 379.46	4 630.23	114.59	—	—	76 773.77	—	—
	占比（%）	0.67	9.30	83.86	6.03	0.15	—	—	100.00	—	—

（续表）

地区	项目	2010年					2020年				
		1级	2级	3级	4级	5级	1级	2级	3级	4级	5级
平乡县	面积（hm²）	—	—	557.52	10 604.68	13 322.28	—	—	9 823.09	14 661.39	—
	占比（%）	—	—	2.28	43.31	54.41	—	—	40.12	59.88	—
清河县	面积（hm²）	—	2 091.79	20 702.93	1 104.00	43.47	10.97	2 958.43	15 725.95	5 246.83	—
	占比（%）	—	8.74	86.47	4.61	0.18	0.05	12.36	65.68	21.91	—
任泽区	面积（hm²）	35.79	2 011.96	25 365.22	226.96	0.16	—	—	27 577.40	62.69	—
	占比（%）	0.13	7.28	91.77	0.82	—	—	—	99.77	0.23	—
沙河市	面积（hm²）	574.58	848.92	10 861.19	12 896.35	571.00	—	92.32	15 519.68	10 140.04	—
	占比（%）	2.23	3.30	42.18	50.08	2.22	—	0.36	60.27	39.38	—
威　县	面积（hm²）	—	—	4 273.85	48 500.27	3 172.96	—	—	13 113.31	42 833.77	—
	占比（%）	—	—	7.64	86.69	5.67	—	—	23.44	76.56	—
新河县	面积（hm²）	—	11 405.89	11 854.21	1 204.98	220.09	—	—	12 025.08	12 593.79	66.31
	占比（%）	—	46.21	48.02	4.88	0.89	—	—	48.71	51.02	0.27
信都区	面积（hm²）	242.51	732.56	19 928.62	5 112.13	269.98	—	—	14 183.20	12 102.59	—
	占比（%）	0.92	2.79	75.82	19.45	1.03	—	—	53.96	46.04	—
襄都区	面积（hm²）	56.27	309.08	2 422.17	7.01	—	—	—	2 544.09	250.44	—
	占比（%）	2.01	11.06	86.68	0.25	—	—	—	91.04	8.96	—
邢东新区	面积（hm²）	—	—	1 188.45	912.15	135.49	—	—	2 210.07	26.02	—
	占比（%）	—	—	53.15	40.79	6.06	—	—	98.84	1.16	—
经济开发区	面积（hm²）	795.17	905.03	3 984.53	362.25	6.03	—	288.00	5 765.01	—	—
	占比（%）	13.14	14.95	65.83	5.98	0.10	—	4.76	95.24	—	—

（三）土壤速效钾

1. 土壤速效钾级别时间变化特征

2010 年全市耕层土壤速效钾大多属于 4 级（表 3-14）；速效钾 1 级地 82 276.14 hm²，占总耕地 13.73%；速效钾 2 级地 86 513.69 hm²，占总耕地 14.44%；速效钾 3 级地 138 144.63 hm²，占总耕地 23.05%；速效钾 4 级地 156 221.96 hm²，占总耕地 26.07%；速效钾 5 级地 136 076.38 hm²，占总耕地的 22.71%。2020 年全市耕层土壤速效钾含量大多属于 1 级；速效钾 1 级地 587 610.07 hm²，占总耕地 98.06%；速效钾 2 级地 10 222.16 hm²，占总耕地 1.71%；速效钾 3 级地 1 400.57 hm²，占总耕地 0.23%。2020 年邢台市耕地土壤速效钾与 2010 年比呈上升趋势，分级由 2010 年的 3～5 级为主转变为 2020 年以 1 级为主。

表 3-14　土壤速效钾级别时间变化特征

级别	速效钾（mg/kg）	2010 年		2020 年	
		耕地面积（hm²）	占总耕地（%）	耕地面积（hm²）	占总耕地（%）
1	>130	82 276.14	13.73	587 610.07	98.06
2	(115, 130]	86 513.69	14.44	10 222.16	1.71
3	(100, 115]	138 144.63	23.05	1 400.57	0.23
4	(85, 100]	156 221.96	26.07	—	—
5	≤85	136 076.38	22.71	—	—

2. 不同地区土壤速效钾级别时间变化特征

（1）1 级　2010 年土壤速效钾 1 级地主要分布在任泽区、宁晋县、隆尧县、巨鹿县、平乡县，任泽区耕地面积最大为 21 122.34 hm²（表 3-15）；2020 年土壤速效钾 1 级地主要分布在宁晋县、威县、南宫市、隆尧县，宁晋县耕地面积最大为 76 773.77 hm²。2010—2020 年邢台市各县（市、区）所占耕地面积增加，宁晋县增加最多为 58 216.53 hm²，邢东新区增加最少为 2 190.52 hm²。

（2）2 级　2010 年土壤速效钾 2 级地主要分布在宁晋县、巨鹿县，宁晋县耕地面积最大 20 404 hm²；2020 年土壤速效钾 2 级地主要分布在内丘县、临城县，内丘县耕地面积最大为 6 616.09 hm²。2010—2020 年邢台市内丘县、信都区、经济开发区所占耕地面积增加，内丘县增加最多为 6 616.09 hm²；除清河县、柏乡县耕地面积无变化，其余地区耕地面积均减少，宁晋县减少最多 20 404.00 hm²。

（3）3 级　2010 年土壤速效钾 3 级地主要分布在南宫市、宁晋县、临西县，南宫市耕地面积最大 22 129.28 hm²；2020 年土壤速效钾 3 级地全部分布在内丘县、临城县，

表3-15　不同地区土壤速效钾分级面积

地区	项目	2010年					2020年				
		1级	2级	3级	4级	5级	1级	2级	3级	4级	5级
柏乡县	面积（hm²）	—	—	238.74	6 436.80	11 006.25	17 681.79	—	—	—	—
	占比（%）	—	—	1.35	36.40	62.25	100.00	—	—	—	—
广宗县	面积（hm²）	—	1 097.85	13 810.01	9 494.58	2 826.08	27 228.52	—	—	—	—
	占比（%）	—	4.03	50.72	34.87	10.38	100.00	—	—	—	—
巨鹿县	面积（hm²）	12 475.98	15 657.16	7 893.72	5.39	—	36 032.24	—	—	—	—
	占比（%）	34.62	43.45	21.91	0.01	—	100.00	—	—	—	—
临城县	面积（hm²）	1 422.52	3 747.18	9 827.03	11 576.74	95.05	24 570.88	2 090.81	6.83	—	—
	占比（%）	5.33	14.05	36.85	43.41	0.36	92.13	7.84	0.03	—	—
临西县	面积（hm²）	210.79	6 650.56	17 325.73	10 620.46	1 700.34	36 507.88	—	—	—	—
	占比（%）	0.58	18.22	47.46	29.09	4.66	100.00	—	—	—	—
隆尧县	面积（hm²）	14 996.81	6 542.15	9 241.16	13 479.07	5 669.46	49 612.10	316.54	—	—	—
	占比（%）	30.04	13.10	18.51	27.00	11.36	99.37	0.63	—	—	—
南宫市	面积（hm²）	—	3 761.64	22 129.28	19 574.46	8 010.78	53 476.16	—	—	—	—
	占比（%）	—	7.03	41.38	36.60	14.98	100.00	—	—	—	—
南和区	面积（hm²）	54.59	798.75	2 609.94	19 732.56	3 124.45	26 320.30	—	—	—	—
	占比（%）	0.21	3.03	9.92	74.97	11.87	100.00	—	—	—	—
内丘县	面积（hm²）	—	—	217.83	7 083.55	21 493.13	20 784.68	6 616.09	1 393.74	—	—
	占比（%）	—	—	0.76	24.60	74.64	72.18	22.98	4.84	—	—
宁晋县	面积（hm²）	18 557.24	20 404.00	19 452.41	16 484.61	1 875.52	76 773.77	—	—	—	—
	占比（%）	24.17	26.58	25.34	21.47	2.44	100.00	—	—	—	—

（续表）

地区	项目	2010年 1级	2级	3级	4级	5级	2020年 1级	2级	3级	4级	5级
平乡县	面积（hm²）	11 715.09	8 984.06	3 736.27	49.07	—	24 484.48	—	—	—	—
	占比（%）	47.85	36.69	15.26	0.20	—	100.00	—	—	—	—
清河县	面积（hm²）	—	—	—	37.82	23 904.36	23 942.18	—	—	—	—
	占比（%）	—	—	—	0.16	99.84	100.00	—	—	—	—
任泽区	面积（hm²）	21 122.34	4 221.97	1 812.09	386.81	96.87	27 640.09	—	—	—	—
	占比（%）	76.42	15.27	6.56	1.40	0.35	100.00	—	—	—	—
沙河市	面积（hm²）	262.48	6 607.14	7 839.29	5 438.44	5 604.69	25 318.00	434.04	—	—	—
	占比（%）	1.02	25.66	30.44	21.12	21.76	98.31	1.69	—	—	—
威县	面积（hm²）	—	3 112.81	10 138.60	10 374.67	32 321.00	55 947.08	—	—	—	—
	占比（%）	—	5.56	18.12	18.54	57.77	100.00	—	—	—	—
新河县	面积（hm²）	1 409.05	3 538.82	3 741.48	11 750.16	4 245.66	24 674.76	10.42	—	—	—
	占比（%）	5.71	14.34	15.16	47.60	17.20	99.96	0.04	—	—	—
信都区	面积（hm²）	—	276.23	5 992.85	9 329.01	10 687.70	25 897.30	388.49	—	—	—
	占比（%）	—	1.05	22.80	35.49	40.66	98.52	1.48	—	—	—
襄都区	面积（hm²）	3.69	280.40	230.31	1 402.24	877.90	2 794.53	—	—	—	—
	占比（%）	0.13	10.03	8.24	50.18	31.41	100.00	—	—	—	—
邢东新区	面积（hm²）	45.57	558.55	1 042.96	428.01	161.00	2 236.09	—	—	—	—
	占比（%）	2.04	24.98	46.64	19.14	7.20	100.00	—	—	—	—
经济开发区	面积（hm²）	—	274.43	864.93	2 537.51	2 376.14	5 687.23	365.78	—	—	—
	占比（%）	—	4.53	14.29	41.92	39.26	93.96	6.04	—	—	—

耕地分别为 1 393.74 hm²、6.83 hm²。2010—2020 年内丘县耕地面积增加 1 175.91 hm²；除清河县耕地面积无变化，其余地区占耕地面积均减少，南宫市减少最多为 22 129.28 hm²。

（4）4 级　2010 年土壤速效钾 4 级地主要分布在南和区、南宫市、宁晋县、隆尧县，南和区耕地面积最大 19 732.56 hm²；2020 年土壤速效钾无 4 级地。2010—2020 年各县（市、区）所占耕地面积减少，南和区减少最多为 19 732.56 hm²。

（5）5 级　2010 年土壤速效钾 5 级地主要分布在威县、清河县、内丘县，威县耕地面积最大为 32 321.00 hm²；2020 年土壤速效钾无 5 级地。2010—2020 年除平乡县和巨鹿县耕地面积无变化，其余地区耕地面积均减少，威县减少最多为 32 321.00 hm²。

（四）土壤缓效钾

1. 土壤缓效钾级别时间变化特征

2010 年全市土壤缓效钾大多属于 4 级（表 3-16）；缓效钾 1 级地 2 306.90 hm²，占总耕地 0.38%；缓效钾 2 级地 24 267.89 hm²，占总耕地 4.05%；缓效钾 3 级地 223 685.75 hm²，占总耕地 37.33%；缓效钾 4 级地 240 449.56 hm²，占总耕地 40.13%；缓效钾 5 级地 108 522.70 hm²，占总耕地 18.11%。2020 年全市耕层土壤缓效钾大多属于 3 级；缓效钾 1 级地 33 025.15 hm²，占总耕地 5.51%；缓效钾 2 级地 78 326.02 hm²，占总耕地 13.07%；缓效钾 3 级地 422 679.86 hm²，占总耕地 70.54%；缓效钾 4 级地 65 201.77 hm²，占总耕地 10.88%。2020 年邢台市土壤缓效钾与 2010 年比呈上升趋势，分级由 2010 年的 3～4 级为主转变为 2020 年的以 3 级为主。

表 3-16　土壤缓效钾级别时间变化特征

级别	缓效钾（mg/kg）	2010 年		2020 年	
		耕地面积（hm²）	占总耕地（%）	耕地面积（hm²）	占总耕地（%）
1	＞1 200	2 306.90	0.38	33 025.15	5.51
2	（1 000，1 200]	24 267.89	4.05	78 326.02	13.07
3	（800，1 000]	223 685.75	37.33	422 679.86	70.54
4	（600，800]	240 449.56	40.13	65 201.77	10.88
5	≤600	108 522.70	18.11	—	—

2. 不同地区土壤缓效钾级别时间变化特征

（1）1 级　2010 年土壤缓效钾 1 级地全部分布在沙河市、经济开发区、信都区、襄都区，沙河市耕地面积 1 265.68 hm²（表 3-17）；2020 年土壤缓效钾 1 级地主要分布

表3-17 不同地区土壤缓效钾分级面积

地区	项目	2010年 1级	2级	3级	4级	5级	2020年 1级	2级	3级	4级	5级
柏乡县	面积（hm²）	—	677.09	15 806.85	1 197.86	—	—	—	17 681.79	—	—
	占比（%）	—	3.83	89.40	6.77	—	—	—	100.00	—	—
广宗县	面积（hm²）	—	—	—	4 086.09	23 142.43	—	10.50	27 218.02	—	—
	占比（%）	—	—	—	15.01	84.99	—	0.04	99.96	—	—
巨鹿县	面积（hm²）	—	1 814.39	30 453.46	3 674.05	90.34	—	2 051.16	33 964.31	16.77	—
	占比（%）	—	5.04	84.52	10.20	0.25	—	5.69	94.26	0.05	—
临城县	面积（hm²）	—	178.13	22 886.07	2 842.34	761.97	40.65	426.42	26 173.72	27.73	—
	占比（%）	—	0.67	85.82	10.66	2.86	0.15	1.60	98.14	0.10	—
临西县	面积（hm²）	—	—	30 531.37	5 976.51	—	—	17 222.38	17 094.05	2 191.44	—
	占比（%）	—	—	83.63	16.37	—	—	47.17	46.82	6.00	—
隆尧县	面积（hm²）	—	—	1 557.60	29 090.58	19 280.46	—	1.03	48 546.16	1 381.46	—
	占比（%）	—	—	3.12	58.26	38.62	—	—	97.23	2.77	—
南宫市	面积（hm²）	—	—	153.86	51 486.52	1 835.78	—	—	46 615.09	6 861.07	—
	占比（%）	—	—	0.29	96.28	3.43	—	—	87.17	12.83	—
南和区	面积（hm²）	—	—	377.18	760.76	25 182.36	20 431.60	5 888.70	—	—	—
	占比（%）	—	—	1.43	2.89	95.68	77.63	22.37	—	—	—
内丘县	面积（hm²）	—	—	259.66	689.76	27 845.09	146.06	9 439.81	19 208.64	—	—
	占比（%）	—	—	0.90	2.40	96.70	0.51	32.78	66.71	—	—
宁晋县	面积（hm²）	—	—	51 833.30	24 914.21	26.26	—	130.64	76 643.13	—	—
	占比（%）	—	—	67.51	32.45	0.03	—	0.17	99.83	—	—

（续表）

地区	项目	2010年 1级	2级	3级	4级	5级	2020年 1级	2级	3级	4级	5级
平乡县	面积（hm²）	—	—	14 350.74	9 824.10	309.63	2 021.41	17 432.89	5 030.18	—	—
	占比（%）	—	—	58.61	40.12	1.26	8.26	71.20	20.54	—	—
清河县	面积（hm²）	—	—	3 334.53	20 607.65	—	—	—	5 112.55	18 829.63	—
	占比（%）	—	—	13.93	86.07	—	—	—	21.35	78.65	—
任泽区	面积（hm²）	—	—	16 247.98	10 281.55	1 110.56	500.16	7 751.11	19 382.55	6.27	—
	占比（%）	—	—	58.78	37.20	4.02	1.81	28.04	70.12	0.02	—
沙河市	面积（hm²）	1 265.68	4 830.22	15 410.38	4 245.76	—	6 096.30	7 192.98	12 462.77	—	—
	占比（%）	4.91	18.76	59.84	16.49	—	23.67	27.93	48.40	—	—
威县	面积（hm²）	—	—	6 579.89	46 266.48	3 100.71	—	259.01	30 645.18	25 042.89	—
	占比（%）	—	—	11.76	82.70	5.54	—	0.46	54.78	44.76	—
新河县	面积（hm²）	—	—	122.96	21 225.49	3 336.73	—	—	13 840.67	10 844.51	—
	占比（%）	—	—	0.50	85.98	13.52	—	—	56.07	43.93	—
信都区	面积（hm²）	415.62	11 450.92	10 054.12	2 480.85	1 884.28	92.86	3 215.87	22 977.06	—	—
	占比（%）	1.58	43.56	38.25	9.44	7.17	0.35	12.23	87.41	—	—
襄都区	面积（hm²）	87.79	1 189.50	1 051.85	213.79	251.60	266.26	2 515.84	12.43	—	—
	占比（%）	3.14	42.57	37.64	7.65	9.00	9.53	90.03	0.44	—	—
邢东新区	面积（hm²）	—	963.58	1 165.26	98.16	9.09	1 283.25	952.84	—	—	—
	占比（%）	—	43.09	52.11	4.39	0.41	57.39	42.61	—	—	—
经济开发区	面积（hm²）	537.81	3 164.06	1 508.68	487.05	355.40	2 146.59	3 834.85	71.56	—	—
	占比（%）	8.89	52.27	24.92	8.05	5.87	35.46	63.35	1.18	—	—

在南和区、沙河市，南和区耕地面积最大 20 431.60 hm²。2010—2020 年南和区、沙河市、平乡县、经济开发区、邢东新区、任泽区、襄都区、内丘县、临城县占耕地面积增加，南和区增加最多 20 431.60 hm²；信都区耕地面积减少 322.76 hm²；其余地区无变化。

（2）2级　2010 年土壤缓效钾 2 级地主要分布在信都区、沙河市、经济开发区，信都区耕地面积最大 11 450.92 hm²；2020 年土壤缓效钾 2 级地主要分布在平乡县、临西县、内丘县，平乡县耕地面积最大 17 432.89 hm²。2010—2020 年平乡县、临西县、内丘县、任泽区、南和、沙河市、襄都区、经济开发区、威县、临城县、巨鹿县、宁晋县、广宗县、隆尧县占耕地面积增加，平乡县增加最多 17 432.89 hm²；邢东新区、柏乡县、信都区占耕地面积减少，信都区减少最多 8 235.05 hm²；其余地区无变化。

（3）3级　2010 年土壤缓效钾 3 级地主要分布在宁晋县、临西县、巨鹿县、临城县，宁晋县耕地面积最大 51 833.30 hm²；2020 年土壤缓效钾 3 级地主要分布在宁晋县、隆尧县、南宫市、巨鹿县、威县，宁晋县耕地最大 76 643.13 hm²。2010—2020 年隆尧县、南宫市、广宗县、宁晋县、威县、内丘县、新河县、信都区、巨鹿县、临城县、任泽区、柏乡县、清河县耕地增加，隆尧县增加最多 46 988.56 hm²；南和区、襄都区、邢东新区、经济开发区、沙河市、平乡县、临西县耕地面积减少，临西县减少最多 13 437.32 hm²。

（4）4级　2010 年土壤缓效钾 4 级地主要分布在南宫市、威县、隆尧县，南宫市耕地最大 51 486.52 hm²；2020 年土壤缓效钾 4 级地主要分布在威县、清河县、新河县，威县耕地最大 25 042.89 hm²。2010—2020 年南宫市减少最多 44 625.45 hm²，邢东新区减少最少 98.16 hm²。

（5）5级　2010 年土壤缓效钾 5 级地主要分布在内丘县、南和区、广宗县、隆尧县，内丘县耕地最大 27 845.09 hm²；2020 年土壤缓效钾无 5 级地。2010—2020 年除柏乡县、清河县、临西县、沙河市耕地面积无变化，其余地区耕地面积均减少，内丘县减少最多 27 845.09 hm²，邢东新区减少最少 9.09 hm²。

五、土壤中微量营养元素分级论述

（一）土壤中微量元素级别时间变化特征

表 3-18 表明，2020 年土壤有效硅处于 1 级水平，有效钼处于 2 级水平；与 2010 年比较，2020 年的土壤有效硫、有效铁、有效锰、有效锌、水溶性硼分别增加 16.3 mg/kg、5.53 mg/kg、2.42 mg/kg、0.22 mg/kg、20.07 mg/kg。2020 年较 2010 年有效铁、有效锌提高 1 个等级，有效硫、水溶性硼提高 2 个等级，有效锰、有效铜无等级变化。

表 3-18　土壤中微量元素等级变化（mg/kg）

时间	指标	有效硫	有效硅	有效铁	有效锰	有效铜	有效锌	水溶性硼	有效钼
2010 年	平均值	28.75	—	6.61	11.67	1.30	1.97	0.87	—
	等级	3	—	3	3	3	3	3	—
2020 年	平均值	45.05	213.08	12.14	14.09	1.20	2.19	20.94	0.30
	等级	1	1	2	3	3	2	1	2
2020 年较 2010 年增加数量		16.3	—	5.53	2.42	-0.1	0.22	20.07	—
2020 年较 2010 年提高等级		2	—	1	0	0	1	2	—

（二）土壤中微量元素级别变化特征

表 3-19 表明，2010 年土壤有效硫 1～5 级分别占 16.20%、14.81%、13.06%、32.78%、23.15%，面 积 为 97 097.91 hm²、88 775.23 hm²、78 233.17 hm²、196 415.20 hm²、138 711.30 hm²，以 4 级为主；土壤有效铁 1～5 级分别占 1.99%、9.28%、47.98%、25.38%、15.37%，面 积 为 11 936.91 hm²、55 591.89 hm²、287 508.96 hm²、152 110.32 hm²、92 084.72 hm²，以 3 级为主；土壤有效锰 1～5 级分别占 0.63%、26.92%、55.72%、14.91%、1.82%，面 积 为 3 751.60 hm²、161 318.79 hm²、333 892.38 hm²、89 356.29 hm²、10 913.74 hm²，以 3 级为主；土壤有效铜 1～5 级分别占 12.80%、10.07%、33.98 %、35.12%、8.03%，面 积 为 76 737.27 hm²、60 366.65 hm²、203 609.55 hm²、210 430.64 hm²、48 088.69 hm²，以 3 级、4 级为主；土壤有效锌 1～5 级分别占 18.10%、18.21%、40.41%、18.56%、4.72%，面 积 为 108 455.34 hm²、109 137.45 hm²、242 148.71 hm²、111 183.78 hm²、28 307.53 hm²，以 3 级为主；土壤水溶性硼 1～5 级分别占 5.26%、24.79%、45.16%、13.02%、11.77%，面 积 为 31 538.57 hm²、148 563.26 hm²、270 567.72 hm²、78 016.46 hm²、70 546.80 hm²，以 3 级为主。

2020 年土壤有效硫 1～5 级分别占 21.09%、28.13%、19.53%、14.06%、17.19%，面 积 为 126 400.67 hm²、168 534.23 hm²、117 037.66 hm²、84 267.11 hm²、102 993.14 hm²，以 2 级为主；土壤有效硅 1～5 级分别占 60.16%、18.74%、7.03%、4.69%、9.38%，面 积 为 360 475.98 hm²、112 356.15 hm²、42 133.56 hm²、28 089.04 hm²、56 178.08 hm²，以 1 级为主；土壤有效铁 1～3 级分别占 7.87%、37.01%、55.12%，面积为 47 183.69 hm²、221 763.32 hm²、330 285.80 hm²，以 3 级为主；土壤有效锰 1～3 级分别占 1.56%、23.44%、75.00%，面积为 9 363.01 hm²、

表3-19 土壤中微量素分样点所占比例

指标	2010年					2020年				
	1级	2级	3级	4级	5级	1级	2级	3级	4级	5级
有效硫（mg/kg）	>45	(35,45]	(25,35]	(15,25]	≤15	>45	(35,45]	(25,35]	(15,25]	≤15
样点占比（%）	16.20	14.81	13.06	32.78	23.15	21.09	28.13	19.53	14.06	17.19
耕地面积（hm²）	97 097.91	88 775.23	78 233.17	196 415.20	138 711.30	126 400.67	168 534.23	117 037.66	84 267.11	102 993.14
有效硅（mg/kg）	>200	(150,200]	(100,150]	(50,100]	≤50	>200	(150,200]	(100,150]	(50,100]	≤50
样点占比（%）	—	—	—	—	—	60.16	18.75	7.03	4.69	9.38
耕地面积（hm²）	—	—	—	—	—	360 475.98	112 356.15	42 133.56	28 089.04	56 178.08
有效铁（mg/kg）	>20	(10,20]	(4.5,10]	(2.5,4.5]	≤2.5	>20	(10,20]	(4.5,10]	(2.5,4.5]	≤2.5
样点占比（%）	1.99	9.28	47.98	25.38	15.37	7.87	37.01	55.12	0.00	0.00
耕地面积（hm²）	11 936.91	55 591.89	287 508.96	152 110.32	92 084.72	47 183.69	221 763.32	330 285.80	0.00	0.00
有效锰（mg/kg）	>30	(15,30]	(5,15]	(1,5]	≤1	>30	(15,30]	(5,15]	(1,5]	≤1
样点占比（%）	0.63	26.92	55.72	14.91	1.82	1.56	23.44	75.00	0.00	0.00
耕地面积（hm²）	3 751.60	161 318.79	333 892.38	89 356.29	10 913.74	9 363.01	140 445.19	449 424.60	0.00	0.00

（续表）

指标	2010年 1级	2级	3级	4级	5级	2020年 1级	2级	3级	4级	5级
有效铜(mg/kg)	>2.0	(1.5,2.0]	(1.0,1.5]	(0.5,1.0]	≤0.5	>2.0	(1.5,2.0]	(1.0,1.5]	(0.5,1.0]	≤0.5
样点占比(%)	12.80	10.07	33.98	35.12	8.03	3.91	7.03	61.72	26.56	0.78
耕地面积(hm²)	76 737.27	60 366.65	203 609.55	210 430.64	48 088.69	23 407.53	42 133.56	369 838.99	159 171.21	4 681.51
有效锌(mg/kg)	>3.0	(2.0,3.0]	(1.0,2.0]	(0.5,1.0]	≤0.5	>3.0	(2.0,3.0]	(1.0,2.0]	(0.5,1.0]	≤0.5
样点占比(%)	18.10	18.21	40.41	18.56	4.72	10.16	40.63	41.40	7.03	0.78
耕地面积(hm²)	108 455.34	109 137.45	242 148.71	111 183.78	28 307.53	60 859.58	243 438.33	248 119.83	42 133.56	4 681.51
水溶性硼(mg/kg)	>2.0	(1.0,2.0]	(0.5,1.0]	(0.25,0.5]	≤0.25	>2.0	(1.0,2.0]	(0.5,1.0]	(0.25,0.5]	≤0.25
样点占比(%)	5.26	24.79	45.16	13.02	11.77	58.59	8.59	23.44	4.69	4.69
耕地面积(hm²)	31 538.57	148 563.26	270 567.72	78 016.46	70 546.80	351 112.97	51 496.57	140 445.19	28 089.04	28 089.04
有效钼(mg/kg)	>0.30	(0.20,0.30]	(0.15,0.20]	(0.10,0.15]	≤0.10	>0.30	(0.20,0.30]	(0.15,0.20]	(0.10,0.15]	≤0.10
样点占比(%)	—	—	—	—	—	56.24	4.69	10.16	6.25	22.66
耕地面积(hm²)	—	—	—	—	—	337 068.45	28 089.04	60 859.58	37 452.05	135 763.68

140 445.19 hm²、449 424.60 hm²，以 3 级为主；土壤有效铜 1～5 级分别占 3.91%、7.03%、61.72%、26.56%、0.78%，面积为 23 407.53 hm²、42 133.56 hm²、369 838.99 hm²、159 171.21 hm²、4 681.51 hm²，以 3 级为主；土壤有效锌 1～5 级分别占 10.16%、40.63%、41.40%、7.03%、0.78%，面积为 60 859.58 hm²、243 438.33 hm²、248 119.83 hm²、42 133.56 hm²、4 681.51 hm²，以 2 级、3 级为主；土壤水溶性硼 1～5 级分别占 58.59%、8.59%、23.44%、4.69%、4.69%，面积为 351 112.97 hm²、51 496.57 hm²、140 445.19 hm²、28 089.04 hm²、28 089.04 hm²，以 1 级为主；土壤有效钼 1～5 级分别占 56.24%、4.69%、10.16%、6.25 %、22.66 %，面积为 337 068.45 hm²、28 089.04 hm²、60 859.58 hm²、37 452.05 hm²、135 763.68 hm²，以 1 级为主。

第四章　耕地质量综合等级时空演变分析

第一节　耕地质量评价的工作原理与方法

一、耕地质量评价原理

耕地质量评价的一种表达方法是参数法，用耕地自然要素评价的指数来表示，其关系式为：$IFI = b_1x_1 + b_2x_2 + \cdots + b_nx_n$。其中，IFI 为耕地质量指数；$x_n$ 为耕地自然属性参评因素；b_n 为属性对耕地质量的贡献率。根据 IFI 的大小及其组成，不仅可以了解耕地质量的高低，也可以直观地揭示影响耕地质量的障碍因素及影响程度。

（一）耕地质量评价原则

1. 综合因素研究与主导因素分析相结合原则

综合因素研究是指对地形地貌、土壤理化性状、相关社会经济因素等进行全面地分析、研究与评价，以全面了解耕地质量状况。主导因素是指对耕地质量起决定作用的、相对稳定的因子，在评价中要着重对其进行分析。把综合因素与主导因素结合起来考虑可以对耕地质量做出科学而准确的评价。

2. 专题研究与共性评价相结合原则

耕地利用存在农田等多种类型，土壤理化性状、环境条件、管理水平等不均一，耕地质量水平也会存在差异。本次评价主要是针对粮田耕地质量进行，使整个评价和研究更具有针对性和实际应用价值。

3. 定性和定量相结合原则

土地系统是一个复杂的灰色系统，定量和定性要素共存，相互作用，相互影响。定量与定性相结合，选取的评价因素在时间序列上具有相对的稳定性，如土壤立地条件、有机质含量等，保证了评价结果的准确性和合理性，可使评价结果有效期延长。

4. 采用 GIS 支持的自动化评价方法原则

耕地质量评价工作是通过数据库建立、评价模型及其与 GIS 空间叠加等分析模型的结合，实现了全数字化、自动化的评价流程，在一定程度上代表了当前土地评价的最新技术方法。

（二）耕地质量评价的方法

1. 耕地质量评价指标

按照国家标准《耕地质量等级》（GB/T 33469—2016），河北省耕地质量划分为3个一级农业区，5个二级农业区，邢台市属于黄淮海农业区中的燕山太行山山麓平原农业区和冀鲁豫低洼平原农业区，黄淮海农业区选择耕层质地、盐渍化程度、酸碱度、土壤容重、灌溉能力、排水能力、有机质、有效磷、速效钾、质地构型、有效土层厚度、耕层厚度、地下水埋深、障碍因素、地形部位、农田林网化、生物多样性、清洁程度18个评价指标。

2. 确定评价单元

在确定评价单元时，该市利用土壤图、行政区划图和土地利用现状图三者叠加产生的图斑作为耕地质量评价的基本单元。

点分布图先插值生成栅格图，再与评价单元图叠加，采用加权统计方法给评价单元赋值或者采用以点代面的方法。矢量图直接与评价单元图叠加，给评价单元赋值。如土壤质地等较稳定的土壤理化性状，每一个评价单元范围内的同一个土种的平均值直接为评价单元赋值。等值线图先采用地面模型插值生成栅格图，再和评价单元图叠加后采用分区统计方法给评价单元赋值。

3. 计算单因素评价评语——模糊评价法

（1）基本原理　模糊子集、隶属函数与隶属度是模糊数学的三个重要概念。一个模糊性概念就是一个模糊子集，模糊子集 A 的取值在0～1的任一数值（包括两端的0与1）。隶属度是元素 x 符合这个模糊性概念的程度。完全符合时隶属度为1，完全不符合时隶属度为0，部分符合即取0与1之间的一个中间值。隶属函数 $\mu A (x)$ 是表示元素 x_i 与隶属度 μ_i 之间的解析函数。根据隶属函数，对于每个 x_i 都可以算出其对应的隶属度 μ_i。

（2）建立隶属函数的方法——最小二乘法　根据模糊数学的理论，将选定的评价指标与耕地生产能力的关系分为戒上型函数、戒下型函数、峰型函数、直线型函数以及概念型函数5种类型的隶属函数。对于前4种类型，用特尔菲法对1组实测值评估出相应的1组隶属度，并根据这2组数据拟合隶属函数，也可以根据唯一差异性原则，用田间试验的方法获得测试值与耕地生产能力的1组数据，用这组数据直接拟合隶属函数。

1）戒上型函数模型（有效土层厚度、有机质含量、有效磷、速效钾等）。

$$y_i = \begin{cases} 0, & u_i \leqslant u_t \\ 1/[1 + a_i(u_i - c_i)^2], & u_t < u_i < c_i, \quad (i = 1, 2, \cdots, m) \\ 1 & c_i \leqslant u_i \end{cases}$$

式中：y_i 为第 i 个因素评语；u_i 为样品观测；c_i 为标准指标；a_i 为系数；u_t 为指标下限值。

2）戒下型函数模型。

$$y_i = \begin{cases} 0, & u_i \geqslant u_t \\ 1/[1 + a_i(u_i - c_i)^2], & c_i < u_i < u_t, \quad (i = 1, 2, \cdots, m) \\ 1 & u_i \leqslant c_i \end{cases}$$

式中：u_t 为指标上限值。

3）峰型函数模型（pH）。

$$y_i = \begin{cases} 0, & u_i > u_{t1} \text{ 或 } u_i < u_{t2} \\ 1/[1 + a_i(u_i - c_i)^2], & u_{t1} < u_i < u_{t2} \\ 1 & u_i = c_i (i = 1, 2, \cdots, m) \end{cases}$$

式中：u_{t1}、u_{t2} 分别为指标上、下限值。

4）概念型指标。主要有土壤质地、质地构型、地貌类型、灌溉能力、地形部位、盐渍化程度、排水能力、地下水埋深、障碍因素、农田林网化程度、生物多样性、清洁程度等，其性状是定性的、综合性的，这类要素的评价采用特尔菲法直接给出隶属度。

二、构建耕地质量评价指标体系

（一）指标权重

临城县、柏乡县、隆尧县、内丘县、任泽区、沙河市、南和区、宁晋县、信都区、襄都区、邢东新区、经济开发区属于黄淮海农业区（一级农业区）中的燕山太行山山麓平原农业区（二级农业区），新河县、巨鹿县、平乡县、广宗县、南宫市、威县、清河县、临西县属于黄淮海农业区中的冀鲁豫低洼平原农业区（二级农业区），邢台市的耕地质量评价指标权重见表 4-1。

表 4-1　邢台市耕地质量评价指标权重

燕山太行山山麓平原农业区		冀鲁豫低洼平原农业区	
指标名称	指标权重	指标名称	指标权重
灌溉能力	0.172 0	灌溉能力	0.155 0
耕层质地	0.128 0	耕层质地	0.130 0
地形部位	0.120 0	质地构型	0.111 0

（续表）

燕山太行山山麓平原农业区		冀鲁豫低洼平原农业区	
指标名称	指标权重	指标名称	指标权重
有效土层厚度	0.105 0	有机质	0.104 0
质地构型	0.081 0	地形部位	0.077 0
有机质	0.080 0	盐渍化程度	0.076 0
有效磷	0.056 0	排水能力	0.057 0
速效钾	0.048 0	有效磷	0.056 0
排水能力	0.040 0	速效钾	0.048 0
pH	0.030 0	pH	0.036 0
土壤容重	0.030 0	有效土层厚度	0.030 0
盐渍化程度	0.020 0	土壤容重	0.030 0
地下水埋深	0.020 0	地下水埋深	0.020 0
障碍因素	0.020 0	障碍因素	0.020 0
耕层厚度	0.020 0	耕层厚度	0.020 0
农田林网化	0.010 0	农田林网化	0.010 0
生物多样性	0.010 0	生物多样性	0.010 0
清洁程度	0.010 0	清洁程度	0.010 0

（二）指标隶属函数

黄淮海冀鲁豫低洼平原农业区耕地生产能力评价指标的概念性和数值型指标的隶属度（表4-2）和隶属函数（表4-3）。

表4-2 邢台市评价指标隶属度

评价指标	评价指标内容及其对应的隶属度							
地形部位	低海拔冲积平	低海拔冲积洪积平原	低海拔冲积洼地	低海拔洪积低台地	侵蚀剥蚀低海拔低丘陵	侵蚀剥蚀中海拔低丘陵	侵蚀剥蚀中海拔高丘陵	侵蚀剥蚀小起伏中山
隶属度	1	1	0.9	0.85	0.65	0.5	0.4	0.35
有效土层厚度（cm）	≥100	[60,100)	[30,60)	<30				
隶属度	1	0.8	0.6	0.4				
耕层质地	中壤	轻壤	重壤	黏土	砂壤	砾质壤土	砂土	砾质砂土
隶属度	1	0.94	0.92	0.88	0.8	0.55	0.5	0.45
土壤容重	适中	偏轻	偏重					
隶属度	1	0.8	0.8					

注：耕层质地行另含"壤质砾石土 0.45"与"砂质砾石土 0.4"。

（续表）

评价指标	评价指标内容及其对应的隶属度										
质地构型	夹黏型	上松下紧型	通体壤	紧实型	夹层型	海绵型	上紧下松型	松散型	通体砂	薄层型	裸露岩石
隶属度	0.95	0.93	0.9	0.85	0.8	0.75	0.75	0.65	0.6	0.4	0.2
生物多样性	丰富	一般	不丰富								
隶属度	1	0.8	0.6								
清洁程度	清洁	尚清洁									
隶属度	1	0.8									
障碍因素	无	夹砂层	砂姜层	砾质层							
隶属度	1	0.8	0.7	0.5							
灌溉能力	充分满足	满足	基本满足	不满足							
隶属度	1	0.85	0.7	0.5							
排水能力	充分满足	满足	基本满足	不满足							
隶属度	1	0.85	0.7	0.5							
农田林网化	高	中	低								
隶属度	1	0.8	0.6								
pH	≥8.5	[8, 8.5)	[7.5, 8)	[6.5, 7.5)	[6, 6.5)	[5.5, 6)	[4.5, 5.5)	<4.5			
隶属度	0.5	0.8	0.9	1	0.9	0.85	0.75	0.5			
耕层厚度（CM）	≥20	[15,20)	<15								
隶属度	1	0.8	0.6								
盐渍化程度	无	轻度	中度	重度							
隶属度	1	0.8	0.6	0.35							
地下水埋深（m）	≥3	[2,3)	<2								
隶属度	1	0.8	0.6								

表4-3 邢台市数值型指标隶属函数

指标	函数	公式	a 值	c 值	u 下限	u 上限	备注
有机质	戒上型	$y=1/[1+a(u-c)^2]$	0.005 431	18.219 012	0	18.2	
速效钾	戒上型	$y=1/[1+a(u-c)^2]$	0.000 01	277.304 96	0	277	
有效磷	戒上型	$y=1/[1+a(u-c)^2]$	0.000 102	79.043 468	0	79.0	有效磷<110 mg/kg

（续表）

指标	函数	公式	a 值	c 值	u 下限	u 上限	备注
有效磷	戒下型	$y=1/[1+a(u-c)^2]$	0.000 007	148.611 679	148.6	500.0	有效磷≥110 mg/kg

注：y 为隶属度；a 为系数；u 为实测值；c 为标准指标。当函数类型为戒上型，u≤下限值时，y 为 0；u≥上限值，y 为 1；当函数类型为峰型，u≤下限值或 u≥上限值时，y 为 0。

（三）等级划分指数

根据综合评价指数分布等距法，将邢台市耕地质量分为十等级（表4-4）。

表4-4　耕地质量等级综合评价指数范围

耕地质量等级	综合指数范围	耕地质量等级	综合指数范围
1 级	≥0.964 0	6 级	0.809 0～0.840 0
2 级	0.933 0～0.964 0	7 级	0.778 0～0.809 0
3 级	0.902 0～0.933 0	8 级	0.747 0～0.778 0
4 级	0.871 0～0.902 0	9 级	0.716 0～0.747 0
5 级	0.840 0～0.871 0	10 级	＜0.716 0

第二节　耕地质量综合等级时间演变特征

一、耕地质量综合等级时间变化特征

表4-5表明，2010年，邢台市耕地质量综合等级从2～10级，分别为842.77 hm²、2 397.65 hm²、55 117.07 hm²、129 449.22 hm²、195 602.59 hm²、136 216.69 hm²、59 599.76 hm²、15 366.22 hm²和4 640.83 hm²。2020年，1～5级地分别增加26.91 hm²、24 823.67 hm²、118 869.27 hm²、99 285.21 hm²和66 965.91 hm²，分别占总耕地0.004%、4.14%、19.84%、16.56%和11.18%；6～10级分别减少129 105.13 hm²、116 841.08 hm²、45 193.68 hm²、15 242.52 hm²和3 588.56 hm²，分别占总耕地21.54%、19.50%、7.55%、2.54%和0.59%；2010年耕地平均等级6.13，2020年耕地平均等级4.48级，耕地等级提升1.65。

表4-5　邢台市耕地质量综合等级统计

等级	2010 年		2020 年		增减	
	耕地面积（hm²）	占总耕地（%）	耕地面积（hm²）	占总耕地（%）	耕地面积（hm²）	占总耕地（%）
1	—	—	26.91	0.004	26.91	0.004

（续表）

等级	2010 年		2020 年		增减	
	耕地面积 （hm²）	占总耕地 （%）	耕地面积 （hm²）	占总耕地 （%）	耕地面积 （hm²）	占总耕地 （%）
2	842.77	0.14	25 666.44	4.28	24 823.67	4.14
3	2 397.65	0.40	121 266.92	20.24	118 869.27	19.84
4	55 117.07	9.21	154 402.28	25.77	99 285.21	16.56
5	129 449.22	21.60	196 415.13	32.78	66 965.91	11.18
6	195 602.59	32.64	66 497.46	11.10	−129 105.13	−21.54
7	136 216.69	22.73	19 375.61	3.23	−116 841.08	−19.50
8	59 599.76	9.95	14 406.08	2.40	−45 193.68	−7.55
9	15 366.22	2.56	123.70	0.02	−15 242.52	−2.54
10	4 640.83	0.77	1 052.27	0.18	−3 588.56	−0.59
合计	599 232.80	100.00	599 232.80	100.00	0.00	0.00
平均等级	6.13		4.48		1.65	

二、耕地质量综合等级空间变化特征

（一）1 级地耕地质量特征

2010 年没有 1 级地；2020 年 1 级地面积 26.91 hm²，占耕地总面积 0.004%，全部分布在清河县。邢台市 1 级地处于"充分满足"灌溉能力、中壤质地、低海拔冲积洪积平原、有效土层厚度"≥100"、质地构型均为"上松下紧型"且"充分满足"排水能力、"无"盐渍化、地下水埋深"≥3"且"无"障碍因素、有效土层厚度、农田林网化、生物多样性、清洁程度等状态的 2020 年耕地面积较 2010 年增加 26.91 hm²；邢台市土壤 pH、有机质、有效磷、速效钾和容重 2010 年均没有 1 级地；2020 年土壤 pH、有机质、有效磷、速效钾、容重分别平均为 8.3、19.0 g/kg、28.6 mg/kg、169 mg/kg、1.28 g/cm³。

（二）2 级地耕地质量特征

1. 空间分布

表 4-6 表明，2010 年 2 级地 842.77 hm²，占耕地面积 0.14%；2020 年 2 级地 25 666.44 hm²，占耕地面积 4.28%，2 级地面积增加。2010—2020 年，柏乡县、临城县、临西县、隆尧县、南宫市、内丘县、清河县、威县面积增加，其中清河县增加最多

17 404.21 hm²，其次是临城县增加4 765.41 hm²。

表4-6 2级地面积与分布

地区	2010 年		2020 年	
	面积（hm²）	占2级地面积（%）	面积（hm²）	占2级地面积（%）
柏乡县	—	—	52.86	0.21
临城县	842.77	100.00	5 608.18	21.85
临西县	—	—	328.03	1.28
隆尧县	—	—	175.04	0.68
南宫市	—	—	0.52	0.002
内丘县	—	—	203.93	0.79
清河县	—	—	17 404.21	67.81
威 县	—	—	1 893.67	7.38
合计	842.77	100.00	25 666.44	100.00

2. 属性特征

（1）灌溉能力 邢台市2级地灌溉能力处于"充分满足"状态。用行政区划图与耕地质量等级图叠加联合形成行政区划耕地质量等级综合图，对栅格数据区域统计，2020年处于"充分满足"状态面积较2010年增加24 823.67 hm²（表4-7）。

表4-7 灌溉能力2级地分布（hm²）

地区	充分满足	
	2010 年	2020 年
柏乡县	—	52.86
临城县	842.77	5 608.18
临西县	—	328.03
隆尧县	—	175.04
南宫市	—	0.52
内丘县	—	203.93
清河县	—	17 404.21
威 县	—	1 893.67
合计	842.77	25 666.44

（2）耕层质地 邢台市2级地质地为中壤、轻壤、砂壤。用行政区划图与耕地质量等级图叠加联合形成行政区划耕地质量等级综合图，对栅格数据区域统计，2020年

中壤较 2010 年增加 6 453.76 hm²，轻壤增加 17 288.34 hm²，砂壤增加 1 081.57 hm²（表 4-8）。

表 4-8 耕层质地 2 级地分布（hm²）

地区	中壤		轻壤		砂壤	
	2010 年	2020 年	2010 年	2020 年	2010 年	2020 年
柏乡县	—	—	—	52.86	—	—
临城县	—	2 821.02	842.77	2 787.15	—	—
临西县	—	24.00	—	304.03	—	—
隆尧县	—	106.21	—	68.83	—	—
南宫市	—	—	—	0.52	—	—
内丘县	—	—	—	203.93	—	—
清河县	—	2 115.37	—	14 207.28	—	1 081.57
威 县	—	1 387.16	—	506.51	—	—
合计	—	6 453.76	842.77	18 131.11	—	1 081.57

（3）地形部位 邢台市 2 级地地形部位为低海拔冲积平原、低海拔冲积洪积平原。用行政区划图与耕地质量等级图叠加联合形成行政区划耕地质量等级综合图，对栅格数据区域统计，2020 年地形部位为低海拔冲积平原面积较 2010 年增加 5 197.24 hm²，低海拔冲积洪积平原面积增加 19 626.43 hm²（表 4-9）。

表 4-9 地形部位 2 级地分布（hm²）

地区	低海拔冲积平原		低海拔冲积洪积平原	
	2010 年	2020 年	2010 年	2020 年
柏乡县	—	52.86	—	—
临城县	842.77	5 608.18	—	—
临西县	—	—	—	328.03
隆尧县	—	175.04	—	—
南宫市	—	—	—	0.52
内丘县	—	203.93	—	—
清河县	—	—	—	17 404.21
威 县	—	—	—	1 893.67
合计	842.77	6 040.01	—	19 626.43

（4）有效土层厚度 邢台市 2 级地有效土层厚度处于"≥100 cm"和

"［60，100）cm"状态。用行政区划图与耕地质量等级图叠加联合形成行政区划耕地质量等级综合图，对栅格数据区域统计，2020 年处于"≥100 cm"状态面积较 2010 年增加 23 154.38 hm²，处于"［60，100）cm"状态面积增加 1 669.29 hm²（表 4-10）。

表 4-10 有效土层厚度 2 级地分布（hm²）

地区	≥100 cm		［60，100）cm	
	2010 年	2020 年	2010 年	2020 年
柏乡县	—	52.86	—	—
临城县	842.77	4 045.10	—	1 563.07
临西县	—	328.03	—	—
隆尧县	—	68.83	—	106.22
南宫市	—	0.52	—	—
内丘县	—	203.93	—	—
清河县	—	17 404.21	—	—
威 县	—	1 893.67	—	—
合计	842.77	23 997.15	—	1 669.29

（5）质地构型 邢台市 2 级地质地构型处于"夹黏型""上松下紧型""紧实型""夹层型"状态。用行政区划图与耕地质量等级图叠加联合形成行政区划耕地质量等级综合图，对栅格数据区域统计，2020 年"夹黏型"耕地较 2010 年增加 2 490.40 hm²，"上松下紧型"耕地增加 14 670.49 hm²，"紧实型"耕地增加 7 446.89 hm²，"夹层型"状态耕地增加 215.89 hm²（表 4-11）。

表 4-11 质地构型 2 级地分布（hm²）

地区	夹黏型		上松下紧型		紧实型		夹层型	
	2010 年	2020 年	2010 年	2020 年	2010 年	2020 年	2010 年	2020 年
柏乡县	—	—	—	52.86	—	—	—	—
临城县	—	—	842.77	5 608.18	—	—	—	—
临西县	—	—	—	24.00	—	304.03	—	—
隆尧县	—	—	—	175.04	—	—	—	—
南宫市	—	0.52	—	—	—	—	—	—
内丘县	—	—	—	203.93	—	—	—	—
清河县	—	1 102.72	—	9 449.25	—	6 636.35	—	215.89
威 县	—	1 387.16	—	—	—	506.51	—	—
合计	—	2 490.40	842.77	15 513.26	—	7 446.89	—	215.89

（6）有机质　邢台市 2 级地 2010 年土壤有机质平均 18.8 g/kg，2020 年平均 17.1 g/kg。利用行政区划图与耕地质量等级图叠加联合形成行政区划耕地质量等级综合图，对栅格数据区域统计，2010 年土壤有机质变幅 17.5～20.0 g/kg，2020 年变幅 12.1～22.4 g/kg，2010—2020 年土壤有机质平均减少 1.7 g/kg（表 4-12）。

表 4-12　有机质含量 2 级地分布（g/kg）

地区	平均值		最大值		最小值	
	2010 年	2020 年	2010 年	2020 年	2010 年	2020 年
柏乡县	—	20.2	—	21.2	—	19.8
临城县	18.8	20.5	20.0	22.4	17.5	17.8
临西县	—	17.5	—	18.4	—	16.6
隆尧县	—	20.0	—	20.3	—	19.8
南宫市	—	12.8	—	12.8	—	12.8
内丘县	—	19.9	—	20.3	—	19.7
清河县	—	16.3	—	19.3	—	12.2
威　县	—	13.7	—	17.0	—	12.1
平均值	18.8	17.1	20.0	22.4	17.5	12.1

（7）有效磷　邢台市 2 级地 2010 年土壤有效磷平均 18.4 mg/kg，2020 年平均 18.9 mg/kg。利用行政区划图与耕地质量等级图叠加联合形成行政区划耕地质量等级综合图，对栅格数据统计，2010 年土壤有效磷变幅 15.9～21.4 mg/kg，2020 年变幅 11.9～30.1 mg/kg，2010—2020 年土壤有效磷平均值增加 0.5 mg/kg（表 4-13）。

表 4-13　有效磷含量 2 级地分布（mg/kg）

地区	平均值		最大值		最小值	
	2010 年	2020 年	2010 年	2020 年	2010 年	2020 年
柏乡县	—	19.2	—	19.9	—	18.7
临城县	18.4	17.2	21.4	19.9	15.9	13.7
临西县	—	21.3	—	24.8	—	19.6
隆尧县	—	16.2	—	17.6	—	15.1
南宫市	—	15.5	—	15.5	—	15.5
内丘县	—	15.0	—	15.2	—	14.6
清河县	—	20.0	—	30.1	—	11.9

（续表）

地区	平均值		最大值		最小值	
	2010 年	2020 年	2010 年	2020 年	2010 年	2020 年
威　县	—	14.0	—	17.7	—	12.5
平均值	18.4	18.9	21.4	30.1	15.9	11.9

（8）速效钾　邢台市 2 级地 2010 年土壤速效钾平均 101 mg/kg，2020 年平均 158 mg/kg。利用行政区划图与耕地质量等级图叠加联合形成行政区划耕地质量等级综合图，对栅格数据统计，2010 年土壤速效钾变幅 96～108 mg/kg，2020 年变幅 130～188 mg/kg，2010—2020 年土壤速效钾平均增加 57 mg/kg（表 4-14）。

表 4-14　速效钾含量 2 级地分布（mg/kg）

地区	平均值		最大值		最小值	
	2010 年	2020 年	2010 年	2020 年	2010 年	2020 年
柏乡县	—	146	—	155	—	142
临城县	101	141	108	155	96	130
临西县	—	172	—	186	—	158
隆尧县	—	139	—	144	—	136
南宫市	—	146	—	146	—	146
内丘县	—	141	—	143	—	140
清河县	—	165	—	188	—	132
威　县	—	144	—	175	—	133
平均值	101	158	108	188	96	130

（9）排水能力　邢台市 2 级地排水能力处于"充分满足""满足"和"基本满足"状态。用行政区划图与耕地质量等级图叠加联合形成行政区划耕地质量等级综合图，对栅格数据统计，2020 年处于"充分满足"状态耕地较 2010 年增加 24 519.49 hm²，处于"满足"状态耕地增加 530.52 hm²，处于"基本满足"状态耕地减少 226.34 hm²（表 4-15）。

表 4-15　排水能力 2 级地分布（hm²）

地区	充分满足		满足		基本满足	
	2010 年	2020 年	2010 年	2020 年	2010 年	2020 年
柏乡县	—	52.86	—	—	—	—

（续表）

地区	充分满足		满足		基本满足	
	2010 年	2020 年	2010 年	2020 年	2010 年	2020 年
临城县	358.34	4 819.57	258.09	788.61	226.34	—
临西县	—	328.03	—	—	—	—
隆尧县	—	175.04	—	—	—	—
南宫市	—	0.52	—	—	—	—
内丘县	—	203.93	—	—	—	—
清河县	—	17 404.21	—	—	—	—
威　县	—	1 893.67	—	—	—	—
合计	358.34	24 877.83	258.09	788.61	226.34	—

（10）pH　邢台市 2 级地 2010 年土壤 pH 平均为 8.1，2020 年平均为 8.3。利用行政区划图与耕地质量等级图叠加联合形成行政区划耕地质量等级综合图，对栅格数据统计，2010 年土壤 pH 变幅 7.9～8.1，2020 年变幅 8.0～8.6，2010—2020 年土壤 pH 平均增加 0.2 个单位（表 4-16）。

表 4-16　pH 2 级地分布

地区	平均值		最大值		最小值	
	2010 年	2020 年	2010 年	2020 年	2010 年	2020 年
柏乡县	—	8.1	—	8.1	—	8.1
临城县	8.1	8.0	8.1	8.1	7.9	8.0
临西县	—	8.5	—	8.6	—	8.3
隆尧县	—	8.1	—	8.1	—	8.0
南宫市	—	8.3	—	8.3	—	8.3
内丘县	—	8.1	—	8.1	—	8.1
清河县	—	8.4	—	8.6	—	8.2
威　县	—	8.3	—	8.4	—	8.2
平均值	8.1	8.3	8.1	8.6	7.9	8.0

（11）土壤容重　邢台市 2 级地 2010 年土壤容重平均为 1.36 g/cm³，2020 年平均为 1.30 g/cm³。利用行政区划图与耕地质量等级图叠加联合形成行政区划耕地质量等级综合图，对栅格数据统计，2010 年土壤容重变幅 1.35～1.40 g/cm³，2020 年变幅 1.22～1.50 g/cm³，2010—2020 年土壤容重减小 0.06 g/cm³（表 4-17）。

表 4-17　土壤容重 2 级地分布（g/cm³）

地区	平均值		最大值		最小值	
	2010 年	2020 年	2010 年	2020 年	2010 年	2020 年
柏乡县	—	1.48	—	1.50	—	1.46
临城县	1.36	1.40	1.40	1.50	1.35	1.35
临西县	—	1.31	—	1.32	—	1.30
隆尧县	—	1.42	—	1.44	—	1.40
南宫市	—	1.29	—	1.29	—	1.29
内丘县	—	1.46	—	1.47	—	1.44
清河县	—	1.27	—	1.32	—	1.22
威　县	—	1.30	—	1.31	—	1.28
平均值	1.36	1.30	1.40	1.50	1.35	1.22

（12）盐渍化程度　邢台市 2 级地盐渍化程度处于"无"和"轻度"状态。用行政区划图与耕地质量等级图叠加联合形成行政区划耕地质量等级综合图，对栅格数据区域统计，2020 年盐渍化程度处于"无"耕地面积较 2010 年增加 25 182.01 hm²，处于"轻度"耕地减少 358.34 hm²（表 4-18）。

表 4-18　盐渍化程度 2 级地分布（hm²）

地区	无盐渍化		轻度盐渍化	
	2010 年	2020 年	2010 年	2020 年
柏乡县	—	52.86	—	—
临城县	484.43	5 608.18	358.34	—
临西县	—	328.03	—	—
隆尧县	—	175.04	—	—
南宫市	—	0.52	—	—
内丘县	—	203.93	—	—
清河县	—	17 404.21	—	—
威　县	—	1 893.67	—	—
合计	484.43	25 666.44	358.34	—

（13）地下水埋深　邢台市 2 级地地下水埋深均处于"≥3 m"状态。用行政区划图与耕地质量等级图叠加联合形成行政区划耕地质量等级综合图，对栅格数据区域统计，2020 年处于"≥3 m"状态的耕地面积较 2010 年增加 24 823.67 hm²（表 4-19）。

表 4-19　地下水埋深 2 级地分布（hm²）

地区	≥3 m	
	2010 年	2020 年
柏乡县	—	52.86
临城县	842.77	5 608.18
临西县	—	328.03
隆尧县	—	175.04
南宫市	—	0.52
内丘县	—	203.93
清河县	—	17 404.21
威　县	—	1 893.67
合计	842.77	25 666.44

（14）障碍因素　邢台市 2 级地均处于"无"障碍因素。用行政区划图与耕地质量等级图叠加联合形成行政区划耕地质量等级综合图，对栅格数据区域统计，2020 年"无"障碍耕地面积较 2010 年增加 24 823.67 hm²（表 4-20）。

表 4-20　障碍因素 2 级地分布（hm²）

地区	无障碍	
	2010 年	2020 年
柏乡县	—	52.86
临城县	842.77	5 608.18
临西县	—	328.03
隆尧县	—	175.04
南宫市	—	0.52
内丘县	—	203.93
清河县	—	17 404.21
威　县	—	1 893.67
合计	842.77	25 666.44

（15）耕层厚度　邢台市 2 级地有效土层厚度处于"≥20 cm"状态。用行政区划图与耕地质量等级图叠加联合形成行政区划耕地质量等级综合图，对栅格数据区域统计，2020 年处于"≥20 cm"状态耕地较 2010 年增加 24 823.67 hm²（表 4-21）。

表4-21 耕层厚度2级地分布（hm²）

地区	≥20 cm	
	2010 年	2020 年
柏乡县	—	52.86
临城县	842.77	5 608.18
临西县	—	328.03
隆尧县	—	175.04
南宫市	—	0.52
内丘县	—	203.93
清河县	—	17 404.21
威　县	—	1 893.67
合计	842.77	25 666.44

（16）农田林网化　邢台市2级地农田林网化处于"高""中"和"低"。用行政区划图与耕地质量等级图叠加联合形成行政区划耕地质量等级综合图，对栅格数据区域统计，2020年农田林网化处于"高"状态耕地较2010年增加2 1345.79 hm²，处于"中"状态耕地增加3 462.32 hm²，处于"低"状态耕地增加15.56 hm²（表4-22）。

表4-22 农田林网化2级地分布（hm²）

地区	高		中		低	
	2010 年	2020 年	2010 年	2020 年	2010 年	2020 年
柏乡县	—	39.17	—	13.69	—	—
临城县	—	1 407.43	—	3 448.63	842.77	752.12
临西县	—	328.03	—	—	—	—
隆尧县	—	68.83	—	—	—	106.21
南宫市	—	0.52	—	—	—	—
内丘县	—	203.93	—	—	—	—
清河县	—	17 404.21	—	—	—	—
威　县	—	1 893.67	—	—	—	—
合计	—	21 345.79	—	3 462.32	842.77	858.33

（17）生物多样性　邢台市2级地生物多样性处于"丰富""一般"和"不丰富"。用行政区划图与耕地质量等级图叠加联合形成行政区划耕地质量等级综合图，

对栅格数据区域统计，2020 年生物多样性处于"丰富"耕地较 2010 年增加 5 186.47 hm²，处于"一般"耕地增加 20 221.89 hm²，处于"不丰富"耕地减少 584.69 hm²（表 4-23）。

表 4-23 生物多样性 2 级地分布（hm²）

地区	丰富		一般		不丰富	
	2010 年	2020 年	2010 年	2020 年	2010 年	2020 年
柏乡县	—	39.17	—	13.69	—	—
临城县	—	2 521.60	258.08	3 086.58	584.69	—
临西县	—	—	—	328.03	—	—
隆尧县	—	68.83	—	106.21	—	—
南宫市	—	0.52	—	—	—	—
内丘县	—	203.93	—	—	—	—
清河县	—	965.26	—	16 438.95	—	—
威 县	—	1 387.16	—	506.51	—	—
合计	—	5 186.47	258.08	20 479.97	584.69	—

（18）清洁程度 邢台市 2 级地清洁程度处于"清洁"状态。用行政区划图与耕地质量等级图叠加联合形成行政区划耕地质量等级综合图，对栅格数据区域统计，2020 年处于"清洁"状态耕地较 2010 年增加 24 823.67 hm²（表 4-24）。

表 4-24 清洁程度 2 级地分布（hm²）

地区	清洁	
	2010 年	2020 年
柏乡县	—	52.86
临城县	842.77	5 608.18
临西县	—	328.03
隆尧县	—	175.04
南宫市	—	0.52
内丘县	—	203.93
清河县	—	17 404.21
威 县	—	1 893.67
合计	842.77	25 666.44

（三）3级地耕地质量特征

1. 空间分布

表4-25表明，2010年3级地面积2 397.65 hm²，占耕地面积0.40%；2020年3级地面积121 266.92 hm²，占耕地面积20.24%，3级地面积增加。2010—2020年，柏乡县、广宗县、巨鹿县、临城县、临西县、隆尧县、南宫市、南和区、内丘县、宁晋县、清河县、任泽区、沙河市、威县、邢东新区面积增加，其中宁晋县增加最多51 639.73 hm²，其次是隆尧县增加27 178.60 hm²。

表4-25 3级地面积与分布

地区	2010年		2020年	
	面积（hm²）	占3级地面积（%）	面积（hm²）	占3级地面积（%）
柏乡县	—	—	52.90	0.04
广宗县	—	—	1 560.94	1.29
巨鹿县	—	—	66.14	0.05
临城县	349.24	14.57	8 309.22	6.85
临西县	—	—	16.21	0.01
隆尧县	259.81	10.84	27 438.41	22.63
南宫市	—	—	6 322.49	5.21
南和区	—	—	576.68	0.48
内丘县	—	—	665.98	0.55
宁晋县	1 454.90	60.68	53 094.63	43.78
清河县	333.70	13.91	6 125.77	5.06
任泽区	—	—	14 905.29	12.29
沙河市	—	—	253.08	0.21
威　县	—	—	1 861.32	1.53
邢东新区	—	—	17.86	0.02
合计	2 397.65	100.00	121 266.92	100.00

2. 属性特征

（1）灌溉能力　邢台市3级地灌溉能力处于"充分满足""满足"和"基本满足"状态。用行政区划图与耕地质量等级图叠加联合形成行政区划耕地质量等级综合图，对栅格数据区域统计，2020 年处于"充分满足"耕地较 2010 年增加 10 954.85 hm²，处于"满足"耕地增加 107 009.41 hm²，处于"基本满足"耕地增加 905.03 hm²（表 4-26）。

表 4-26　灌溉能力 3 级地分布（hm²）

地区	充分满足		满足		基本满足	
	2010 年	2020 年	2010 年	2020 年	2010 年	2020 年
柏乡县	—	20.36	—	32.54	—	—
广宗县	—	1 380.26	—	180.68	—	—
巨鹿县	—	66.14	—	—	—	—
临城县	6.29	1 675.70	342.96	5 948.87	—	684.65
临西县	—	16.21	—	—	—	—
隆尧县	—	125.63	259.81	27 312.79	—	—
南宫市	—	706.66	—	5 615.83	—	—
南和区	—	—	—	356.30	—	220.38
内丘县	—	—	—	665.98	—	—
宁晋县	—	—	1 454.90	53 094.63	—	—
清河县	333.69	6 052.56	—	73.22	—	—
任泽区	—	—	—	14 905.29	—	—
沙河市	—	—	—	253.08	—	—
威　县	—	1 251.31	—	610.01	—	—
邢东新区	—	—	—	17.86	—	—
合计	339.98	11 294.83	2 057.67	109 067.08	—	905.03

（2）耕层质地　邢台市 3 级地耕层质地为中壤、轻壤、重壤、黏土和砂壤。用行政区划图与耕地质量等级图叠加联合形成行政区划耕地质量等级综合图，对栅格数据区域统计，2020 年中壤耕地较 2010 年增加 47 481.38 hm²，轻壤增加 36 625.33 hm²，重壤增加 13 376.81hm²，黏土增加 13 980.59 hm²，砂壤增加 7 405.16 hm²（表 4-27）。

（3）地形部位　邢台市 3 级地地形部位为低海拔冲积平原、低海拔冲积洪积平原、侵蚀剥蚀低海拔低丘陵。用行政区划图与耕地质量等级图叠加联合形成行政区划耕地质量等级综合图，对栅格数据区域统计，2020 年地形部位为低海拔冲积平原较 2010 年增加 7 147.13 hm²，低海拔冲积洪积平原面积增加 110 261.10 hm²，侵蚀剥蚀低海拔低丘陵面积增加 1 461.04 hm²（表 4-28）。

表 4-27　耕层质地 3 级地分布（hm²）

地区	中壤		轻壤		重壤		黏土		砂壤	
	2010 年	2020 年	2010 年	2020 年	2010 年	2020 年	2010 年	2020 年	2010 年	2020 年
柏乡县	—	35.95	—	16.95	—	—	—	—	—	—
广宗县	—	—	—	180.68	—	—	—	—	—	1 380.26
巨鹿县	—	—	—	—	—	—	—	—	—	66.14
临城县	—	2 847.49	349.24	5 461.73	—	—	—	—	—	—
临西县	—	—	—	16.21	—	—	—	—	—	—
隆尧县	259.81	15 525.94	—	10 843.97	—	—	—	1 068.50	—	—
南宫市	—	2 612.99	—	3 002.85	—	—	—	—	—	706.66
南和区	—	162.05	—	414.62	—	—	—	—	—	—
内丘县	—	—	—	665.98	—	—	—	—	—	—
宁晋县	—	26 332.51	1 454.90	473.22	—	13 376.81	—	12 912.09	—	—
清河县	285.45	—	26.34	1 993.13	—	—	—	—	21.91	4 132.64
任泽区	—	206.79	—	14 698.50	—	—	—	—	—	—
沙河市	—	—	—	253.08	—	—	—	—	—	—
威　县	—	302.92	—	417.03	—	—	—	—	—	1 141.37
邢东新区	—	—	—	17.86	—	—	—	—	—	—
合计	545.26	48 026.64	1 830.48	38 455.81	—	13 376.81	—	13 980.59	21.91	7 427.07

表 4-28　地形部位 3 级地分布（hm²）

地区	低海拔冲积平原		低海拔冲积洪积平原		侵蚀剥蚀低海拔低丘陵	
	2010 年	2020 年	2010 年	2020 年	2010 年	2020 年
柏乡县	—	52.90	—	—	—	—
广宗县	—	—	—	1 560.94	—	—
巨鹿县	—	—	—	66.14	—	—
临城县	349.24	6 848.17	—	—	—	1 461.04
临西县	—	—	—	16.21	—	—
隆尧县	—	125.63	259.81	27 312.79	—	—
南宫市	—	—	—	6 322.49	—	—
南和区	—	—	—	576.68	—	—
内丘县	—	469.67	—	196.31	—	—
宁晋县	—	—	1 454.90	53 094.63	—	—
清河县	—	—	333.70	6 125.77	—	—
任泽区	—	—	—	14 905.29	—	—
沙河市	—	—	—	253.08	—	—
威　县	—	—	—	1 861.32	—	—
邢东新区	—	—	—	17.86	—	—
合计	349.24	7 496.37	2 048.41	112 309.51	—	1 461.04

（4）有效土层厚度　邢台市 3 级地有效土层厚度处于"≥100 cm"和"[60，100) cm"。用行政区划图与耕地质量等级图叠加联合形成行政区划耕地质量等级综合图，对栅格数据区域统计，2020 年处于"≥100 cm"状态耕地较 2010 年增加 117 491.60 hm²，处于"[60，100) cm"状态耕地增加 1 377.67 hm²（表 4-29）。

表 4-29　有效土层厚度 3 级地各县市区分布（hm²）

地区	≥100 cm		[60，100) cm	
	2010 年	2020 年	2010 年	2020 年
柏乡县	—	—	—	52.90
广宗县	—	1 560.94	—	—

（续表）

地区	≥100 cm		[60，100）cm	
	2010 年	2020 年	2010 年	2020 年
巨鹿县	—	66. 14	—	—
临城县	349. 24	7 110. 07	—	1 199. 14
临西县	—	16. 21	—	—
隆尧县	259. 81	27 312. 79	—	125. 63
南宫市	—	6 322. 49	—	—
南和区	—	576. 68	—	—
内丘县	—	665. 98	—	—
宁晋县	1 454. 90	53 094. 63	—	—
清河县	333. 70	6 125. 77	—	—
任泽区	—	14 905. 29	—	—
沙河市	—	253. 08	—	—
威　县	—	1 861. 32	—	—
邢东新区	—	17. 86	—	—
合计	2 397. 65	119 889. 25	—	1 377. 67

（5）质地构型　邢台市 3 级地质地构型处于"夹黏型""上松下紧型""通体壤"
"紧实型""夹层型""海绵型""上紧下松型"状态。用行政区划图与耕地质量等级图
叠加联合形成行政区划耕地质量等级综合图，对栅格数据区域统计，2020 年"夹黏型"
状态耕地较 2010 年增加 6 084.94 hm²，"上松下紧型"状态耕地增加 13 294.44 hm²，
"通体壤"状态耕地增加 46 469.65 hm²，"紧实型"状态耕地增加 25 868.33 hm²，"夹
层型"状态耕地增加 7 861.54 hm²，"海绵型"状态耕地增加 17 843.97 hm²，"上紧下
松型"状态耕地增加 1 446.40 hm²（表 4-30）。

（6）有机质　邢台市 3 级地 2010 年土壤有机质平均 18.1 g/kg，2020 年平均
19.7 g/kg。利用行政区划图与耕地质量等级图叠加联合形成行政区划耕地质量等
级综合图，对栅格数据区域统计，2010 年有机质变幅 11.7～20.0 g/kg，2020 年
变幅 12.0～24.7 g/kg，2010—2020 年土壤有机质平均增加 1.6 g/kg（表 4-31）。

表4-30 质地构型3级地分布（hm²）

地区	夹黏型		上松下紧型		通体壤		紧实型		夹层型		海绵型		上紧下松型	
	2010年	2020年	2010年	2020年	2010年	2020年	2010年	2020年	2010年	2020年	2010年	2020年	2010年	2020年
柏乡县	—	—	—	52.89	—	—	—	—	—	—	—	—	—	—
广宗县	—	—	—	—	—	—	—	—	—	180.68	—	—	—	1 380.26
巨鹿县	—	—	—	—	—	—	—	—	—	—	—	—	—	66.14
临城县	—	—	349.24	8 309.22	—	—	—	—	—	—	—	—	—	—
临西县	—	—	—	—	—	—	—	16.21	—	—	—	—	—	—
隆尧县	—	—	—	125.63	—	1 068.49	259.81	23 932.85	—	—	—	2 311.44	—	—
南宫市	—	163.21	—	543.45	—	—	—	—	—	5 615.83	—	—	—	—
南和区	—	—	—	220.38	—	—	—	—	—	—	—	356.30	—	—
内丘县	—	—	—	469.67	—	—	—	196.31	—	—	—	—	—	—
宁晋县	1 454.90	5 697.76	—	—	—	45 401.16	—	762.80	—	1 232.91	—	—	—	—
清河县	—	1 332.36	48.25	3 175.83	—	—	285.45	1 395.47	—	222.11	—	—	—	—
任泽区	—	—	—	—	—	—	—	—	—	—	—	14 905.29	—	—
沙河市	—	—	—	—	—	—	—	—	—	—	—	253.08	—	—
威 县	—	346.51	—	794.86	—	—	—	109.95	—	610.01	—	—	—	—
邢东新区	—	—	—	—	—	—	—	—	—	—	—	17.86	—	—
合计	1 454.90	7 539.84	397.49	13 691.93	—	46 469.65	545.26	26 413.59	—	7 861.54	—	17 843.97	—	1 446.40

表 4-31　有机质含量 3 级地分布（g/kg）

地区	平均值		最大值		最小值	
	2010 年	2020 年	2010 年	2020 年	2010 年	2020 年
柏乡县	—	20.4	—	20.8	—	20.1
广宗县	—	16.1	—	17.3	—	14.0
巨鹿县	—	16.5	—	16.6	—	16.3
临城县	19.4	20.3	20.0	22.6	17.6	17.9
临西县	—	16.9	—	17.1	—	16.6
隆尧县	16.0	21.0	16.5	24.7	15.4	16.9
南宫市	—	13.5	—	15.1	—	12.0
南和区	—	21.9	—	24.0	—	20.3
内丘县	—	20.4	—	21.4	—	19.1
宁晋县	19.1	21.0	19.7	24.7	18.1	17.8
清河县	12.4	14.2	13.0	17.5	11.7	12.0
任泽区	—	21.3	—	24.7	—	19.4
沙河市	—	20.7	—	21.2	—	20.5
威　县	—	13.8	—	17.2	—	12.0
邢东新区	—	22.3	—	22.5	—	22.1
平均值	18.1	19.7	20.0	24.7	11.7	12.0

（7）有效磷　邢台市 3 级地 2010 年土壤有效磷平均 21.8 mg/kg，2020 年平均 18.8 mg/kg。利用行政区划图与耕地质量等级图叠加联合形成行政区划耕地质量等级综合图，对栅格数据区域统计，2010 年土壤有效磷变幅 15.1～28.5 mg/kg，2020 年变幅 10.8～31.4 mg/kg，2010—2020 年土壤有效磷平均减少 3.0 mg/kg（表 4-32）。

表 4-32　有效磷含量 3 级地分布（mg/kg）

地区	平均值		最大值		最小值	
	2010 年	2020 年	2010 年	2020 年	2010 年	2020 年
柏乡县	—	18.8	—	19.5	—	18.1
广宗县	—	14.4	—	15.4	—	12.7
巨鹿县	—	13.1	—	14.2	—	12.6
临城县	17.0	17.1	18.9	19.6	15.1	13.2
临西县	—	19.4	—	19.5	—	19.4
隆尧县	19.0	20.8	20.2	24.5	17.9	14.9

（续表）

地区	平均值		最大值		最小值	
	2010 年	2020 年	2010 年	2020 年	2010 年	2020 年
南宫市	—	14.4	—	19.8	—	10.8
南和区	—	20.8	—	31.4	—	16.7
内丘县	—	14.5	—	16.1	—	13.1
宁晋县	26.0	20.0	28.5	22.9	22.0	17.0
清河县	22.9	15.3	26.0	22.5	21.3	11.9
任泽区	—	20.0	—	24.8	—	16.5
沙河市	—	21.4	—	22.9	—	20.1
威　县	—	14.4	—	17.8	—	12.6
邢东新区	—	15.9	—	16.5	—	15.5
平均值	21.8	18.8	28.5	31.4	15.1	10.8

（8）速效钾　邢台市 3 级地 2010 年土壤速效钾平均 107 mg/kg，2020 年平均 164 mg/kg。利用行政区划图与耕地质量等级图叠加联合形成行政区划耕地质量等级综合图，对栅格数据区域统计，2010 年土壤速效钾变幅 51～131 mg/kg，2020 年变幅 129～260 mg/kg，2010—2020 年土壤速效钾平均增加 57 mg/kg（表4-33）。

表 4-33　速效钾 3 级地分布（mg/kg）

地区	平均值		最大值		最小值	
	2010 年	2020 年	2010 年	2020 年	2010 年	2020 年
柏乡县	—	147	—	154	—	140
广宗县	—	166	—	198	—	148
巨鹿县	—	192	—	199	—	178
临城县	108	139	111	153	96	129
临西县	—	172	—	177	—	170
隆尧县	122	200	131	260	111	137
南宫市	—	152	—	180	—	135
南和区	—	190	—	238	—	169
内丘县	—	142	—	153	—	134
宁晋县	116	154	124	203	106	138
清河县	57	154	71	186	51	136
任泽区	—	173	—	200	—	148

（续表）

地区	平均值		最大值		最小值	
	2010 年	2020 年	2010 年	2020 年	2010 年	2020 年
沙河市	—	147	—	159	—	134
威 县	—	148	—	177	—	135
邢东新区	—	191	—	193	—	190
平均值	107	164	131	260	51	129

（9）排水能力　邢台市 3 级地排水能力处于"充分满足""满足"和"基本满足"。用行政区划图与耕地质量等级图叠加联合形成行政区划耕地质量等级综合图，对栅格数据区域统计，2020 年处于"充分满足"状态耕地较 2010 年增加 18 015.19 hm²，处于"满足"状态耕地增加 63 603.61 hm²，处于"基本满足"状态耕地增加 37 250.47 hm²（表 4-34）。

表 4-34　排水能力 3 级地分布（hm²）

地区	充分满足		满足		基本满足	
	2010 年	2020 年	2010 年	2020 年	2010 年	2020 年
柏乡县	—	52.90	—	—	—	—
广宗县	—	1 560.94	—	—	—	—
巨鹿县	—	66.14	—	—	—	—
临城县	—	1 883.79	—	6 425.43	349.24	—
临西县	—	16.21	—	—	—	—
隆尧县	—	125.63	—	1 138.38	259.81	26 174.40
南宫市	—	6 322.49	—	—	—	—
南和区	—	—	—	65.95	—	510.73
内丘县	—	—	—	469.67	—	196.31
宁晋县	—	—	—	52 331.83	1 454.90	762.80
清河县	—	6 125.77	41.65	—	292.05	—
任泽区	—	—	—	3 214.00	—	11 691.29
沙河市	—	—	—	—	—	253.08
威 县	—	1 861.32	—	—	—	—
邢东新区	—	—	—	—	—	17.86
合计	—	18 015.19	41.65	63 645.26	2 356.00	39 606.47

（10）pH　邢台市 3 级地 2010 年土壤 pH 平均为 8.0，2020 年平均为 8.1。利用行政区划图与耕地质量等级图叠加联合形成行政区划耕地质量等级综合图，对栅格数据区域统计，2010 年土壤 pH 变幅 7.6～8.4，2020 年变幅 7.8～8.6，2010—2020 年土壤 pH 平均值增加 0.1 个单位（表 4-35）。

表 4-35　pH 3 级地分布

地区	平均值		最大值		最小值	
	2010 年	2020 年	2010 年	2020 年	2010 年	2020 年
柏乡县	—	8.1	—	8.1	—	8.1
广宗县	—	8.0	—	8.1	—	7.9
巨鹿县	—	8.1	—	8.1	—	8.1
临城县	8.0	8.0	8.0	8.2	8.0	8.0
临西县	—	8.6	—	8.6	—	8.6
隆尧县	8.4	8.0	8.4	8.3	8.4	7.9
南宫市	—	8.0	—	8.3	—	7.8
南和区	—	8.2	—	8.3	—	8.0
内丘县	—	8.2	—	8.3	—	8.1
宁晋县	8.0	8.1	8.1	8.2	8.0	8.0
清河县	7.7	8.4	7.9	8.6	7.6	8.6
任泽区	—	8.3	—	8.4	—	8.2
沙河市	—	8.2	—	8.2	—	8.2
威　县	—	8.2	—	8.5	—	7.9
邢东新区	—	8.2	—	8.2	—	8.2
平均值	8.0	8.1	8.4	8.6	7.6	7.8

（11）土壤容重　邢台市 3 级地 2010 年土壤容重平均 1.45 g/cm³，2020 年平均 1.48 g/cm³。利用行政区划图与耕地质量等级图叠加联合形成行政区划耕地质量等级综合图，对栅格数据区域统计，2010 年土壤容重变幅 1.16～1.63 g/cm³，2020 年变幅 1.22～1.75 g/cm³，2010—2020 年土壤容重平均增加 0.03 g/cm³（表 4-36）。

表 4-36　土壤容重 3 级地分布（g/cm³）

地区	平均值		最大值		最小值	
	2010 年	2020 年	2010 年	2020 年	2010 年	2020 年
柏乡县	—	1.45	—	1.50	—	1.42
广宗县	—	1.44	—	1.53	—	1.36
巨鹿县	—	1.52	—	1.53	—	1.50

（续表）

地区	平均值		最大值		最小值	
	2010 年	2020 年	2010 年	2020 年	2010 年	2020 年
临城县	1.37	1.41	1.40	1.52	1.36	1.34
临西县	—	1.32	—	1.32	—	1.31
隆尧县	1.40	1.45	1.41	1.65	1.39	1.26
南宫市	—	1.33	—	1.44	—	1.28
南和区	—	1.27	—	1.30	—	1.23
内丘县	—	1.48	—	1.53	—	1.37
宁晋县	1.60	1.67	1.63	1.75	1.57	1.55
清河县	1.21	1.28	1.25	1.32	1.16	1.23
任泽区	—	1.29	—	1.35	—	1.22
沙河市	—	1.26	—	1.28	—	1.25
威　县	—	1.32	—	1.39	—	1.28
邢东新区	—	1.26	—	1.27	—	1.25
平均值	1.45	1.48	1.63	1.75	1.16	1.22

（12）盐渍化程度　邢台市3级地盐渍化程度处于"无"和"轻度"状态。用行政区划图与耕地质量等级图叠加联合形成行政区划耕地质量等级综合图，对栅格数据区域统计，2020年盐渍化程度处于"无"状态耕地较2010年增加119 231.97 hm²，处于"轻度"状态耕地减少362.70 hm²（表4-37）。

表4-37　盐渍化程度3级地分布（hm²）

地区	无		轻度	
	2010 年	2020 年	2010 年	2020 年
柏乡县	—	52.90	—	—
广宗县	—	1 560.94	—	—
巨鹿县	—	66.14	—	—
临城县	6.29	8 309.22	342.96	—
临西县	—	16.21	—	—
隆尧县	259.81	27 438.41	—	—
南宫市	—	6 322.49	—	—
南和区	—	576.68	—	—
内丘县	—	665.98	—	—

（续表）

地区	无		轻度	
	2010 年	2020 年	2010 年	2020 年
宁晋县	1 454.89	53 094.63	—	—
清河县	313.96	6 125.77	19.74	—
任泽区	—	14 905.29	—	—
沙河市	—	253.08	—	—
威　县	—	1 861.32	—	—
邢东新区	—	17.86	—	—
合计	2 034.95	121 266.92	362.70	—

（13）地下水埋深　邢台市 3 级地地下水埋深均处于"≥3 m"状态。用行政区划图与耕地质量等级图叠加联合形成行政区划耕地质量等级综合图，对深栅格数据区域统计，2020 年处于"≥3 m"状态耕地较 2010 年增加 118 869.27 hm² （表 4-38）。

表 4-38　地下水埋深 3 级地分布（hm²）

地区	≥3 m	
	2010 年	2020 年
柏乡县	—	52.90
广宗县	—	1 560.94
巨鹿县	—	66.14
临城县	349.24	8 309.22
临西县	—	16.21
隆尧县	259.81	27 438.41
南宫市	—	6 322.49
南和区	—	576.68
内丘县	—	665.98
宁晋县	1 454.90	53 094.63
清河县	333.70	6 125.77
任泽区	—	14 905.29
沙河市	—	253.08
威　县	—	1 861.32
邢东新区	—	17.86
合计	2 397.65	121 266.92

（14）障碍因素　邢台市 3 级地基本处于无障碍因素，只有部分耕地存在夹砂层。

用行政区划图与耕地质量等级图叠加联合形成行政区划耕地质量等级综合图，对栅格数据区域统计，2020 年无障碍耕地较 2010 年增加 119 150. 99 hm²，存在夹砂层耕地减少 281. 72 hm²（表 4-39）。

表 4-39　障碍因素 3 级地分布（hm²）

地区	无		夹砂层	
	2010 年	2020 年	2010 年	2020 年
柏乡县	—	52. 90	—	—
广宗县	—	1 560. 94	—	—
巨鹿县	—	66. 14	—	—
临城县	349. 24	8 309. 22	—	—
临西县	—	16. 21	—	—
隆尧县	—	27 438. 41	259. 81	—
南宫市	—	6 322. 49	—	—
南和区	—	576. 68	—	—
内丘县	—	665. 98	—	—
宁晋县	1 454. 90	53 094. 63	—	—
清河县	311. 79	6 125. 77	21. 91	—
任泽区	—	14 905. 29	—	—
沙河市	—	253. 08	—	—
威　县	—	1 861. 32	—	—
邢东新区	—	17. 86	—	—
合计	2 115. 93	121 266. 92	281. 72	—

（15）耕层厚度　邢台市 3 级地有效土层厚度处于"≥20 cm"和"［15，20）cm"状态。用行政区划图与耕地质量等级图叠加联合形成行政区划耕地质量等级综合图，对栅格数据区域统计，2020 年处于"≥20 cm"状态耕地较 2010 年增加 83 612. 41 hm²，处于"［15，20）cm"状态耕地增加 35 256. 86 hm²（表 4-40）。

表 4-40　耕层厚度 3 级地分布（hm²）

地区	≥20 cm		［15，20）cm	
	2010 年	2020 年	2010 年	2020 年
柏乡县	—	52. 90	—	—
广宗县	—	180. 68	—	1 380. 26

（续表）

地区	≥20 cm		[15, 20) cm	
	2010 年	2020 年	2010 年	2020 年
巨鹿县	—	—	—	66.14
临城县	349.24	8 309.22	—	—
临西县	—	16.21	—	—
隆尧县	—	3 344.25	259.81	24 094.16
南宫市	—	6 322.49	—	—
南和区	—	450.90	—	125.78
内丘县	—	469.67	—	196.31
宁晋县	1 454.90	52 331.83	—	762.80
清河县	333.70	6 125.77	—	—
任泽区	—	6 031.93	—	8 873.36
沙河市	—	253.08	—	—
威　县	—	1 861.32	—	—
邢东新区	—	—	—	17.86
合计	2 137.84	85 750.25	259.81	35 516.67

（16）农田林网化　邢台市 3 级地农田林网化处于"高""中"和"低"。用行政区划图与耕地质量等级图叠加联合形成行政区划耕地质量等级综合图，对栅格数据区域统计，2020 年农田林网化处于"高"状态耕地较 2010 年增加 11 455.27 hm²，处于"中"状态耕地增加 47 079.73 hm²，处于"低"状态耕地增加 60 334.27 hm²（表 4-41）。

表 4-41　农田林网化 3 级地分布（hm²）

地区	高		中		低	
	2010 年	2020 年	2010 年	2020 年	2010 年	2020 年
柏乡县	—	32.54	—	—	—	20.36
广宗县	—	—	—	1 380.26	—	180.68
巨鹿县	—	—	—	66.14	—	—
临城县	—	3 175.61	—	2 784.47	349.24	2 349.14
临西县	—	16.21	—	—	—	—
隆尧县	—	—	—	26 244.29	259.81	1 194.13

（续表）

地区	高		中		低	
	2010 年	2020 年	2010 年	2020 年	2010 年	2020 年
南宫市	—	706.66	—	—	—	5 615.83
南和区	—	220.38	—	356.30	—	—
内丘县	—	—	—	309.24	—	356.73
宁晋县	—	—	—	762.80	1 454.90	52 331.83
清河县	—	6 052.56	—	—	333.70	73.22
任泽区	—	—	—	14 905.29	—	—
沙河市	—	—	—	253.08	—	—
威　县	—	1 251.31	—	—	—	610.00
邢东新区	—	—	—	17.86	—	—
合计	—	11 455.27	—	47 079.73	2 397.65	62 731.92

（17）生物多样性　邢台市 3 级地生物多样性处于"丰富""一般"和"不丰富"。用行政区划图与耕地质量等级图叠加联合形成行政区划耕地质量等级综合图，对栅格数据区域统计，2020 年生物多样性处于"丰富"耕地较 2010 年增加 27 636.36 hm²，处于"一般"耕地增加 92 422.89 hm²，处于"不丰富"耕地减少 1 189.98 hm²（表 4-42）。

表 4-42　生物多样性 3 级地分布（hm²）

地区	丰富		一般		不丰富	
	2010 年	2020 年	2010 年	2020 年	2010 年	2020 年
柏乡县	—	32.54	—	20.36	—	—
广宗县	—	180.68	—	1 380.26	—	—
巨鹿县	—	—	—	66.14	—	—
临城县	—	1 307.60	342.96	7 001.62	6.29	—
临西县	—	—	—	16.21	—	—
隆尧县	—	2 311.44	259.80	25 126.98	—	—
南宫市	—	5 779.04	—	543.45	—	—
南和区	—	576.68	—	—	—	—
内丘县	—	—	—	665.98	—	—
宁晋县	—	—	563.25	53 094.63	891.65	—
清河县	—	1 315.65	41.66	4 810.13	292.04	—

（续表）

地区	丰富		一般		不丰富	
	2010 年	2020 年	2010 年	2020 年	2010 年	2020 年
任泽区	—	14 905.29	—	—	—	—
沙河市	—	253.08	—	—	—	—
威　县	—	956.50	—	904.81	—	—
邢东新区	—	17.86	—	—	—	—
合计	—	27 636.36	1 207.67	93 630.56	1 189.98	—

（18）清洁程度　利用耕地质量等级图对清洁程度栅格数据进行区域统计（表4-43），邢台市 3 级地清洁程度处于"清洁"状态。用行政区划图与耕地质量等级图叠加联合形成行政区划耕地质量等级综合图，对清洁程度栅格数据进行区域统计，2020 年处于"清洁"状态耕地较 2010 年增加 118 869.27 hm^2。

表 4-43　清洁程度 3 级地分布（hm^2）

地区	清洁	
	2010 年	2020 年
柏乡县	—	52.90
广宗县	—	1 560.94
巨鹿县	—	66.14
临城县	349.24	8 309.22
临西县	—	16.21
隆尧县	259.81	27 438.41
南宫市	—	6 322.49
南和区	—	576.68
内丘县	—	665.98
宁晋县	1 454.90	53 094.63
清河县	333.70	6 125.77
任泽区	—	14 905.29
沙河市	—	253.08
威　县	—	1 861.32
邢东新区	—	17.86
合计	2 397.65	121 266.92

（四）4级地耕地质量特征

1. 空间分布

表4-44表明，2010年4级地55 117.07 hm²，占耕地总面积9.21%；2020年4级地154 402.28 hm²，占耕地总面积25.77%，4级地逐渐增加。2010—2020年，临城县、宁晋县、清河县、信都区面积减少，其中清河县减少最多为6 863.25 hm²，其次临城县减少5 195.20 hm²；柏乡县、广宗县、巨鹿县、临西县、隆尧县、南宫市、南和区、内丘县、平乡县、任泽区、沙河市、威县、新河县、襄都区、邢东新区、经济开发区面积增加，南宫市面积增加最多33 101.69 hm²，其次新河县增加20 140.83 hm²。

表4-44 4级地面积与分布

地区	2010年		2020年	
	面积（hm²）	占4级地面积（%）	面积（hm²）	占4级地面积（%）
柏乡县	2 430.80	4.41	4 238.64	2.75
广宗县	—	—	919.45	0.59
巨鹿县	17.66	0.03	14 411.22	9.33
临城县	6 346.26	11.51	1 151.06	0.75
临西县	84.30	0.15	3 167.74	2.04
隆尧县	7 260.24	13.17	18 495.17	11.98
南宫市	—	—	33 101.69	21.44
南和区	295.16	0.54	6 608.48	4.28
内丘县	126.32	0.23	802.66	0.52
宁晋县	25 424.68	46.13	21 913.62	14.19
平乡县	1 651.31	3.00	6 355.18	4.12
清河县	6 966.33	12.64	103.08	0.07
任泽区	2 807.60	5.09	11 017.77	7.14
沙河市	353.07	0.64	4 580.81	2.97
威县	71.20	0.13	4 537.46	2.94
新河县	269.39	0.49	20 410.22	13.22
信都区	1 012.75	1.84	925.82	0.59
襄都区	—	—	848.41	0.55
邢东新区	—	—	13.24	0.01
经济开发区	—	—	800.56	0.52
合计	55 117.07	100.00	154 402.28	100.00

2. 属性特征

（1）灌溉能力　邢台市4级地灌溉能力处于"充分满足""满足"和"基本满足"。用行政区划图与耕地质量等级图叠加联合形成行政区划耕地质量等级综合图，对栅格数据区域统计，2020年处于"充分满足"耕地较2010年减少3 469.12 hm²，处于"满足"耕地增加61 463.04 hm²，处于"基本满足"耕地增加41 291.29 hm²（表4-45）。

表4-45　灌溉能力4级地分布（hm²）

地区	充分满足		满足		基本满足	
	2010年	2020年	2010年	2020年	2010年	2020年
柏乡县	—	—	—	10.52	2 430.80	4 228.12
广宗县	—	397.60	—	81.46	—	440.38
巨鹿县	—	—	—	—	17.66	14 411.22
临城县	—	—	223.28	17.59	6 122.98	1 133.47
临西县	—	—	84.30	—	—	3 167.74
隆尧县	—	—	3 668.52	16 981.84	3 591.72	1 513.33
南宫市	—	—	—	12 947.34	—	20 154.35
南和区	—	—	—	541.34	295.16	6 067.14
内丘县	—	—	—	453.32	126.32	349.34
宁晋县	—	—	—	21 585.01	25 424.68	328.61
平乡县	—	—	—	—	1 651.31	6 355.18
清河县	4 066.39	—	2 446.83	44.55	453.11	58.54
任泽区	—	—	282.29	11 015.06	2 525.31	2.71
沙河市	—	—	—	3 747.00	353.07	833.80
威　县	71.20	270.87	922.54	—	—	3 344.06
新河县	—	—	269.39	—	—	20 410.22
信都区	—	—	—	—	1 012.75	925.82
襄都区	—	—	—	—	—	848.41
邢东新区	—	—	—	1.55	—	11.69
经济开发区	—	—	—	88.53	—	712.03
合计	4 137.59	668.47	6 974.61	68 437.65	44 004.87	85 296.16

（2）耕层质地　邢台市4级地耕层质地为中壤、轻壤、重壤、黏土和砂壤。用行政区划图与耕地质量等级图叠加联合形成行政区划耕地质量等级综合图，对栅格数据区域统计，2020年中壤耕地较2010年增加30 673.63 hm²，轻壤增加26 007.47 hm²，重壤增加1 909.61 hm²，黏土增加2 804.27 hm²，砂壤增加37 890.25 hm²（表4-46）。

表 4-46　耕层质地 4 级地分布（hm²）

地区	中壤 2010 年	中壤 2020 年	轻壤 2010 年	轻壤 2020 年	重壤 2010 年	重壤 2020 年	黏土 2010 年	黏土 2020 年	砂壤 2010 年	砂壤 2020 年
柏乡县	1 610.64	3 582.72	95.80	655.92	724.36	—	—	—	—	—
广宗县	—	205.42	5 916.12	234.96	—	—	—	—	—	479.07
巨鹿县	17.66	6 314.88	—	8 096.34	—	—	—	—	—	—
临城县	377.34	172.69	—	978.37	52.80	—	—	—	—	—
临西县	84.30	1 776.48	—	301.87	—	1 089.40	—	—	—	—
隆尧县	3 654.70	2 080.64	3 141.27	3 992.67	—	—	464.27	1 588.04	—	10 833.83
南宫市	—	1 514.30	—	31 587.38	—	1 368.90	—	—	—	292.55
南和区	—	2 105.23	295.16	2 359.30	—	—	—	482.50	—	227.21
内丘县	—	513.09	126.32	62.36	—	—	—	—	—	—
宁晋县	1 934.83	328.61	23 489.85	—	—	—	—	1 198.00	—	20 387.00
平乡县	1 651.31	4 711.76	—	1 643.42	—	—	—	—	—	—
清河县	1 665.74	58.54	3 130.39	44.55	—	—	—	—	2 170.19	5 173.07
任泽区	2 489.47	2.71	318.13	5 841.99	—	—	—	—	—	2 379.51
沙河市	352.64	—	0.43	2 201.29	—	—	—	—	—	270.87
威　县	—	—	—	4 038.12	—	228.47	—	—	71.20	—
新河县	269.39	19 924.65	—	485.57	—	—	—	—	—	—
信都区	498.98	416.78	513.76	509.04	—	—	—	—	—	—
襄都区	—	848.41	—	—	—	—	—	—	—	—
邢东新区	—	11.69	—	1.55	—	—	—	—	—	88.53
经济开发区	—	712.03	—	—	—	—	—	—	—	—
合计	14 607.00	45 280.63	37 027.23	63 034.70	777.16	2 686.77	464.27	3 268.54	2 241.39	40 131.64

（3）地形部位 邢台市4级地地形部位为低海拔冲积平原、低海拔冲积洪积平原、低海拔冲积洼地。用行政区划图与耕地质量等级图叠加联合形成行政区划耕地质量等级综合图，对栅格数据区域统计，2020年地形部位为低海拔冲积平原较2010年增加36 232.02 hm²，低海拔冲积洪积平原增加60 613.79 hm²，低海拔冲积洼地增加2 439.40 hm²（表4-47）。

表4-47 地形部位4级地分布（hm²）

地区	低海拔冲积平原		低海拔冲积洪积平原		低海拔冲积洼地	
	2010年	2020年	2010年	2020年	2010年	2020年
柏乡县	74.82	—	2 355.98	4 238.64	—	—
广宗县	—	440.38	—	479.07	—	—
巨鹿县	17.66	14 192.96	—	218.26	—	—
临城县	6 293.46	897.25	52.80	253.81	—	—
临西县	—	22.69	84.30	3 145.05	—	—
隆尧县	—	—	7 260.24	18 495.17	—	—
南宫市	—	202.12	—	32 899.57	—	—
南和区	—	—	295.16	6 510.04	—	98.44
内丘县	126.32	—	—	453.32	—	349.34
宁晋县	—	—	25 424.68	21 913.62	—	—
平乡县	1 651.31	6 355.18	—	—	—	—
清河县	—	—	6 966.33	103.08	—	—
任泽区	—	—	2 807.60	11 015.06	—	2.71
沙河市	—	—	353.07	4 580.81	—	—
威 县	—	2 629.75	71.20	1 907.71	—	—
新河县	269.39	19 924.65	—	485.57	—	—
信都区	—	—	1 012.75	509.04	—	416.78
襄都区	—	—	—	—	—	848.41
邢东新区	—	—	—	1.55	—	11.69
经济开发区	—	—	—	88.53	—	712.03
合计	8 432.96	44 664.98	46 684.11	107 297.90	—	2 439.40

（4）有效土层厚度 邢台市4级地有效土层厚度处于"≥100 cm"和"[60，100）cm"状态。用行政区划图与耕地质量等级图叠加联合形成行政区划耕地质量等级综合图，对栅格数据区域统计，2020年处于"≥100 cm"耕地较2010年增加

98 457.59 hm², 处于"（60，100］cm"耕地增加 827.62 hm²（表4-48）。

表4-48 有效土层厚度4级地分布（hm²）

地区	≥100 cm		[60，100）cm	
	2010年	2020年	2010年	2020年
柏乡县	2 430.80	4 238.64	—	—
广宗县	—	919.45	—	—
巨鹿县	17.66	14 411.22	—	—
临城县	6 122.98	1 151.06	223.28	—
临西县	84.30	3 167.74	—	—
隆尧县	7 260.24	18 495.17	—	—
南宫市	—	33 101.69	—	—
南和区	295.16	5 557.58	—	1 050.90
内丘县	126.32	802.66	—	—
宁晋县	25 424.68	21 913.62	—	—
平乡县	1 651.31	6 355.18	—	—
清河县	6 966.33	103.08	—	—
任泽区	2 807.60	11 017.77	—	—
沙河市	353.07	4 580.81	—	—
威　县	71.20	4 537.46	—	—
新河县	269.39	20 410.22	—	—
信都区	1 012.75	925.82	—	—
襄都区	—	848.41	—	—
邢东新区	—	13.24	—	—
经济开发区	—	800.56	—	—
合计	54 893.79	153 351.38	223.28	1 050.90

（5）质地构型　邢台市4级地质地构型处于"夹黏型""上松下紧型""通体壤""紧实型""夹层型""海绵型""上紧下松型"和"松散型"状态。用行政区划图与耕地质量等级图叠加联合形成行政区划耕地质量等级综合图，对栅格数据统计，2020年"夹黏型"耕地较2010年减少177.49 hm²，"上松下紧型"耕地增加634.76 hm²，"通体壤"耕地减少5 806.92 hm²，"紧实型"耕地减少941.64 hm²，"夹层型"耕地增加39 168.59 hm²，"海绵型"耕地增加45 940.21 hm²，"上紧下松型"耕地增加942.07 hm²，"松散型"耕地增加19 525.63 hm²（表4-49）。

表 4-49 质地构型 4 级地分布（hm²）

地区	夹黏型 2010年	夹黏型 2020年	上松下紧型 2010年	上松下紧型 2020年	通体壤 2010年	通体壤 2020年	紧实型 2010年	紧实型 2020年	夹层型 2010年	夹层型 2020年	海绵型 2010年	海绵型 2020年	上紧下松型 2010年	上紧下松型 2020年	松散型 2010年	松散型 2020年
柏乡县	—	—	2 430.80	4 228.12	—	—	—	10.52	—	—	—	—	—	—	—	—
广宗县	—	—	—	—	—	—	—	—	—	—	—	440.38	—	479.07	—	—
巨鹿县	—	—	—	—	—	—	—	—	—	218.26	17.66	14 192.96	—	—	—	17.59
临城县	—	—	6 346.26	1 133.47	—	—	—	—	—	—	—	—	—	—	—	—
临西县	—	—	—	3 011.47	—	—	84.30	—	—	22.69	—	—	—	133.59	—	—
隆尧县	—	—	—	1 513.33	231.79	—	5 806.53	4 817.29	—	—	95.28	—	—	—	1 126.63	12 164.55
南宫市	—	—	—	—	—	—	—	—	—	32 899.57	—	202.12	—	—	—	—
南和区	—	—	295.16	2 172.27	—	—	—	1 580.54	—	577.49	—	1 917.37	—	—	—	360.81
内丘县	—	—	126.32	349.34	—	—	—	—	—	—	—	—	—	—	—	453.32
宁晋县	6 287.66	7 161.54	—	328.61	18 800.60	13 225.47	20.78	—	315.65	1 198.00	—	—	—	—	—	—
平乡县	980.17	—	1 651.31	1 121.79	—	—	—	—	—	—	—	5 233.39	—	—	—	—
清河县	—	—	4 570.90	—	—	—	1 415.26	—	—	44.54	—	—	—	58.54	—	—
任泽区	—	—	—	2.71	—	—	23.12	—	—	—	2 502.19	5 841.99	—	—	282.29	5 173.07
沙河市	—	—	353.07	833.80	—	—	—	—	—	—	—	1 070.33	—	—	—	2 676.68
威 县	71.20	—	—	228.47	—	—	—	—	—	4 038.12	269.39	19 924.65	—	270.87	—	—
新河县	—	—	—	—	—	—	—	—	—	485.57	—	—	—	—	—	—
信都区	—	—	1 012.75	925.82	—	—	—	—	—	—	—	—	—	—	—	—
襄都区	—	—	—	848.41	—	—	—	—	—	—	—	1.54	—	—	—	—
邢东新区	—	—	—	11.69	—	—	—	—	—	—	—	—	—	—	—	—
经济开发区	—	—	—	712.03	—	—	—	—	—	—	—	—	—	—	—	88.53
合计	7 339.03	7 161.54	16 786.57	17 421.33	19 032.39	13 225.47	7 349.99	6 408.35	315.65	39 484.24	2 884.52	48 824.73	—	942.07	1 408.92	20 934.55

（6）有机质　邢台市 4 级地 2010 年土壤有机质平均 16.5 g/kg，2020 年平均 17.5 g/kg。利用行政区划图与耕地质量等级图叠加联合形成行政区划耕地质量等级综合图，对栅格数据区域统计，2010 年，土壤有机质变幅 9.4～22.1 g/kg，2020 年变幅 10.0～28.5 g/kg，2010—2020 年土壤有机质平均增加 1.0 g/kg（表 4-50）。

表 4-50　有机质含量 4 级地分布（g/kg）

地区	平均值		最大值		最小值	
	2010 年	2020 年	2010 年	2020 年	2010 年	2020 年
柏乡县	15.8	20.5	17.9	23.8	14.4	18.4
广宗县	—	15.5	—	17.0	—	13.3
巨鹿县	16.2	16.2	16.4	18.9	16.1	13.5
临城县	19.2	20.8	22.1	21.6	15.9	19.7
临西县	12.8	15.1	13.2	18.6	12.5	14.0
隆尧县	15.2	20.7	18.2	26.4	13.0	16.3
南宫市	—	12.9	—	15.1	—	10.0
南和区	16.8	21.6	17.6	26.7	16.2	18.6
内丘县	17.7	20.5	18.4	21.9	17.5	19.1
宁晋县	18.1	21.1	21.0	23.8	14.4	18.6
平乡县	15.6	18.9	17.4	21.3	13.2	15.6
清河县	11.7	14.6	14.0	18.7	9.4	12.4
任泽区	18.9	21.3	20.3	24.1	16.3	18.2
沙河市	14.1	21.7	15.7	28.5	13.1	19.3
威县	10.0	14.7	10.1	15.8	9.9	11.0
新河县	14.9	15.0	15.4	18.3	14.3	12.4
信都区	15.4	20.9	17.6	21.3	13.7	20.3
襄都区	—	20.8	—	22.1	—	18.2
邢东新区	—	23.1	—	24.2	—	22.3
经济开发区	—	22.1	—	24.5	—	20.7
平均值	16.5	17.5	22.1	28.5	9.4	10.0

（7）有效磷　邢台市 4 级地 2010 年土壤有效磷平均 20.2 mg/kg，2020 年平均 16.4 mg/kg。利用行政区划图与耕地质量等级图叠加联合形成行政区划耕地质量等级综合图，对栅格数据区域统计，2010 年土壤有效磷变幅 8.4～36.8 mg/kg，2020 年变幅 9.0～31.7 mg/kg，2010—2020 年土壤有效磷平均减少 3.8 mg/kg（表 4-51）。

表 4-51 有效磷含量 4 级地分布（mg/kg）

地区	平均值		最大值		最小值	
	2010 年	2020 年	2010 年	2020 年	2010 年	2020 年
柏乡县	18.3	19.3	28.5	20.7	10.8	16.7
广宗县	—	15.3	—	16.7	—	12.9
巨鹿县	15.6	13.9	16.1	16.6	15.4	9.0
临城县	17.4	17.6	24.2	19.8	9.3	14.1
临西县	24.2	16.9	25.1	26.7	23.6	14.6
隆尧县	21.5	18.6	31.1	23.9	15.3	11.5
南宫市	—	13.5	—	17.1	—	10.0
南和区	21.1	22.8	24.4	31.7	19.9	15.2
内丘县	15.5	14.3	16.4	16.3	14.9	11.3
宁晋县	21.2	19.5	36.8	22.9	8.7	17.7
平乡县	11.1	16.5	16.8	21.4	8.4	13.8
清河县	22.4	18.8	27.2	27.0	14.8	15.2
任泽区	21.2	18.3	29.3	24.3	14.0	13.3
沙河市	18.6	19.5	20.4	27.7	16.7	15.1
威县	17.2	14.6	18.3	17.0	16.4	12.1
新河县	24.2	15.7	25.3	21.9	23.7	10.3
信都区	18.5	15.6	28.1	16.9	10.3	13.6
襄都区	—	15.8	—	18.0	—	13.6
邢东新区	—	17.8	—	18.6	—	16.7
经济开发区	—	17.9	—	21.0	—	15.7
平均值	20.2	16.4	36.8	31.7	8.4	9.0

（8）速效钾含量 邢台市 4 级地 2010 年土壤速效钾平均 111 mg/kg，2020 年平均 168 mg/kg。利用行政区划图与耕地质量等级图叠加联合形成行政区划耕地质量等级综合图，对栅格数据区域统计，2010 年土壤速效钾变幅 48～193 mg/kg，2020 年变幅 118～260 mg/kg，2010—2020 年土壤速效钾平均增加 57 mg/kg（表 4-52）。

表 4-52 速效钾含量 4 级地分布（mg/kg）

地区	平均值		最大值		最小值	
	2010 年	2020 年	2010 年	2020 年	2010 年	2020 年
柏乡县	85	148	106	159	68	133

（续表）

地区	平均值		最大值		最小值	
	2010 年	2020 年	2010 年	2020 年	2010 年	2020 年
广宗县	—	167	—	199	—	146
巨鹿县	141	196	144	231	140	150
临城县	111	139	136	155	84	132
临西县	80	143	85	167	77	135
隆尧县	139	157	188	260	82	126
南宫市	—	150	—	188	—	134
南和区	92	210	94	249	89	149
内丘县	84	139	88	155	80	126
宁晋县	125	158	190	168	81	143
平乡县	138	199	157	225	108	163
清河县	60	156	84	167	48	145
任泽区	154	163	193	202	108	142
沙河市	106	161	115	231	89	118
威　县	66	150	67	175	64	135
新河县	87	167	103	188	79	131
信都区	104	150	124	157	88	132
襄都区	—	152	—	166	—	137
邢东新区	—	209	—	216	—	196
经济开发区	—	179	—	215	—	151
平均值	111	168	193	260	48	118

（9）排水能力　邢台市 4 级地排水能力处于"充分满足""满足""基本满足"和"不满足"状态。用行政区划图与耕地质量等级图叠加联合形成行政区划耕地质量等级综合图，对栅格数据区域统计，2020 年处于"充分满足"耕地较 2010 年增加 34 393.20 hm²，处于"满足"耕地增加 57 926.95 hm²，处于"基本满足"耕地增加 20 308.89 hm²，处于"不满足"耕地减少 13 343.83 hm²（表 4-53）。

表 4-53　排水能力 4 级地分布（hm²）

地区	充分满足		满足		基本满足		不满足	
	2010 年	2020 年	2010 年	2020 年	2010 年	2020 年	2010 年	2020 年
柏乡县	—	—	—	—	1 734.83	4 238.64	695.97	—

（续表）

地区	充分满足		满足		基本满足		不满足	
	2010 年	2020 年	2010 年	2020 年	2010 年	2020 年	2010 年	2020 年
广宗县	—	397. 60	—	440. 38	—	81. 46	—	—
巨鹿县	—	218. 26	—	14 192. 96	17. 66	—	—	—
临城县	667. 37	126. 04	940. 41	771. 19	2 309. 42	253. 81	2 429. 06	—
临西县	—	—	—	3 034. 15	84. 30	133. 59	—	—
隆尧县	—	—	—	—	4 087. 08	18 495. 17	3 173. 16	—
南宫市	—	32 899. 57	—	202. 12	—	—	—	—
南和区	—	—	—	250. 24	295. 16	6 358. 25	—	—
内丘县	—	—	—	—	126. 32	802. 66	—	—
宁晋县	—	—	3 521. 39	21 585. 01	17 254. 18	328. 61	4 649. 11	—
平乡县	—	—	—	116. 37	1 131. 13	6 238. 82	520. 18	—
清河县	790. 26	44. 55	3 177. 53	—	2 647. 27	58. 54	351. 26	—
任泽区	—	—	—	2 190. 99	2 321. 93	8 826. 78	485. 67	—
沙河市	—	—	—	—	198. 00	4 580. 81	155. 07	—
威　县	—	1 679. 24	—	2 858. 22	71. 20	—	—	—
新河县	—	485. 57	—	19 924. 65	—	—	269. 39	—
信都区	—	—	—	—	397. 80	925. 82	614. 96	—
襄都区	—	—	—	—	—	848. 41	—	—
邢东新区	—	—	—	—	—	13. 24	—	—
经济开发区	—	—	—	—	—	800. 56	—	—
合计	1 457. 63	35 850. 83	7 639. 33	65 566. 28	32 676. 28	52 985. 17	13 343. 83	—

（10）pH　邢台市 4 级地 2010 年土壤 pH 平均为 8.0，2020 年平均为 8.1。利用行政区划图与耕地质量等级图叠加联合形成行政划耕地质量等级综合图，对栅格数据区域统计，2010 年，土壤 pH 变幅 7.4～8.5，2020 年变幅 7.8～8.7，2010—2020 年土壤 pH 平均值增加 0.1 个单位（表 4-54）。

表 4-54　pH 4 级地分布

地区	平均值		最大值		最小值	
	2010 年	2020 年	2010 年	2020 年	2010 年	2020 年
柏乡县	7. 6	8. 1	8. 0	8. 1	7. 5	8. 0
广宗县	—	8. 0	—	8. 1	—	7. 9

（续表）

地区	平均值		最大值		最小值	
	2010 年	2020 年	2010 年	2020 年	2010 年	2020 年
巨鹿县	7.8	8.0	7.8	8.3	7.8	7.9
临城县	8.0	8.0	8.3	8.1	7.7	8.0
临西县	8.3	8.5	8.3	8.7	8.2	8.3
隆尧县	8.3	8.1	8.5	8.3	8.0	7.9
南宫市	—	8.0	—	8.3	—	7.8
南和区	8.1	8.2	8.1	8.3	8.0	8.0
内丘县	8.3	8.2	8.3	8.3	8.2	8.0
宁晋县	8.0	8.1	8.3	8.1	7.7	8.0
平乡县	8.4	8.3	8.5	8.4	8.3	8.0
清河县	7.8	8.3	8.3	8.4	7.6	8.2
任泽区	7.7	8.3	8.3	8.4	7.4	8.2
沙河市	7.9	8.2	7.9	8.3	7.7	8.1
威　县	8.0	8.2	8.0	8.5	7.9	7.9
新河县	8.0	8.0	8.0	8.1	8.0	7.8
信都区	7.7	8.1	8.0	8.2	7.4	8.1
襄都区	—	8.2	—	8.3	—	8.1
邢东新区	—	8.2	—	8.2	—	8.2
经济开发区	—	8.2	—	8.3	—	8.2
平均值	8.0	8.1	8.5	8.7	7.4	7.8

（11）土壤容重　邢台市 4 级地 2010 年土壤容重平均 1.44 g/cm³，2020 年平均 1.39 g/cm³。利用行政区划图与耕地质量等级图叠加联合形成行政区划耕地质量等级综合图，对栅格数据区域统计，2010 年土壤容重变幅 1.01～1.70 g/cm³，2020 年变幅 1.15～1.74 g/cm³，2010—2020 年土壤容重平均减小 0.05 g/cm³（表 4-55）。

表 4-55　土壤容重 4 级地分布（g/cm³）

地区	平均值		最大值		最小值	
	2010 年	2020 年	2010 年	2020 年	2010 年	2020 年
柏乡县	1.53	1.57	1.60	1.69	1.39	1.42
广宗县	—	1.42	—	1.52	—	1.35
巨鹿县	1.34	1.46	1.35	1.56	1.34	1.36

（续表）

地区	平均值		最大值		最小值	
	2010 年	2020 年	2010 年	2020 年	2010 年	2020 年
临城县	1.38	1.38	1.48	1.51	1.35	1.34
临西县	1.26	1.32	1.27	1.33	1.25	1.31
隆尧县	1.42	1.42	1.63	1.65	1.27	1.26
南宫市	—	1.32	—	1.47	—	1.26
南和区	1.22	1.27	1.23	1.34	1.21	1.21
内丘县	1.48	1.39	1.48	1.47	1.45	1.27
宁晋县	1.65	1.67	1.70	1.74	1.57	1.59
平乡县	1.17	1.28	1.31	1.39	1.01	1.15
清河县	1.20	1.28	1.27	1.32	1.14	1.26
任泽区	1.26	1.25	1.30	1.38	1.21	1.20
沙河市	1.29	1.25	1.31	1.32	1.27	1.21
威　县	1.26	1.34	1.26	1.38	1.25	1.30
新河县	1.33	1.36	1.33	1.43	1.32	1.32
信都区	1.27	1.27	1.31	1.35	1.22	1.24
襄都区	—	1.27	—	1.36	—	1.19
邢东新区	—	1.26	—	1.28	—	1.23
经济开发区	—	1.25	—	1.32	—	1.21
平均值	1.44	1.39	1.70	1.74	1.01	1.15

（12）盐渍化程度　邢台市 4 级地盐渍化程度处于"无""轻度"和"中度"。用行政区划图与耕地质量等级图叠加联合形成行政区划耕地质量等级综合图，对栅格数据区域统计，2020 年盐渍化程度处于"无"耕地较 2010 年增加 105 497.12 hm²，处于"轻度"耕地减少 4 742.32 hm²，处于"中度"耕地减少 1 469.59 hm²（表 4-56）。

表 4-56　盐渍化程度 4 级地分布（hm²）

地区	无		轻度		中度	
	2010 年	2020 年	2010 年	2020 年	2010 年	2020 年
柏乡县	2 137.33	4 238.64	293.46	—	—	—
广宗县	—	919.45	—	—	—	—
巨鹿县	17.66	14 411.22	—	—	—	—
临城县	5 493.49	1 151.06	664.00	—	188.77	—

（续表）

地区	无		轻度		中度	
	2010 年	2020 年	2010 年	2020 年	2010 年	2020 年
临西县	—	3 167.74	84.31	—	—	—
隆尧县	6 826.51	18 495.17	47.78	—	385.96	—
南宫市	—	33 101.69	—	—	—	—
南和区	295.16	6 608.48	—	—	—	—
内丘县	126.32	802.66	—	—	—	—
宁晋县	22 807.11	21 913.62	2 617.57	—	—	—
平乡县	1 651.31	6 355.18	—	—	—	—
清河县	5 337.32	103.08	734.14	—	894.86	—
任泽区	2 416.94	11 017.77	390.66	—	—	—
沙河市	353.07	4 580.81	—	—	—	—
威　县	71.20	4 537.46	—	—	—	—
新河县	269.39	20 410.22	—	—	—	—
信都区	1 012.75	925.82	—	—	—	—
襄都区	—	758.81	—	89.60	—	—
邢东新区	—	13.24	—	—	—	—
经济开发区	—	800.56	—	—	—	—
合计	48 815.56	154 312.68	4 831.92	89.60	1 469.59	—

（13）地下水埋深　邢台市 4 级地地下水埋深均处于"≥3 m"状态。用行政区划图与耕地质量等级图叠加联合形成行政区划耕地质量等级综合图，对栅格数据区域统计，2020 年处于"≥3 m"状态耕地较 2010 年增加 99 285.21 hm² （表 4-57）。

表 4-57　地下水埋深 4 级地分布 （hm²）

地区	≥3 m	
	2010 年	2020 年
柏乡县	2 430.80	4 238.64
广宗县	—	919.45
巨鹿县	17.66	14 411.22
临城县	6 346.26	1 151.06
临西县	84.30	3 167.74
隆尧县	7 260.24	18 495.17

（续表）

地区	≥3 m	
	2010 年	2020 年
南宫市	—	33 101.69
南和区	295.16	6 608.48
内丘县	126.32	802.66
宁晋县	25 424.68	21 913.62
平乡县	1 651.31	6 355.18
清河县	6 966.33	103.08
任泽区	2 807.60	11 017.77
沙河市	353.07	4 580.81
威　县	71.20	4 537.46
新河县	269.39	20 410.22
信都区	1 012.75	925.82
襄都区	—	848.41
邢东新区	—	13.24
经济开发区	—	800.56
合计	55 117.07	154 402.28

（14）障碍因素　邢台市 4 级地基本处于无障碍因素，只有部分耕地存在夹砂层。用行政区划图与耕地质量等级图叠加联合形成行政区划耕地质量等级综合图，对栅格数据区域统计，2020 年无障碍耕地较 2010 年增加 105 316.96 hm^2，存在夹砂层耕地减少6 031.75 hm^2（表 4-58）。

表 4-58　障碍因素 4 级地分布（hm^2）

地区	无		夹砂层	
	2010 年	2020 年	2010 年	2020 年
柏乡县	2 122.13	4 238.64	308.67	—
广宗县	—	919.45	—	—
巨鹿县	17.66	14 411.22	—	—
临城县	5 111.16	1 151.06	1 235.10	—
临西县	84.30	3 167.74	—	—
隆尧县	7 131.88	18 495.17	128.36	—
南宫市	—	33 101.69	—	—

（续表）

地区	无		夹砂层	
	2010 年	2020 年	2010 年	2020 年
南和区	295.16	6 608.48	—	—
内丘县	126.32	802.66	—	—
宁晋县	22 794.02	21 913.62	2 630.67	—
平乡县	1 094.96	6 355.18	556.35	—
清河县	5 989.95	103.08	976.38	—
任泽区	2 807.60	11 017.77	—	—
沙河市	352.64	4 580.81	0.43	—
威　县	—	4 537.46	71.20	—
新河县	269.39	20 410.22	—	—
信都区	888.15	925.82	124.59	—
襄都区	—	848.41	—	—
邢东新区	—	13.24	—	—
经济开发区	—	800.56	—	—
合计	49 085.32	154 402.28	6 031.75	—

（15）耕层厚度　邢台市 4 级地有效土层厚度处于"≥20 cm""［15，20）cm"和"＜15 cm"状态。用行政区划图与耕地质量等级图叠加联合形成行政区划耕地质量等级综合图，对栅格数据区域统计，2020 年处于"≥20 cm"状态较 2010 年增加 56 295.45 hm²，处于"［15，20）cm"状态增加 41 729.41 hm²，处于"＜15 cm"状态增加 1 260.35 hm²（表 4-59）。

表 4-59　耕层厚度 4 级地分布（hm²）

地区	≥20 cm		［15，20）cm		＜15 cm	
	2010 年	2020 年	2010 年	2020 年	2010 年	2020 年
柏乡县	2 430.80	4 228.12	—	10.52	—	—
广宗县	—	440.38	—	479.07	—	—
巨鹿县	17.66	14 192.96	—	218.26	—	—
临城县	6 346.26	1 133.47	—	17.59	—	—
临西县	84.30	3 167.74	—	—	—	—
隆尧县	327.08	1 513.33	6 933.17	16 981.84	—	—
南宫市	—	14 424.40	—	17 902.77	—	774.52

（续表）

地区	≥20 cm		[15, 20) cm		<15 cm	
	2010 年	2020 年	2010 年	2020 年	2010 年	2020 年
南和区	295.16	6 142.28	—	466.21	—	—
内丘县	126.32	292.04	—	510.62	—	—
宁晋县	25 403.90	21 913.62	20.78	—	—	—
平乡县	1 651.31	6 355.18	—	—	—	—
清河县	6 966.33	103.08	—	—	—	—
任泽区	1 027.46	1 672.60	1 780.14	9 345.16	—	—
沙河市	353.07	1 696.55	—	2 884.26	—	—
威 县	71.19	3 780.76	—	270.87	—	485.83
新河县	269.39	19 989.39	—	420.83	—	—
信都区	1 012.75	509.04	—	416.78	—	—
襄都区	—	785.19	—	63.22	—	—
邢东新区	—	11.69	—	1.55	—	—
经济开发区	—	326.61	—	473.95	—	—
合计	46 382.98	102 678.43	8 734.09	50 463.50	—	1 260.35

（16）农田林网化　邢台市 4 级地农田林网化处于"高""中"和"低"状态。用行政区划图与耕地质量等级图叠加联合形成行政区划耕地质量等级综合图，对栅格数据区域统计，2020 年农田林网化处于"高"状态较 2010 年增加 2 885.98 hm^2，处于"中"状态增加 77 178.09 hm^2，处于"低"状态面积增加 19 221.14 hm^2（表 4-60）。

表 4-60　农田林网化 4 级地分布（hm^2）

地区	高		中		低	
	2010 年	2020 年	2010 年	2020 年	2010 年	2020 年
柏乡县	—	—	—	10.52	2 430.80	4 228.12
广宗县	—	—	—	919.45	—	—
巨鹿县	—	—	—	14 192.96	17.66	218.26
临城县	—	—	—	143.64	6 346.26	1 007.42
临西县	—	—	—	—	84.30	3 167.74
隆尧县	—	—	—	16 981.84	7 260.24	1 513.33
南宫市	—	—	—	202.12	—	32 899.57
南和区	—	2 885.98	—	1 528.55	295.16	2 193.96

（续表）

地区	高		中		低	
	2010 年	2020 年	2010 年	2020 年	2010 年	2020 年
内丘县	—	—	—	453. 32	126. 32	349. 34
宁晋县	—	—	—	—	25 424. 68	21 913. 62
平乡县	—	—	—	6 355. 18	1 651. 31	—
清河县	—	—	—	—	6 966. 33	103. 08
任泽区	—	—	—	11 015. 06	2 807. 60	2. 70
沙河市	—	—	—	4 580. 81	353. 07	—
威　县	—	—	—	270. 87	71. 20	4 266. 59
新河县	—	—	—	19 924. 65	269. 39	485. 57
信都区	—	—	—	509. 04	1 012. 75	416. 78
襄都区	—	—	—	—	—	848. 41
邢东新区	—	—	—	1. 55	—	11. 69
经济开发区	—	—	—	88. 53	—	712. 03
合计	—	2 885. 98	—	77 178. 09	55 117. 07	74 338. 21

（17）生物多样性　邢台市 4 级地生物多样性处于"丰富""一般"和"不丰富"状态。用行政区划图与耕地质量等级图叠加联合形成行政区划耕地质量等级综合图，对栅格数据区域统计，2020 年生物多样性处于"丰富"状态较 2010 年增加 53 973. 17 hm²，处于"一般"状态增加 73 219. 45 hm²，处于"不丰富"状态面积减少 27 907. 41 hm²（表 4-61）。

表 4-61　生物多样性 4 级地分布（hm²）

地区	丰富		一般		不丰富	
	2010 年	2020 年	2010 年	2020 年	2010 年	2020 年
柏乡县	—	—	1 576. 73	4 238. 64	854. 07	—
广宗县	—	—	—	919. 45	—	—
巨鹿县	—	218. 26	—	14 192. 96	17. 66	—
临城县	—	—	3 470. 71	1 151. 06	2 875. 54	—
临西县	—	—	84. 30	3 167. 74	—	—
隆尧县	—	858. 08	3 608. 09	17 637. 09	3 652. 16	—
南宫市	—	32 899. 57	—	202. 12	—	—
南和区	—	3 801. 39	—	839. 20	295. 16	1 967. 89

（续表）

地区	丰富		一般		不丰富	
	2010 年	2020 年	2010 年	2020 年	2010 年	2020 年
内丘县	—	227. 21	126. 32	575. 45	—	—
宁晋县	—	—	8 417. 80	21 913. 62	17 006. 89	—
平乡县	300. 59	—	1 089. 27	6 355. 18	261. 44	—
清河县	453. 11	44. 55	3 745. 49	58. 54	2 767. 73	—
任泽区	—	10 946. 79	1 196. 67	70. 98	1 610. 93	—
沙河市	—	3 747. 00	352. 21	833. 80	0. 86	—
威　县	—	1 408. 37	71. 20	3 129. 09	—	—
新河县	—	485. 57	269. 39	19 924. 65	—	—
信都区	—	—	479. 89	925. 82	532. 86	—
襄都区	—	—	—	848. 41	—	—
邢东新区	—	1. 55	—	11. 69	—	—
经济开发区	—	88. 53	—	712. 03	—	—
合计	753. 70	54 726. 87	24 488. 07	97 707. 52	29 875. 30	1 967. 89

（18）清洁程度　邢台市 4 级地清洁程度处于"清洁"状态。用行政区划图与耕地质量等级图叠加联合形成行政区划耕地质量等级综合图，对栅格数据统计，2020 年处于"清洁"状态面积较 2010 年增加 99 285. 21 hm^2（表 4-62）。

表 4-62　清洁程度 4 级地分布（hm^2）

地区	清洁	
	2010 年	2020 年
柏乡县	2 430. 80	4 238. 64
广宗县	—	919. 45
巨鹿县	17. 66	14 411. 22
临城县	6 346. 26	1 151. 06
临西县	84. 30	3 167. 74
隆尧县	7 260. 24	18 495. 17
南宫市	—	33 101. 69
南和区	295. 16	6 608. 48
内丘县	126. 32	802. 66
宁晋县	25 424. 68	21 913. 62

（续表）

地区	清洁	
	2010 年	2020 年
平乡县	1 651.31	6 355.18
清河县	6 966.33	103.08
任泽区	2 807.60	11 017.77
沙河市	353.07	4 580.81
威　县	71.20	4 537.46
新河县	269.39	20 410.22
信都区	1 012.75	925.82
襄都区	—	848.41
邢东新区	—	13.24
经济开发区	—	800.56
合计	55 117.07	154 402.28

（五）5 级地耕地质量特征

1. 空间分布

表 4-63 表明，2010 年 5 级地 129 449.22 hm²，占耕地总面积 21.60%；2020 年 5 级地 196 415.13 hm²，占耕地总面积 32.78%，5 级地面积增加。2010—2020 年，临城县、隆尧县、内丘县、宁晋县、清河县、任泽区、新河县面积逐渐减少，其中宁晋县面积减少最多为 21 713.57 hm²，隆尧县减少 19 306.13 hm²；柏乡县、广宗县、巨鹿县、临西县、南宫市、南和区、平乡县、沙河市、威县、信都区、襄都区、邢东新区、经济开发区面积增加，威县面积增加最多 42 667.73 hm²，临西县增加 23 662.86 hm²。

表 4-63　5 级地面积与分布

地区	2010 年		2020 年	
	面积（hm²）	占 5 级地面积（%）	面积（hm²）	占 5 级地面积（%）
柏乡县	8 245.47	6.37	13 337.39	6.79
广宗县	337.18	0.26	13 840.75	7.05
巨鹿县	12 774.79	9.87	21 311.31	10.85
临城县	4 974.29	3.84	2 596.40	1.32
临西县	3 568.72	2.76	27 231.58	13.86
隆尧县	22 181.52	17.14	2 875.39	1.46

（续表）

地区	2010 年		2020 年	
	面积（hm²）	占 5 级地面积（%）	面积（hm²）	占 5 级地面积（%）
南宫市	189.72	0.15	13 317.13	6.78
南和区	6 742.15	5.21	11 949.71	6.08
内丘县	619.88	0.48	176.50	0.09
宁晋县	23 479.09	18.14	1 765.52	0.90
平乡县	7 623.90	5.89	18 127.37	9.23
清河县	9 992.28	7.72	190.30	0.10
任泽区	15 311.42	11.83	1 705.44	0.87
沙河市	1 297.25	1.00	5 233.57	2.66
威　县	681.34	0.53	43 349.07	22.07
新河县	6 204.19	4.79	4 274.96	2.18
信都区	2 252.01	1.74	5 874.58	2.99
襄都区	1 455.66	1.12	1 946.12	0.99
邢东新区	654.79	0.51	2 204.99	1.12
经济开发区	863.57	0.67	5 107.05	2.60
合计	129 449.22	100.00	196 415.13	100.00

2. 属性特征

（1）灌溉能力　邢台市 5 级地灌溉能力处于"满足""基本满足"和"不满足"状态。用行政区划图与耕地质量等级图叠加联合形成行政区划耕地质量等级综合图，对栅格数据区域统计，2020 年处于"满足"状态面积较 2010 年增加 7 871.91 hm²，处于"基本满足"状态面积增加 71 215.96 hm²，处于"不满足"状态面积减少 12 121.96 hm²（表 4-64）。

表 4-64　灌溉能力 5 级地分布（hm²）

地区	满足		基本满足		不满足	
	2010 年	2020 年	2010 年	2020 年	2010 年	2020 年
柏乡县	—	61.46	7 460.06	13 275.93	785.41	—
广宗县	—	6 543.87	337.18	7 296.88	—	—
巨鹿县	—	32.46	12 774.79	21 278.85	—	—
临城县	139.67	907.54	2 994.36	1 688.85	1 840.26	—

（续表）

地区	满足		基本满足		不满足	
	2010 年	2020 年	2010 年	2020 年	2010 年	2020 年
临西县	18.52	—	3 550.20	27 231.58	—	—
隆尧县	—	1 793.93	20 989.61	1 081.47	1 191.91	
南宫市	137.96	—	51.76	13 317.13	—	—
南和区	57.78	—	6 684.37	11 949.71	—	—
内丘县	—	48.97	619.88	127.53	—	—
宁晋县	—	—	17 558.15	1 765.52	5 920.93	
平乡县	—	225.69	7 449.21	17 901.68	174.69	
清河县	6 125.04	—	3 867.24	190.29	—	—
任泽区	—	557.09	13 734.47	1 148.36	1 576.95	
沙河市	800.50	4 569.69	424.60	663.88	72.16	
威　县	—	403.78	681.34	42 945.29	—	—
新河县	—	—	6 102.41	4 274.96	101.79	
信都区	—	6.90	1 799.37	5 867.68	452.64	
襄都区	—	—	1 450.43	1 946.12	5.22	
邢东新区	—	—	654.79	2 204.99	—	—
经济开发区	—	—	863.57	5 107.05	—	—
合计	7 279.47	15 151.38	110 047.79	181 263.75	12 121.96	—

（2）耕层质地　邢台市 5 级地耕层质地为中壤、轻壤、重壤、黏土和砂壤。用行政区划图与耕地质量等级图叠加联合形成行政区划耕地质量等级综合图，对栅格数据区域统计，2020 年中壤较 2010 年减少 15 987.77 hm^2，轻壤增加 48 932.43 hm^2，重壤增加 4 073.91 hm^2，黏土面积增加 989.11 hm^2，砂壤面积增加 28 958.23 hm^2（表 4-65）。

（3）地形部位　用行政区划图与耕地质量等级图叠加联合形成行政区划耕地质量等级综合图，对栅格数据区域统计，2020 年地形部位为低海拔冲积平原面积较 2010 年增加 55 196.34 hm^2，低海拔冲积洪积平原面积减少 1 733.91 hm^2，低海拔冲积洼地面积增加 8 123.65 hm^2，低海拔洪积低台地面积增加 304.29 hm^2，侵蚀剥蚀低海拔低丘陵面积增加 3 952.01 hm^2，侵蚀剥蚀中海拔低丘陵面积增加 1 123.53 hm^2（表 4-66）。

表 4-65　耕层质地 5 级地分布 （hm²）

地区	中壤		轻壤		重壤		黏土		砂壤	
	2010 年	2020 年	2010 年	2020 年	2010 年	2020 年	2010 年	2020 年	2010 年	2020 年
柏乡县	2 252.83	—	5 992.64	13 275.93	—	—	—	—	—	61.46
广宗县	337.18	—	—	1 137.07	—	—	—	—	—	12 703.68
巨鹿县	12 330.23	53.92	—	11 681.65	—	—	—	319.38	444.57	9 256.35
临城县	699.56	—	4 274.73	2 596.40	—	—	—	—	—	—
临西县	1 024.03	24 196.80	2 544.69	778.53	—	2 256.25	—	—	—	—
隆尧县	8 262.04	—	11 441.57	1 081.47	—	—	1 779.61	—	698.30	1 793.93
南宫市	51.76	1 493.65	3 612.73	10 796.24	—	—	—	—	137.96	1 027.24
南和区	2 669.57	789.04	—	6 581.11	—	2 271.69	402.07	607.50	57.78	1 700.37
内丘县	188.89	—	431.00	127.53	—	—	—	—	—	48.97
宁晋县	500.98	—	21 589.12	1 765.52	—	—	500.41	—	888.58	—
平乡县	7 019.78	1 025.87	—	13 760.38	604.12	—	—	2 450.94	—	890.19
清河县	1 604.57	190.30	6 070.17	—	—	—	—	—	2 317.53	—
任泽区	4 706.97	0.06	10 228.55	568.80	—	107.78	178.33	471.71	197.58	557.09
沙河市	360.57	—	579.63	4 889.56	0.96	—	—	—	357.06	344.00
威　县	—	2 102.18	681.34	35 791.90	—	43.27	—	—	—	5 411.72
新河县	6 204.19	3 981.06	—	31.31	—	—	—	—	—	—
信都区	2 100.35	2 836.62	151.65	3 037.97	—	—	—	—	—	262.59
襄都区	1 234.37	253.08	220.32	1 693.03	—	—	—	—	—	—
邢东新区	615.59	—	39.19	2 204.99	—	—	—	—	—	—
经济开发区	863.57	116.68	—	4 990.37	—	—	—	—	—	—
合计	53 027.03	37 039.26	67 857.33	116 789.76	605.08	4 678.99	2 860.42	3 849.53	5 099.36	34 057.59

表 4-66 地形部位 5 级地分布 (hm²)

地区	低海拔冲积平原		低海拔冲积洪积平原		低海拔冲积洼地		低海拔洪积低台地		侵蚀剥蚀低海拔低丘陵		侵蚀剥蚀中海拔低丘陵	
	2010年	2020年	2010年	2020年	2010年	2020年	2010年	2020年	2010年	2020年	2010年	2020年
柏乡县	4.96	—	8 240.51	13 337.39	—	—	—	—	—	—	—	—
广宗县	337.18	1 871.00	—	11 969.75	—	—	—	—	—	—	—	—
巨鹿县	12 774.79	21 277.42	—	33.88	—	—	—	—	—	—	—	—
临城县	3 550.60	—	300.40	0.06	—	—	6.04	310.33	1 117.28	2 286.01	—	—
临西县	—	26.81	3 568.72	27 204.77	—	—	—	—	—	—	—	—
隆尧县	—	—	22 181.52	2 875.40	—	—	—	—	—	—	—	—
南宫市	51.76	3 137.38	137.96	10 179.74	—	—	—	—	—	—	—	—
南和区	—	—	6 595.32	10 960.59	146.83	989.12	—	—	—	—	—	—
内丘县	4.61	—	439.85	62.13	175.42	0.03	—	—	—	114.34	—	—
宁晋县	—	—	23 479.09	1 765.52	—	—	—	—	—	—	—	—
平乡县	7 623.90	17 237.18	—	890.19	—	—	—	—	—	—	—	—
清河县	—	—	9 992.28	190.30	—	—	—	—	—	—	—	—
任泽区	—	—	15 273.33	1 330.35	38.09	375.09	—	—	—	—	—	—
沙河市	—	—	565.39	348.82	288.41	655.74	—	—	443.45	3 105.48	—	1 123.53
威 县	681.34	38 636.23	—	4 712.84	—	—	—	—	—	—	—	—
新河县	6 204.19	4 243.65	—	31.31	—	—	—	—	—	—	—	—
信都区	—	—	2 208.15	5 620.00	43.85	247.68	—	—	—	6.91	—	—
襄都区	—	—	225.24	—	1 230.41	1 946.12	—	—	—	—	—	—
邢东新区	—	—	39.19	—	615.59	2 204.99	—	—	—	—	—	—
经济开发区	—	—	—	—	863.57	5 107.05	—	—	—	—	—	—
合计	31 233.33	86 429.67	93 246.95	91 513.04	3 402.17	11 525.82	6.04	310.33	1 560.73	5 512.74	—	1 123.53

（4）有效土层厚度　5级地有效土层厚度处于"≥100 cm""[60，100）cm"和"[30，60）cm"状态。用行政区划图与耕地质量等级图叠加联合形成行政区划耕地质量等级综合图，对栅格数据区域统计，2020年处于"≥100 cm"状态较2010年增加55 994.71 hm²，处于"[60，100）cm"状态增加7 171.70 hm²，处于"[30，60）cm"状态增加3 799.50 hm²（表4-67）。

表4-67　有效土层厚度5级地分布（hm²）

地区	≥100 cm		[60，100）cm		[30，60）cm	
	2010年	2020年	2010年	2020年	2010年	2020年
柏乡县	8 245.47	13 337.39	—	—	—	—
广宗县	337.18	13 840.75	—	—	—	—
巨鹿县	12 774.79	21 311.31	—	—	—	—
临城县	3 911.66	1 378.52	1 062.63	1 217.88	—	—
临西县	3 568.72	27 231.58	—	—	—	—
隆尧县	22 181.52	2 875.39	—	—	—	—
南宫市	189.72	13 317.13	—	—	—	—
南和区	3 267.44	2 170.87	3 271.77	9 665.18	202.94	113.66
内丘县	619.88	163.35	—	—	—	13.15
宁晋县	23 479.09	1 765.52	—	—	—	—
平乡县	7 623.90	18 127.37	—	—	—	—
清河县	9 992.28	190.29	—	—	—	—
任泽区	15 161.20	932.18	150.23	773.27	—	—
沙河市	1 297.25	5 228.75	—	—	—	4.82
威　县	681.34	43 349.07	—	—	—	—
新河县	6 204.19	4 274.96	—	—	—	—
信都区	502.81	254.59	—	—	1 749.19	5 620.00
襄都区	1 455.66	1 946.12	—	—	—	—
邢东新区	654.79	2 204.99	—	—	—	—
经济开发区	863.57	5 107.04	—	—	—	—
合计	123 012.46	179 007.17	4 484.63	11 656.33	1 952.13	5 751.63

（5）质地构型　5级地质地构型处于"夹黏型""上松下紧型""通体壤""紧实型""夹层型""海绵型""上紧下松型"和"松散型"。用行政区划图与耕地质量等级图叠加联合形成行政区划耕地质量等级综合图，对栅格数据区域统计，2020年"夹黏型"面积较2010年减少3 543.58 hm²，"上松下紧型"面积减少8 601.09 hm²，"通体壤"面积减少19 405.42 hm²，"紧实型"面积减少20 735.22 hm²，"夹层型"面积增加50 750.46 hm²，"海绵型"面积增加20 708.92 hm²，"上紧下松型"面积增加18 067.08 hm²，"松散型"面积增加29 724.75 hm²（表4-68）。

表4-68 质地构型5级地分布（hm²）

地区	夹黏型 2010年	夹黏型 2020年	上松下紧型 2010年	上松下紧型 2020年	通体壤 2010年	通体壤 2020年	紧实型 2010年	紧实型 2020年	夹层型 2010年	夹层型 2020年	海绵型 2010年	海绵型 2020年	上紧下松型 2010年	上紧下松型 2020年	松散型 2010年	松散型 2020年
柏乡县	—	—	1 664.72	—	—	—	181.13	—	—	—	—	—	—	—	6 399.61	13 337.39
广宗县	—	—	19.03	—	—	—	—	—	—	550.56	318.16	1 320.44	—	11 969.75	—	—
巨鹿县	—	—	328.58	2 596.34	—	—	—	—	—	—	12 446.21	21 277.42	—	33.88	—	—
临城县	—	—	4 775.05	391.27	—	—	—	—	—	—	—	—	—	—	199.24	0.06
临西县	—	—	2 085.45	—	—	—	134.89	—	—	1 021.85	—	—	845.08	4 672.71	503.30	21 145.75
隆尧县	—	—	66.36	—	232.52	—	16 683.43	—	—	—	287.51	—	—	—	4 911.69	2 875.43
南宫市	—	—	137.96	—	—	—	—	—	—	10 651.68	51.76	2 665.45	—	—	—	—
南和区	—	—	1 351.36	898.64	—	—	2 268.47	2 912.24	849.86	—	1 798.55	4 050.95	—	859.44	473.91	3 228.43
内丘县	—	—	180.03	127.49	—	—	19.72	0.03	—	—	—	—	—	—	420.13	48.97
宁晋县	2 872.23	—	—	—	19 172.90	—	582.23	—	759.19	—	—	—	—	—	92.54	1 765.52
平乡县	—	—	1 135.94	—	—	—	—	—	—	—	5 996.67	16 438.59	—	890.19	491.29	798.59
清河县	671.35	—	3 952.57	—	—	—	5 368.36	—	—	—	—	—	—	68.02	—	122.27
任泽区	—	—	6.33	0.06	—	—	169.50	753.68	—	—	11 629.09	246.63	—	—	3 506.51	705.07
沙河市	—	—	72.16	4.82	—	—	288.41	225.94	—	—	879.18	4 221.58	—	—	57.50	781.23
威 县	—	—	—	43.27	—	—	—	—	—	—	—	—	—	418.17	—	2 102.18
新河县	—	—	—	—	—	—	—	—	681.34	40 785.45	6 204.19	4 243.65	—	—	—	—
信都区	—	—	2 252.01	5 620.00	—	—	—	247.68	—	31.31	—	—	—	—	—	6.91
襄都区	—	—	625.19	253.08	—	—	553.08	1 089.51	—	—	140.06	603.52	—	—	137.32	—
邢东新区	—	—	—	—	—	—	142.32	30.84	—	—	512.47	2 174.15	—	—	—	—
经济开发区	—	—	—	116.68	—	—	533.40	929.80	—	—	330.18	4 060.57	—	—	—	—
合计	3 543.58	—	18 652.74	10 051.65	19 405.42	—	26 924.94	6 189.72	2 290.39	53 040.85	40 594.03	61 302.95	845.08	18 912.16	17 193.04	46 917.80

（6）有机质 5级地2010年土壤有机质平均15.4 g/kg，2020年平均16.5 g/kg。利用行政区划图与耕地质量等级图叠加联合形成行政区划耕地质量等级综合图，对栅格数据区域统计，2010年土壤有机质变幅9.7～23.3 g/kg，2020年变幅9.9～27.9 g/kg，2010—2020年土壤有机质平均增加1.1 g/kg（表4-69）。

表4-69 有机质含量5级地分布（g/kg）

地区	平均值		最大值		最小值	
	2010年	2020年	2010年	2020年	2010年	2020年
柏乡县	15.6	20.5	18.0	23.6	13.4	17.5
广宗县	12.0	16.0	13.4	17.8	10.9	11.6
巨鹿县	14.0	15.5	16.3	18.7	10.9	12.9
临城县	19.7	20.2	23.3	22.0	16.5	18.5
临西县	13.2	16.0	15.2	18.3	11.2	13.9
隆尧县	15.3	20.3	19.2	21.6	13.4	19.0
南宫市	12.1	12.0	13.0	15.9	10.7	9.9
南和区	16.9	20.6	19.1	24.7	14.3	15.4
内丘县	15.8	20.7	18.7	21.1	13.9	19.7
宁晋县	17.7	20.9	20.9	21.2	13.7	20.6
平乡县	14.2	17.5	17.2	22.0	11.0	14.9
清河县	11.9	17.1	14.4	17.4	9.7	16.5
任泽区	17.9	21.3	20.3	23.4	15.3	20.0
沙河市	15.9	22.0	20.8	24.8	12.9	17.0
威 县	11.6	12.8	13.4	17.2	10.7	9.9
新河县	14.3	12.4	16.3	16.2	10.9	11.0
信都区	15.5	20.6	18.7	22.3	13.6	18.3
襄都区	17.0	21.5	18.7	24.0	15.0	18.2
邢东新区	16.8	23.0	17.8	27.9	15.1	18.7
经济开发区	14.6	20.5	17.6	24.4	11.1	13.8
平均值	15.4	16.5	23.3	27.9	9.7	9.9

（7）有效磷 5级地2010年土壤有效磷平均18.5 mg/kg，2020年平均15.5 mg/kg。利用行政区划图与耕地质量等级图叠加联合形成行政区划耕地质量等级综合图，对土栅格数据区域统计，2010年土壤有效磷变幅6.6～48.9 mg/kg，2020年变幅8.8～31.2 mg/kg，2010—2020年土壤有效磷平均减少3.0 mg/kg（表4-70）。

表 4-70 有效磷含量 5 级地分布（mg/kg）

地区	平均值		最大值		最小值	
	2010 年	2020 年	2010 年	2020 年	2010 年	2020 年
柏乡县	20.0	19.8	30.4	22.3	10.4	18.1
广宗县	12.3	15.1	17.2	17.0	8.5	11.7
巨鹿县	14.3	12.1	22.3	16.1	8.6	8.8
临城县	16.9	17.2	21.2	20.2	11.5	13.4
临西县	20.4	19.7	26.2	25.9	14.0	14.1
隆尧县	20.9	17.6	35.2	21.2	12.7	12.5
南宫市	10.7	12.6	16.0	15.5	9.2	9.5
南和区	20.0	24.1	34.7	31.2	8.7	15.7
内丘县	20.1	13.6	24.7	15.3	15.1	13.1
宁晋县	19.9	21.3	32.3	22.4	8.9	20.3
平乡县	10.0	14.4	18.0	21.4	7.3	11.0
清河县	21.0	19.3	27.1	20.5	8.8	17.6
任泽区	22.1	17.6	30.8	25.5	8.8	14.7
沙河市	18.2	16.0	32.3	25.2	7.3	12.4
威县	14.2	13.9	15.9	19.2	12.1	11.1
新河县	25.1	13.8	29.7	18.0	15.7	9.8
信都区	17.0	14.9	25.5	17.7	11.8	13.0
襄都区	24.3	16.5	48.9	20.0	16.2	14.4
邢东新区	15.3	16.7	24.0	18.6	6.6	14.9
经济开发区	26.5	19.9	36.1	27.3	13.2	15.3
平均值	18.5	15.5	48.9	31.2	6.6	8.8

（8）速效钾　5 级地 2010 年土壤速效钾含量平均 112 mg/kg，2020 年平均 165 mg/kg。利用行政区划图与耕地质量等级图叠加联合形成行政区划耕地质量等级综合图，对栅格数据区域统计，2010 年土壤速效钾变幅 48～196 mg/kg，2020 年变幅 118～245 mg/kg，2010—2020 年土壤速效钾平均增加 53 mg/kg（表 4-71）。

表 4-71 速效钾含量 5 级地分布（mg/kg）

地区	平均值		最大值		最小值	
	2010 年	2020 年	2010 年	2020 年	2010 年	2020 年
柏乡县	82	148	103	163	68	134

（续表）

地区	平均值		最大值		最小值	
	2010 年	2020 年	2010 年	2020 年	2010 年	2020 年
广宗县	113	157	121	206	100	144
巨鹿县	129	187	153	231	103	156
临城县	108	134	137	148	88	120
临西县	112	154	135	186	77	132
隆尧县	116	144	179	171	71	127
南宫市	79	146	105	207	71	132
南和区	100	195	139	245	82	140
内丘县	91	122	101	152	83	118
宁晋县	115	159	196	170	75	147
平乡县	126	187	152	225	101	153
清河县	63	180	86	188	48	170
任泽区	144	164	193	206	88	144
沙河市	95	190	119	238	75	122
威 县	110	147	119	183	90	133
新河县	102	148	140	184	73	130
信都区	95	149	129	167	76	136
襄都区	95	166	132	190	79	144
邢东新区	112	187	137	218	92	155
经济开发区	100	156	124	209	83	123
平均值	112	165	196	245	48	118

（9）排水能力 5 级地排水能力处于"充分满足""满足""基本满足"和"不满足"状态。用行政区划图与耕地质量等级图叠加联合形成行政区划耕地质量等级综合图，对栅格数据区域统计，2020 年处于"充分满足"状态较 2010 年增加12 053.40 hm²，处于"满足"状态增加 69 965.22 hm²，处于"基本满足"状态增加66 413.67 hm²，处于"不满足"状态减少 81 466.39 hm²（表 4-72）。

表 4-72 排水能力 5 级地分布（hm²）

地区	充分满足		满足		基本满足		不满足	
	2010 年	2020 年	2010 年	2020 年	2010 年	2020 年	2010 年	2020 年
柏乡县	—	—	—	—	2 442.28	13 337.39	5 803.19	—

（续表）

地区	充分满足		满足		基本满足		不满足	
	2010 年	2020 年	2010 年	2020 年	2010 年	2020 年	2010 年	2020 年
广宗县	—	—	—	1 530.24	318.16	12 310.51	19.03	—
巨鹿县	—	—	444.57	20 474.29	6 137.99	837.02	6 192.23	—
临城县	—	—	279.68	2 596.34	2 054.36	0.06	2 640.24	—
临西县	—	—	—	418.08	2 235.47	26 813.50	1 333.25	—
隆尧县	—	—	—	—	7 176.81	2 875.40	15 004.70	—
南宫市	131.28	10 179.74	—	3 137.38	—	—	58.44	—
南和区	—	—	—	—	2 558.36	11 949.71	4 183.79	—
内丘县	—	—	—	114.34	6.25	62.16	613.63	—
宁晋县	—	—	504.34	—	4 136.13	1 765.52	18 838.62	—
平乡县	—	—	—	—	4 072.13	18 127.37	3 551.77	—
清河县	175.60	—	—	—	4 144.38	190.31	5 672.29	—
任泽区	—	—	—	—	5 864.45	1 705.44	9 446.97	—
沙河市	—	—	—	—	838.88	5 233.57	458.37	—
威　县	—	2 149.23	—	38 679.49	320.59	2 520.34	360.76	—
新河县	—	31.31	—	4 243.65	2 711.02	—	3 493.18	—
信都区	—	—	—	—	698.41	5 874.58	1 553.60	—
襄都区	—	—	—	—	429.46	1 946.12	1 026.20	—
邢东新区	—	—	—	—	159.15	2 204.99	495.64	—
经济开发区	—	—	—	—	143.09	5 107.05	720.49	—
合计	306.88	12 360.28	1 228.59	71 193.81	46 447.37	112 861.04	81 466.39	—

（10）pH　邢台市 5 级地 2010 年土壤 pH 平均为 8.0，2020 年平均为 8.2。利用行政区划图与耕地质量等级图叠加联合形成行政区划耕地质量等级综合图，对栅格数据区域统计，2010 年土壤 pH 变幅 7.3～8.7，2020 年变幅 7.6～8.7，2010—2020 年土壤 pH 平均值增加 0.2 个单位（表 4-73）。

表 4-73　pH 5 级地分布

地区	平均值		最大值		最小值	
	2010 年	2020 年	2010 年	2020 年	2010 年	2020 年
柏乡县	7.6	8.1	8.2	8.2	7.5	8.0
广宗县	8.2	8.0	8.4	7.9	7.9	8.1

（续表）

地区	平均值		最大值		最小值	
	2010 年	2020 年	2010 年	2020 年	2010 年	2020 年
巨鹿县	7.8	8.1	8.3	8.3	7.5	7.9
临城县	8.0	8.0	8.2	8.2	7.6	7.6
临西县	8.6	8.6	8.7	8.7	8.3	8.4
隆尧县	8.3	8.0	8.5	8.2	7.8	8.0
南宫市	7.5	8.0	7.9	8.2	7.5	7.8
南和区	8.0	8.1	8.1	8.3	7.6	7.9
内丘县	8.0	8.2	8.3	8.3	7.7	8.0
宁晋县	8.0	8.1	8.4	8.1	7.6	8.0
平乡县	8.4	8.2	8.5	8.4	8.2	8.0
清河县	7.7	8.5	8.3	8.6	7.5	8.5
任泽区	7.8	8.3	8.4	8.3	7.4	8.2
沙河市	7.9	8.3	8.0	8.4	7.7	8.1
威　县	8.3	8.1	8.4	8.5	8.2	7.9
新河县	8.0	8.0	8.0	8.0	7.8	7.9
信都区	7.6	8.1	8.0	8.2	7.3	8.0
襄都区	7.7	8.2	8.0	8.3	7.3	8.1
邢东新区	7.6	8.2	7.8	8.3	7.4	8.2
经济开发区	7.9	8.3	7.9	8.3	7.7	8.2
平均值	8.0	8.2	8.7	8.7	7.3	7.6

（11）土壤容重　邢台市 5 级地 2010 年土壤容重平均 1.37 g/cm³，2020 年平均为 1.36 g/cm³。利用行政区划图与耕地质量等级图叠加联合形成行政区划耕地质量等级综合图，对栅格数据区域统计，2010 年土壤容重变幅 1.01～1.70 g/cm³，2020 年变幅 1.15～1.70 g/cm³，2010—2020 年土壤容重平均减小 0.01 g/cm³（表 4-74）。

表 4-74　土壤容重 5 级地分布（g/cm³）

地区	平均值		最大值		最小值	
	2010 年	2020 年	2010 年	2020 年	2010 年	2020 年
柏乡县	1.56	1.61	1.65	1.70	1.40	1.48
广宗县	1.39	1.38	1.59	1.54	1.23	1.30
巨鹿县	1.43	1.46	1.62	1.56	1.28	1.36

（续表）

地区	平均值		最大值		最小值	
	2010 年	2020 年	2010 年	2020 年	2010 年	2020 年
临城县	1.39	1.43	1.48	1.54	1.35	1.38
临西县	1.28	1.32	1.30	1.35	1.25	1.28
隆尧县	1.42	1.49	1.60	1.65	1.25	1.41
南宫市	1.26	1.33	1.36	1.50	1.22	1.29
南和区	1.24	1.27	1.32	1.34	1.19	1.22
内丘县	1.38	1.49	1.47	1.51	1.29	1.27
宁晋县	1.66	1.64	1.70	1.67	1.52	1.62
平乡县	1.26	1.30	1.40	1.39	1.01	1.15
清河县	1.20	1.28	1.27	1.31	1.14	1.28
任泽区	1.24	1.23	1.33	1.30	1.19	1.18
沙河市	1.22	1.26	1.34	1.32	1.17	1.21
威　县	1.26	1.31	1.27	1.40	1.25	1.29
新河县	1.32	1.34	1.37	1.42	1.29	1.32
信都区	1.27	1.31	1.37	1.49	1.17	1.21
襄都区	1.21	1.22	1.33	1.36	1.14	1.16
邢东新区	1.21	1.23	1.24	1.28	1.19	1.17
经济开发区	1.29	1.30	1.37	1.41	1.17	1.18
平均值	1.37	1.36	1.70	1.70	1.01	1.15

（12）盐渍化程度 5级地盐渍化程度处于"无""轻度"和"中度"状态。用行政区划图与耕地质量等级图叠加联合形成行政区划耕地质量等级综合图，对栅格数据区域统计，2020年盐渍化程度处于"无"状态较2010年增加83 118.59 hm²，处于"轻度"状态减少13 556.80 hm²，处于"中度"状态减少2 595.88 hm²（表4-75）。

表 4-75　盐渍化程度 5 级地分布（hm²）

地区	无		轻度		中度	
	2010 年	2020 年	2010 年	2020 年	2010 年	2020 年
柏乡县	6 615.92	13 337.39	1 629.55	—	—	—
广宗县	337.18	13 840.75	—	—	—	—
巨鹿县	12 485.64	21 197.35	289.15	113.96	—	—
临城县	4 090.26	2 596.40	333.47	—	550.56	—

（续表）

地区	无		轻度		中度	
	2010 年	2020 年	2010 年	2020 年	2010 年	2020 年
临西县	3 550.20	27 231.58	18.52	—	—	—
隆尧县	16 992.06	2 875.40	3 749.70	—	1 439.76	—
南宫市	58.44	13 317.13	131.28	—	—	—
南和区	6 279.87	11 660.67	10.37	289.03	451.89	—
内丘县	615.27	176.50	4.61	—	—	—
宁晋县	16 396.43	1 765.52	6 935.33	—	147.34	—
平乡县	7 595.15	14 825.84	28.75	3 301.53	—	—
清河县	8 290.93	190.30	1 701.35	—	—	—
任泽区	13 336.33	1 691.21	1 968.77	14.23	6.33	—
沙河市	1 129.64	4 976.62	167.61	256.94	—	—
威 县	681.34	43 349.07	—	—	—	—
新河县	5 173.54	4 274.96	1 030.65	—	—	—
信都区	2 223.81	5 874.58	28.20	—	—	—
襄都区	1 172.12	1 885.87	283.54	60.26	—	—
邢东新区	597.21	1 772.96	57.58	432.03	—	—
经济开发区	420.46	4 320.29	443.11	786.76	—	—
合计	108 041.80	191 160.39	18 811.54	5 254.74	2 595.88	—

（13）地下水埋深 5 级地地下水埋深均处于"≥3 m"状态。用行政区划图与耕地质量等级图叠加联合形成行政区划耕地质量等级综合图，对栅格数据统计，2020 年处于"≥3 m"状态面积较 2010 年增加 66 965.91 hm² （表 4-76）。

表 4-76　地下水埋深 5 级地分布（hm²）

地区	≥3 m	
	2010 年	2020 年
柏乡县	8 245.47	13 337.39
广宗县	337.18	13 840.75
巨鹿县	12 774.79	21 311.31
临城县	4 974.29	2 596.40
临西县	3 568.72	27 231.58
隆尧县	22 181.52	2 875.40

（续表）

地区	≥3 m	
	2010 年	2020 年
南宫市	189.72	13 317.13
南和区	6 742.15	11 949.71
内丘县	619.88	176.50
宁晋县	23 479.09	1 765.52
平乡县	7 623.90	18 127.37
清河县	9 992.28	190.29
任泽区	15 311.42	1 705.44
沙河市	1 297.25	5 233.57
威　县	681.34	43 349.07
新河县	6 204.19	4 274.96
信都区	2 252.01	5 874.58
襄都区	1 455.66	1 946.12
邢东新区	654.79	2 204.99
经济开发区	863.57	5 107.05
合计	129 449.22	196 415.13

（14）障碍因素　邢台市 5 级地基本处于无障碍因素，只有部分耕地存在夹砂层。用行政区划图与耕地质量等级图叠加联合形成行政区划耕地质量等级综合图，对栅格数据区域统计，2020 年无障碍耕地较 2010 年增加 83 696.96 hm²，夹砂层耕地减少16 731.05 hm²（表 4-77）。

表 4-77　障碍因素 5 级地分布（hm²）

地区	无		夹砂层	
	2010 年	2020 年	2010 年	2020 年
柏乡县	7 214.93	13 337.39	1 030.54	—
广宗县	177.50	13 840.75	159.68	—
巨鹿县	9 768.11	21 311.31	3 006.68	—
临城县	4 630.31	2 596.40	343.98	—
临西县	2 883.10	27 231.58	685.62	—
隆尧县	18 558.34	2 875.40	3 623.18	—
南宫市	189.72	13 317.13	—	—

（续表）

地区	无		夹砂层	
	2010 年	2020 年	2010 年	2020 年
南和区	5 599.97	11 866.92	1 142.18	82.78
内丘县	400.49	176.50	219.39	—
宁晋县	21 359.68	1 765.52	2 119.40	—
平乡县	6 512.12	18 127.37	1 111.78	—
清河县	9 105.55	190.30	886.73	—
任泽区	13 452.84	1 705.38	1 858.58	0.06
沙河市	1 279.18	5 193.42	18.07	40.15
威　县	681.34	43 349.07	—	—
新河县	4 722.41	4 274.96	1 481.78	—
信都区	2 201.86	5 874.58	50.15	—
襄都区	1 309.32	1 689.70	146.34	256.42
邢东新区	514.61	1 940.79	140.18	264.20
经济开发区	849.71	4 443.58	13.87	663.47
合计	111 411.09	195 108.05	18 038.13	1 307.08

（15）耕层厚度　5 级地有效土层厚度处于"≥20 cm""［15，20）cm"和"＜15 cm"状态。用行政区划图与耕地质量等级图叠加联合形成行政区划耕地质量等级综合图，对栅格数据区域统计，2020 年处于"≥20 cm"状态较 2010 年增加 69 457.21 hm²，处于"［15，20）cm"状态减少 3 186.77 hm²，处于"＜15 cm"状态增加 695.47 hm²（表 4-78）。

表 4-78　耕层厚度 5 级地分布（hm²）

地区	≥20 cm		［15，20］cm		＜15 cm	
	2010 年	2020 年	2010 年	2020 年	2010 年	2020 年
柏乡县	8 064.34	13 275.93	181.13	61.46	—	—
广宗县	337.18	1 871.00	—	11 969.75	—	—
巨鹿县	12 774.79	21 277.42	—	33.88	—	—
临城县	4 974.29	2 596.40	—	—	—	—
临西县	3 568.72	27 231.58	—	—	—	—
隆尧县	527.47	1 081.47	21 654.04	1 793.93	—	—
南宫市	189.72	3 137.38	—	9 614.53	—	565.21

（续表）

地区	≥20 cm		[15, 20] cm		<15 cm	
	2010 年	2020 年	2010 年	2020 年	2010 年	2020 年
南和区	6 200.71	10 681.47	541.44	1 268.24	—	—
内丘县	4.61	127.49	615.27	49.01	—	—
宁晋县	22 896.86	1 765.52	582.23	—	—	—
平乡县	7 623.90	17 237.18	—	890.19	—	—
清河县	9 992.28	190.30	—	—	—	—
任泽区	2 647.35	1 081.76	12 664.08	623.68	—	—
沙河市	135.38	539.16	1 161.88	4 694.41	—	—
威　县	681.34	40 781.67	—	2 437.13	—	130.26
新河县	6 204.19	4 243.65	—	31.31	—	—
信都区	2 208.15	5 810.71	43.85	63.88	—	—
襄都区	27.74	608.22	1 427.92	1 337.90	—	—
邢东新区	—	1 480.29	654.79	724.70	—	—
经济开发区	162.98	3 660.61	700.59	1 446.45	—	—
合计	89 222.00	158 679.21	40 227.22	37 040.45	—	695.47

（16）农田林网化　邢台市5级地农田林网化处于"高""中"和"低"状态。用行政区划图与耕地质量等级图叠加联合形成行政区划耕地质量等级综合图，对栅格数据区域统计，2020年农田林网化处于"高"状态较2010年增加2 932.20 hm²，处于"中"状态增加77 323.29 hm²，处于"低"状态减少13 289.58 hm²（表4-79）。

表4-79　农田林网化5级地分布（hm²）

地区	高		中		低	
	2010 年	2020 年	2010 年	2020 年	2010 年	2020 年
柏乡县	—	—	—	61.46	8 245.47	13 275.93
广宗县	—	—	—	13 290.19	337.18	550.56
巨鹿县	—	—	—	21 311.31	12 774.79	—
临城县	—	—	—	—	4 974.29	2 596.40
临西县	—	—	—	—	3 568.72	27 231.58
隆尧县	—	—	—	1 793.93	22 181.52	1 081.47
南宫市	—	—	—	2 665.45	189.72	10 651.68
南和区	—	2 779.01	—	4 335.36	6 742.15	4 835.33

（续表）

地区	高		中		低	
	2010 年	2020 年	2010 年	2020 年	2010 年	2020 年
内丘县	—	—	—	62.13	619.88	114.37
宁晋县	—	—	—	—	23 479.09	1 765.52
平乡县	—	—	—	18 127.37	7 623.90	—
清河县	—	—	—	—	9 992.28	190.30
任泽区	—	153.19	—	812.86	15 311.42	739.39
沙河市	—	—	—	4 574.51	1 297.25	659.06
威　县	—	—	—	418.17	681.34	42 930.90
新河县	—	—	—	4 243.65	6 204.19	31.31
信都区	—	—	—	5 626.90	2 252.01	247.68
襄都区	—	—	—	—	1 455.66	1 946.12
邢东新区	—	—	—	—	654.79	2 204.99
经济开发区	—	—	—	—	863.57	5 107.05
合计	—	2 932.20	—	77 323.29	129 449.22	116 159.64

（17）生物多样性　5级地生物多样性处于"丰富""一般"和"不丰富"状态。用行政区划图与耕地质量等级图叠加联合形成行政区划耕地质量等级综合图，对栅格数据区域统计，2020年生物多样性处于"丰富"状态耕地较2010年增加21 588.71 hm²，处于"一般"状态耕地增加117 208.46 hm²，处于"不丰富"状态耕地减少71 831.26 hm²（表4-80）。

表 4-80　生物多样性 5 级地分布（hm²）

地区	丰富		一般		不丰富	
	2010 年	2020 年	2010 年	2020 年	2010 年	2020 年
柏乡县	—	—	3 378.12	13 337.39	4 867.35	—
广宗县	—	—	76.65	13 840.75	260.53	—
巨鹿县	—	—	1 204.22	21 311.31	11 570.57	—
临城县	—	907.55	1 215.00	1 688.85	3 759.29	—
临西县	—	—	1 569.43	27 231.58	1 999.29	—
隆尧县	—	—	9 002.16	2 875.40	13 179.36	—
南宫市	—	10 179.74	189.72	3 137.38	—	—
南和区	408.87	3 747.14	991.72	1 280.22	5 341.56	6 922.35

（续表）

地区	丰富		一般		不丰富	
	2010 年	2020 年	2010 年	2020 年	2010 年	2020 年
内丘县	—	—	350.06	176.50	269.82	—
宁晋县	—	—	9 765.23	1 765.52	13 713.85	—
平乡县	33.23	—	3 673.26	18 127.37	3 917.41	—
清河县	234.71	—	5 459.42	190.30	4 298.15	—
任泽区	—	1 029.17	6 634.04	375.09	8 677.38	301.18
沙河市	—	4 569.69	704.83	660.56	592.43	3.32
威　县	—	2 149.23	426.61	41 199.84	254.74	—
新河县	355.21	31.30	3 106.50	4 243.65	2 742.48	—
信都区	—	6.91	898.67	5 867.68	1 353.33	—
襄都区	—	—	61.63	1 946.12	1 394.03	—
邢东新区	—	—	148.28	2 204.99	506.51	—
经济开发区	—	—	503.54	5 107.05	360.03	—
合计	1 032.02	22 620.73	49 359.09	166 567.55	79 058.11	7 226.85

（18）清洁程度　邢台市 5 级地清洁程度处于"清洁"状态。用行政区划图与耕地质量等级图叠加联合形成行政区划耕地质量等级综合图，对栅格数据统计，2020 年处于"清洁"状态较 2010 年增加 66 965.91 hm²（表 4-81）。

表 4-81　清洁程度 5 级地分布（hm²）

地区	清洁	
	2010 年	2020 年
柏乡县	8 245.47	13 337.39
广宗县	337.18	13 840.75
巨鹿县	12 774.79	21 311.31
临城县	4 974.29	2 596.40
临西县	3 568.72	27 231.58
隆尧县	22 181.52	2 875.40
南宫市	189.72	13 317.13
南和区	6 742.15	11 949.71
内丘县	619.88	176.50
宁晋县	23 479.09	1 765.52

（续表）

地区	清洁	
	2010 年	2020 年
平乡县	7 623.90	18 127.37
清河县	9 992.28	190.30
任泽区	15 311.42	1 705.44
沙河市	1 297.25	5 233.57
威 县	681.34	43 349.07
新河县	6 204.19	4 274.96
信都区	2 252.01	5 874.58
襄都区	1 455.66	1 946.12
邢东新区	654.79	2 204.99
经济开发区	863.57	5 107.04
合计	129 449.22	196 415.13

（六）6 级地耕地质量特征

1. 空间分布

表 4-82 表明，2010 年 6 级地 195 602.59 hm²，占耕地总面积 32.64%；2020 年 6 级地面积 66 497.46 hm²，占耕地总面积 11.10%，6 级地面积减少。2010—2020 年，柏乡县、宁晋县、新河县、襄都区、邢东新区 6 级地面积逐渐减少到 0；巨鹿县、临西县、隆尧县、南宫市、南和区、平乡县、清河县、任泽区、威县、经济开发区面积逐渐减少，其中南宫市面积减少最多；广宗县、临城县、内丘县、沙河市、信都区面积逐渐增加，内丘县增加最多为 15 338.06 hm²，沙河市增加 6 783.66 hm²。

表 4-82 6 级地面积与分布

地区	2010 年		2020 年	
	面积（hm²）	占 6 级地面积（%）	面积（hm²）	占 6 级地面积（%）
柏乡县	5 728.93	2.93	—	—
广宗县	9 943.74	5.08	10 907.38	16.40
巨鹿县	16 598.20	8.49	243.57	0.37
临城县	3 150.84	1.61	3 694.73	5.56
临西县	9 486.00	4.85	5 764.32	8.67
隆尧县	15 075.63	7.71	944.62	1.42

（续表）

地区	2010 年		2020 年	
	面积（hm²）	占 6 级地面积（%）	面积（hm²）	占 6 级地面积（%）
南宫市	24 846.92	12.70	734.33	1.10
南和区	10 455.77	5.35	5 594.14	8.41
内丘县	3 771.26	1.93	19 109.32	28.74
宁晋县	26 361.91	13.48	—	—
平乡县	11 330.27	5.79	1.92	0.003
清河县	3 719.09	1.90	91.91	0.14
任泽区	9 081.51	4.64	11.59	0.02
沙河市	3 982.12	2.04	10 765.78	16.19
威　县	21 492.91	10.99	4 305.56	6.47
新河县	12 045.89	6.16	—	—
信都区	3 076.54	1.57	4 182.89	6.29
襄都区	1 292.60	0.66	—	—
邢东新区	947.21	0.48	—	—
经济开发区	3 215.25	1.64	145.40	0.22
合计	195 602.59	100.00	66 497.46	100.00

2. 属性特征

（1）灌溉能力　邢台市 6 级地灌溉能力处于"满足""基本满足"和"不满足"状态。用行政区划图与耕地质量等级图叠加联合形成行政区划耕地质量等级综合图，对栅格数据区域统计，2020 年处于"满足"状态较 2010 年增加 4 437.29 hm²，处于"基本满足"状态减少 49 978.23 hm²，处于"不满足"状态减少 83 564.20 hm²（表 4-83）。

表 4-83　灌溉能力 6 级地分布（hm²）

地区	满足		基本满足		不满足	
	2010 年	2020 年	2010 年	2020 年	2010 年	2020 年
柏乡县	—	—	971.63	—	4 757.30	—
广宗县	132.06	—	9 779.11	10 907.38	32.58	—
巨鹿县	—	—	7 663.87	243.57	8 934.33	—
临城县	179.82	—	992.75	1 490.46	1 978.27	2 204.27
临西县	—	—	7 992.98	5 764.32	1 493.02	—

（续表）

地区	满足		基本满足		不满足	
	2010 年	2020 年	2010 年	2020 年	2010 年	2020 年
隆尧县	—	571.68	4 482.03	372.93	10 593.60	—
南宫市	—	—	24 403.36	734.33	443.56	—
南和区	—	—	6 006.25	5 594.14	4 449.52	—
内丘县	—	53.93	3 580.40	19 026.80	190.87	28.59
宁晋县	—	—	1 168.08	—	25 193.83	—
平乡县	—	—	4 776.35	1.92	6 553.92	—
清河县	76.39	—	2 173.91	91.91	1 468.78	—
任泽区	—	—	23.43	11.59	9 058.08	—
沙河市	502.08	4 707.45	3 314.99	6 058.33	165.05	—
威　县	9.21	—	21 078.19	4 305.56	405.52	—
新河县	—	—	4 538.73	—	7 507.16	—
信都区	—	3.79	2 394.89	4 179.10	681.64	—
襄都区	—	—	559.62	—	732.97	—
邢东新区	—	—	691.86	—	255.35	—
经济开发区	—	—	2 313.54	145.40	901.71	—
合计	899.56	5 336.85	108 905.97	58 927.74	85 797.06	2 232.86

（2）耕层质地　6 级地耕层质地为中壤、轻壤、重壤、黏土、砂壤和砂土。用行政区划图与耕地质量等级图叠加联合形成行政区划耕地质量等级综合图，对栅格数据区域统计，2020 年中壤耕地较 2010 年减少 45 193.48 hm²，轻壤减少 83 524.52 hm²，重壤减少 1 154.10 hm²，黏土减少 1 905.84 hm²，砂壤增加 2 294.10 hm²，砂土增加 378.71 hm²（表 4-84）。

（3）地形部位　用行政区划图与耕地质量等级图叠加联合形成行政区划耕地质量等级综合图，对栅格数据区域统计，2020 年地形部位为低海拔冲积平原耕地较 2010 年减少 62 354.87 hm²，低海拔冲积洪积平原耕地减少 76 515.61 hm²，低海拔冲积洼地耕地减少 5 947.70 hm²，低海拔洪积低台地面积增加 547.32 hm²，侵蚀剥蚀低海拔低丘陵面积增加 6 168.14 hm²，侵蚀剥蚀中海拔低丘陵面积增加 6 515.79 hm²，侵蚀剥蚀中海拔高丘陵面积增加 2 481.80 hm²（表 4-85）。

表 4-84 耕层质地 6 级地分布（hm²）

地区	中壤		轻壤		重壤		黏土		砂壤		砂土	
	2010年	2020年	2010年	2020年	2010年	2020年	2010年	2020年	2010年	2020年	2010年	2020年
柏乡县	1 026.97	—	4 697.29	—	—	—	—	—	4.67	—	—	—
广宗县	234.53	—	9 709.21	—	—	—	—	—	—	10 907.38	—	—
巨鹿县	14 672.67	—	323.04	—	499.80	—	—	—	1 102.69	243.57	—	—
临城县	342.05	—	2 628.97	3 244.40	—	—	—	—	179.82	450.33	—	—
临西县	470.11	4 333.25	9 004.02	602.84	—	828.24	—	—	11.88	—	—	—
隆尧县	3 346.17	—	7 608.39	372.93	—	—	1 169.15	—	2 951.92	—	—	571.68
南宫市	664.20	322.12	19 998.58	—	—	—	—	—	4 184.14	—	—	734.33
南和区	1 966.60	—	8 165.71	1 867.02	—	—	323.46	—	—	3 404.99	—	—
内丘县	83.44	—	3 686.66	19 046.47	—	—	—	—	1.17	8.92	—	53.94
宁晋县	357.39	—	22 818.01	—	—	—	—	—	2 205.26	—	981.24	—
平乡县	10 012.19	—	238.34	—	1 079.75	—	—	—	—	1.92	—	—
清河县	564.44	91.91	2 117.55	—	—	—	—	—	1 037.10	—	—	—
任泽区	3 007.88	—	5 648.03	11.59	8.23	—	413.23	—	4.14	—	—	—
沙河市	152.27	—	1 403.58	8 538.53	—	—	—	—	2 426.28	—	—	—
威　县	67.32	—	18 732.68	—	—	—	—	—	2 692.91	2 227.25	—	—
新河县	9 988.44	—	—	—	—	—	—	—	2 057.45	4 305.56	—	—
信都区	2 095.81	3 054.15	910.56	1 072.19	—	—	—	—	70.17	56.55	—	—
襄都区	519.64	—	77.59	—	316.19	—	—	—	379.17	—	—	—
邢东新区	737.99	—	115.85	—	78.37	—	—	—	14.99	—	—	—
经济开发区	2 684.80	—	420.65	24.22	—	—	—	—	109.79	121.18	—	—
合计	52 994.91	7 801.43	118 304.71	34 780.19	1 982.34	828.24	1 905.84	—	19 433.55	21 727.65	981.24	1 359.95

表4-85　地形部位6级地分布（hm²）

地区	低海拔冲积平原		低海拔冲积洪积平原		低海拔冲积洼地		低海拔洪积低台地		侵蚀剥蚀低海拔低丘陵		侵蚀剥蚀中海拔低丘陵		侵蚀剥蚀中海拔高丘陵	
	2010年	2020年	2010年	2020年	2010年	2020年	2010年	2020年	2010年	2020年	2010年	2020年	2010年	2020年
柏乡县	36.51	—	5 692.42	—	—	—	—	—	—	—	—	—	—	—
广宗县	234.53	46.75	9 709.21	10 860.63	—	—	—	—	—	—	—	—	—	—
巨鹿县	16 083.80	—	514.40	243.57	—	—	—	—	—	—	—	—	—	—
临城县	1 456.15	—	235.83	6.28	—	—	86.49	633.81	1 372.37	3 054.64	—	—	—	—
临西县	176.30	—	9 309.71	5 764.32	—	—	—	—	—	—	—	—	—	—
隆尧县	78.42	—	14 997.21	944.62	—	—	—	—	—	—	—	—	—	—
南宫市	1 895.30	—	22 951.62	734.33	—	—	—	—	—	—	—	—	—	—
南和区	—	—	10 345.93	5 594.14	109.84	—	—	—	—	—	—	—	—	—
内丘县	2.18	—	3 685.65	18 775.85	83.44	—	—	—	—	333.47	—	—	—	—
宁晋县	—	—	26 361.91	—	—	—	—	—	—	—	—	—	—	—
平乡县	11 091.93	—	238.34	1.92	—	—	—	—	—	—	—	—	—	—
清河县	88.29	—	3 630.80	91.91	—	—	—	—	—	—	—	—	—	—
任泽区	—	—	9 073.29	11.59	8.23	—	—	—	—	—	—	—	—	—
沙河市	—	—	2 529.35	—	190.90	—	—	—	1 198.68	2 367.32	63.18	5 918.26	—	2 480.20
威　县	20 358.68	1 140.52	1 134.23	3 165.04	—	—	—	—	—	—	—	—	—	—
新河县	12 040.05	—	5.84	—	—	—	—	—	—	—	—	—	—	—
信都区	—	—	2 561.77	464.24	442.18	—	—	—	72.58	3 056.34	—	660.71	—	1.60
襄都区	—	—	77.59	—	1 215.00	—	—	—	—	—	—	—	—	—
邢东新区	—	—	117.86	—	829.35	—	—	—	—	—	—	—	—	—
经济开发区	—	—	133.72	132.63	3 081.53	12.77	—	—	—	—	—	—	—	—
合计	63 542.14	1 187.27	123 306.68	46 791.07	5 960.47	12.77	86.49	633.81	2 643.63	8 811.77	63.18	6 578.97	—	2 481.80

（4）有效土层厚度　6级地有效土层厚度处于"≥100 cm""［60，100）cm"和"［30，60）cm"状态。用行政区划图与耕地质量等级图叠加联合形成行政区划耕地质量等级综合图，对栅格数据区域统计，2020年处于"≥100 cm"状态耕地较2010年减少142 733.03 hm²，处于"［60，100）cm"状态耕地减少4 517.83 hm²，处于"［30，60］cm"状态耕地增加18 145.73 hm²（表4-86）。

表4-86　有效土层厚度6级地分布（hm²）

地区	≥100 cm		［60，100）cm		［30，60）cm	
	2010年	2020年	2010年	2020年	2010年	2020年
柏乡县	5 692.42	—	36.51	—	—	—
广宗县	9 943.74	10 907.38	—	—	—	—
巨鹿县	16 598.20	243.57	—	—	—	—
临城县	1 482.62	2 020.78	1 445.04	1 667.67	223.18	6.28
临西县	9 486.00	5 764.32	—	—	—	—
隆尧县	15 018.02	571.68	33.91	—	23.71	372.93
南宫市	24 846.92	734.33	—	—	—	—
南和区	1 696.47	—	7 990.45	3 000.31	768.84	2 593.83
内丘县	193.37	82.52	—	304.89	3 577.90	18 721.92
宁晋县	26 361.91	—	—	—	—	—
平乡县	11 330.27	1.92	—	—	—	—
清河县	3 719.09	91.91	—	—	—	—
任泽区	9 029.21	—	46.67	—	5.63	11.59
沙河市	3 982.12	10 765.78	—	—	—	—
威　县	21 492.91	4 305.56	—	—	—	—
新河县	12 045.89	—	—	—	—	—
信都区	551.77	664.50	—	—	2 524.76	3 518.39
襄都区	1 292.60	—	—	—	—	—
邢东新区	945.20	—	2.01	—	—	—
经济开发区	3 191.32	12.77	23.93	87.82	—	44.81
合计	178 900.05	36 167.02	9 578.52	5 060.69	7 124.02	25 269.75

（5）质地构型　用行政区划图与耕地质量等级图叠加联合形成行政区划耕地质量等级综合图，对栅格数据区域统计，2020年"夹黏型"耕地较2010年减少3 755.22 hm²，"上松下紧型"耕地减少4 714.05 hm²，"通体壤"耕地减少21 922.14 hm²，"紧实型"耕地减少12 993.55 hm²，"夹层型"耕地减少44 781.02 hm²，"海绵型"状态耕地减少44 310.17 hm²，"上紧下松型"状态耕地增加1 628.21 hm²，"松散型"耕地减少2 892.92 hm²，"薄层型"耕地增加4 635.73 hm²（表4-87）。

表4-87　质地构型6级地分布（hm²）

地区	夹黏型 2010年	夹黏型 2020年	上松下紧型 2010年	上松下紧型 2020年	通体壤 2010年	通体壤 2020年	紧实型 2010年	紧实型 2020年	夹层型 2010年	夹层型 2020年	海绵型 2010年	海绵型 2020年	上紧下松型 2010年	上紧下松型 2020年	松散型 2010年	松散型 2020年	薄层型 2010年	薄层型 2020年
柏乡县	19.32	—	288.41	—	—	—	38.63	—	—	—	—	—	—	—	5 382.58	—	—	—
广宗县	—	—	32.58	—	—	—	—	—	—	46.75	201.95	—	9 709.21	10 860.63	—	—	—	—
巨鹿县	—	—	—	—	—	—	—	—	191.35	—	16 073.42	—	323.04	243.57	10.38	—	—	—
临城县	—	—	2 915.01	3 389.53	—	—	—	—	—	—	—	298.92	—	—	235.83	6.28	—	—
临西县	—	—	1 326.16	—	—	—	98.76	—	874.01	—	—	—	1 204.43	—	5 741.77	843.66	240.88	4 920.66
隆尧县	—	—	78.42	—	—	—	9 272.59	—	—	—	131.23	—	—	—	5 593.39	944.62	—	—
南宫市	—	—	457.87	—	—	—	—	—	23 545.78	734.33	835.83	—	7.44	—	—	—	—	—
南和区	—	—	1 889.26	270.43	—	—	1 472.29	—	127.08	—	2 269.82	—	777.99	322.12	3 919.34	5 001.59	—	—
内丘县	—	—	85.62	333.47	—	—	105.25	—	—	—	—	—	—	—	3 580.39	18 775.85	—	—
宁晋县	3 470.76	—	—	—	21 922.14	—	214.36	—	357.39	—	—	—	—	—	397.25	—	—	—
平乡县	265.14	—	794.45	—	—	—	—	—	—	—	9 897.83	—	238.34	1.92	399.66	—	—	—
清河县	—	—	960.94	—	—	—	922.81	—	982.73	—	—	—	363.73	—	87.76	—	135.96	91.91
任泽区	—	—	8.23	—	—	—	47.79	—	—	—	6 320.86	—	—	—	2 704.63	11.59	—	—
沙河市	—	—	—	—	—	—	61.98	—	—	—	2 004.26	8 538.53	—	—	1 915.89	2 227.25	—	—
威　县	—	—	86.54	—	—	—	101.09	—	20 618.44	1 140.52	—	—	340.89	3 165.04	345.95	—	—	—
新河县	—	—	—	—	—	—	—	—	5.84	—	12 040.04	—	—	—	—	—	—	—
信都区	—	—	2 186.82	3 074.10	—	—	88.75	—	—	—	—	662.31	—	—	800.97	446.48	—	—
襄都区	—	—	672.56	—	—	—	210.57	—	—	—	409.47	—	—	—	—	—	—	—
邢东新区	—	—	32.07	—	—	—	—	—	—	—	915.14	—	—	—	—	—	—	—
经济开发区	—	—	—	33.36	—	—	358.68	—	—	—	2 722.85	12.77	—	—	133.72	99.27	—	—
合计	3 755.22	—	11 814.94	7 100.89	21 922.14	—	12 993.55	—	46 702.62	1 921.60	53 822.70	9 512.53	12 965.07	14 593.28	31 249.51	28 356.59	376.84	5 012.57

（6）有机质　6级地2010年土壤有机质平均14.0 g/kg，2020年平均19.0 g/kg。利用行政区划图与耕地质量等级图叠加联合形成行政区划耕地质量等级综合图，对栅格数据区域统计，2010年土壤有机质变幅8.4～23.6 g/kg，2020年变幅11.2～26.7 g/kg，2010—2020年土壤有机质平均增加5.0 g/kg（表4-88）。

表4-88　有机质含量6级地分布（g/kg）

地区	平均值		最大值		最小值	
	2010年	2020年	2010年	2020年	2010年	2020年
柏乡县	15.4	—	17.3	—	13.6	—
广宗县	10.6	14.9	13.0	17.3	8.7	11.4
巨鹿县	13.5	16.9	16.4	17.2	10.7	15.6
临城县	19.3	19.7	23.6	22.6	14.9	16.3
临西县	13.3	16.2	15.4	18.8	10.9	14.0
隆尧县	15.0	20.1	19.1	22.0	13.2	18.1
南宫市	10.3	12.8	13.8	13.4	8.7	12.2
南和区	16.6	21.0	19.1	26.7	11.6	15.6
内丘县	16.7	20.7	18.8	25.9	13.9	13.8
宁晋县	17.7	—	20.9	—	15.0	—
平乡县	14.0	15.3	17.1	15.3	10.0	15.3
清河县	12.5	18.6	14.4	18.9	9.7	18.4
任泽区	18.0	21.4	20.2	21.6	15.3	21.0
沙河市	15.0	21.8	21.0	25.4	10.5	18.6
威　县	10.6	14.0	13.8	15.4	8.4	11.2
新河县	13.8	—	16.3	0.0	9.4	0.0
信都区	15.9	19.9	18.3	21.5	13.6	16.7
襄都区	16.9	—	18.6	—	14.8	—
邢东新区	16.3	—	17.7	—	15.0	—
经济开发区	14.0	20.1	17.8	22.6	10.2	16.3
平均值	14.0	19.0	23.6	26.7	8.4	11.2

（7）有效磷　邢台市6级地2010年土壤有效磷平均15.9 mg/kg，2020年平均15.7 mg/kg。利用行政区划图与耕地质量等级图叠加联合形成行政区划耕地质量等级综合图，对栅格数据区域统计，2010年土壤有效磷变幅2.7～42.0 mg/kg，2020年变幅10.0～31.6 mg/kg，2010—2020年土壤有效磷平均减少0.2 mg/kg（表4-89）。

表 4-89　有效磷含量 6 级地分布（mg/kg）

地区	平均值		最大值		最小值	
	2010 年	2020 年	2010 年	2020 年	2010 年	2020 年
柏乡县	19.7	—	32.0	—	6.9	—
广宗县	10.5	14.6	17.6	17.0	8.3	12.2
巨鹿县	13.9	13.2	22.3	15.1	7.3	12.2
临城县	17.5	17.3	28.4	21.3	12.3	12.1
临西县	18.6	21.3	25.1	27.8	11.8	16.8
隆尧县	21.0	14.5	32.0	16.9	13.3	11.5
南宫市	6.4	10.9	20.9	12.0	2.7	10.0
南和区	19.6	24.6	27.7	31.6	9.2	17.1
内丘县	17.8	14.0	25.6	16.5	12.9	11.1
宁晋县	20.1	—	42.0	—	8.1	—
平乡县	9.9	14.2	17.0	14.2	7.1	14.2
清河县	17.6	26.0	24.9	27.5	8.8	24.8
任泽区	21.8	15.5	28.0	16.2	13.8	14.9
沙河市	17.4	14.7	34.1	18.6	9.1	11.7
威　县	12.8	14.7	18.4	17.0	6.5	13.2
新河县	24.5	—	29.4	—	8.6	—
信都区	17.4	15.1	23.4	16.4	9.1	12.6
襄都区	22.7	—	39.2	—	14.0	—
邢东新区	15.6	—	23.0	—	5.6	—
经济开发区	23.0	20.9	39.2	25.4	9.6	16.6
平均值	15.9	15.7	42.0	31.6	2.7	10.0

（8）速效钾　6 级地 2010 年土壤速效钾平均为 107 mg/kg，2020 年平均为 153 mg/kg。利用行政区划图与耕地质量等级图叠加联合形成行政区划耕地质量等级综合图，对栅格数据区域统计，2010 年土壤速效钾变幅 48～194 mg/kg，2020 年变幅 115～246 mg/kg，2010—2020 年土壤速效钾平均增加 46 mg/kg（表 4-90）。

表 4-90　速效钾含量 6 级地分布（mg/kg）

地区	平均值		最大值		最小值	
	2010 年	2020 年	2010 年	2020 年	2010 年	2020 年
柏乡县	83	—	99	—	68	—

（续表）

地区	平均值		最大值		最小值	
	2010 年	2020 年	2010 年	2020 年	2010 年	2020 年
广宗县	100	153	125	198	77	144
巨鹿县	128	178	154	205	100	165
临城县	99	135	129	150	83	115
临西县	108	151	133	172	73	132
隆尧县	110	136	162	155	71	127
南宫市	110	144	124	156	63	137
南和区	92	195	134	246	76	159
内丘县	80	136	99	155	65	124
宁晋县	115	—	158	—	73	—
平乡县	126	157	152	157	99	157
清河县	67	159	90	162	48	158
任泽区	146	151	194	157	91	147
沙河市	92	184	123	207	71	151
威　县	95	149	129	161	55	141
新河县	98	—	137	—	73	—
信都区	87	152	126	175	67	132
襄都区	94	—	131	—	78	—
邢东新区	104	—	137	—	80	—
经济开发区	100	193	125	217	76	137
平均值	107	153	194	246	48	115

（9）排水能力　6 级地排水能力处于"充分满足""满足""基本满足"和"不满足"状态。用行政区划图与耕地质量等级图叠加联合形成行政区划耕地质量等级综合图，对栅格数据区域统计，2020 年处于"充分满足"耕地较 2010 年增加 734.33 hm²，处于"满足"耕地增加 20 507.37 hm²，处于"基本满足"耕地减少 20 551.10 hm²，处于"不满足"耕地减少 129 795.73 hm²（表 4-91）。

表 4-91　排水能力 6 级地分布（hm²）

地区	充分满足		满足		基本满足		不满足	
	2010 年	2020 年	2010 年	2020 年	2010 年	2020 年	2010 年	2020 年
柏乡县	—	—	—	—	2 685.43	—	3 043.50	—

（续表）

地区	充分满足		满足		基本满足		不满足	
	2010 年	2020 年	2010 年	2020 年	2010 年	2020 年	2010 年	2020 年
广宗县	—	—	—	46.75	3 412.49	10 860.63	6 531.25	—
巨鹿县	—	—	48.26	—	3 958.31	243.57	12 591.63	—
临城县	—	—	44.84	2 826.72	1 637.20	868.01	1 468.79	—
临西县	—	—	—	—	4 053.83	5 764.32	5 432.18	—
隆尧县	—	—	—	372.93	5 191.71	571.68	9 883.92	—
南宫市	—	734.33	—	—	10 127.96	—	14 718.96	—
南和区	—	—	—	—	4 235.10	5 594.14	6 220.67	—
内丘县	—	—	1 939.41	19 055.39	1 573.70	53.93	258.16	—
宁晋县	—	—	—	—	5 879.63	—	20 482.28	—
平乡县	—	—	—	—	3 004.48	1.92	8 325.79	—
清河县	—	—	—	—	1 787.54	91.91	1 931.54	—
任泽区	—	—	—	11.59	1 953.03	—	7 128.48	—
沙河市	—	—	—	—	1 734.76	10 765.78	2 247.36	—
威　县	—	—	765.26	1 140.52	6 491.54	3 165.04	14 236.11	—
新河县	—	—	290.90	—	2 626.35	—	9 128.64	—
信都区	—	—	302.15	444.29	694.00	3 738.60	2 080.39	—
襄都区	—	—	—	—	441.32	—	851.28	—
邢东新区	—	—	—	—	218.00	—	729.21	—
经济开发区	—	—	—	—	709.66	145.41	2 505.59	—
合计	—	734.33	3 390.82	23 898.19	62 416.04	41 864.94	129 795.73	—

（10）pH　6 级地 2010 年 pH 平均为 8.0，2020 年平均为 8.2。利用行政区划图与耕地质量等级图叠加联合形成行政区划耕地质量等级综合图，对栅格数据区域统计，2010 年土壤 pH 变幅 7.3～8.8，2020 年变幅 7.6～8.7，2010—2020 年土壤 pH 平均增加 0.2 个单位（表 4-92）。

表 4-92　pH 6 级地分布

地区	平均值		最大值		最小值	
	2010 年	2020 年	2010 年	2020 年	2010 年	2020 年
柏乡县	7.6	—	8.2	—	7.5	—
广宗县	8.3	8.0	8.5	8.1	7.9	8.0

（续表）

地区	平均值		最大值		最小值	
	2010 年	2020 年	2010 年	2020 年	2010 年	2020 年
巨鹿县	7.8	8.1	8.3	8.1	7.6	8.0
临城县	8.1	8.0	8.3	8.3	7.6	7.6
临西县	8.6	8.6	8.8	8.7	8.2	8.3
隆尧县	8.3	8.1	8.5	8.3	7.8	8.0
南宫市	7.6	7.9	8.1	7.9	7.3	7.8
南和区	8.0	8.1	8.2	8.2	7.7	7.9
内丘县	8.1	8.2	8.3	8.4	7.7	8.0
宁晋县	8.0	—	8.3	—	7.6	—
平乡县	8.4	8.1	8.5	8.1	8.1	8.1
清河县	7.7	8.4	8.4	8.4	7.5	8.4
任泽区	7.8	8.3	8.4	8.3	7.4	8.3
沙河市	7.9	8.3	8.0	8.4	7.6	8.1
威　县	8.3	8.0	8.6	8.1	7.6	7.9
新河县	8.0	—	8.0	—	7.6	—
信都区	7.6	8.1	7.9	8.3	7.3	8.0
襄都区	7.6	—	7.9	—	7.3	—
邢东新区	7.6	—	7.9	—	7.3	—
经济开发区	7.9	8.2	8.1	8.3	7.7	8.1
平均值	8.0	8.2	8.8	8.7	7.3	7.6

（11）土壤容重　6 级地 2010 年容重平均 1.35 g/cm³，2020 年平均 1.40 g/cm³。利用行政区划图与耕地质量等级图叠加联合形成行政区划耕地质量等级综合图，对栅格数据区域统计，2010 年土壤容重变幅 1.01～1.70 g/cm³，2020 年变幅 1.22～1.62 g/cm³，2010—2020 年土壤容重平均增加 0.05 g/cm³（表 4-93）。

表 4-93　土壤容重 6 级地分布（g/cm³）

地区	平均值		最大值		最小值	
	2010 年	2020 年	2010 年	2020 年	2010 年	2020 年
柏乡县	1.56	—	1.65	—	1.40	—
广宗县	1.38	1.40	1.56	1.53	1.26	1.30
巨鹿县	1.42	1.49	1.60	1.53	1.30	1.45

（续表）

地区	平均值		最大值		最小值	
	2010 年	2020 年	2010 年	2020 年	2010 年	2020 年
临城县	1.41	1.43	1.48	1.53	1.36	1.38
临西县	1.29	1.32	1.31	1.35	1.25	1.30
隆尧县	1.40	1.45	1.61	1.50	1.27	1.36
南宫市	1.30	1.33	1.44	1.36	1.24	1.33
南和区	1.25	1.28	1.32	1.34	1.20	1.22
内丘县	1.45	1.50	1.57	1.62	1.27	1.27
宁晋县	1.67	—	1.70	—	1.59	—
平乡县	1.22	1.35	1.38	1.35	1.01	1.35
清河县	1.22	1.30	1.29	1.32	1.16	1.30
任泽区	1.24	1.27	1.32	1.28	1.19	1.26
沙河市	1.21	1.28	1.31	1.31	1.17	1.22
威　县	1.27	1.36	1.36	1.44	1.25	1.30
新河县	1.32	—	1.37	—	1.29	—
信都区	1.29	1.31	1.48	1.51	1.19	1.26
襄都区	1.21	—	1.32	—	1.16	—
邢东新区	1.21	—	1.25	—	1.16	—
经济开发区	1.27	1.27	1.37	1.28	1.17	1.22
合计	1.35	1.40	1.70	1.62	1.01	1.22

（12）盐渍化程度　6 级地盐渍化程度处于"无""轻度"和"中度"。用行政区划图与耕地质量等级图叠加联合形成行政区划耕地质量等级综合图，对栅格数据区域统计，2020 年盐渍化程度处于"无"耕地较 2010 年减少 95 261.81 hm²，处于"轻度"耕地减少 28 394.78 hm²，处于"中度"耕地减少 5 448.54 hm²（表 4-94）。

表 4-94　盐渍化程度 6 级地分布（hm²）

地区	无		轻度		中度	
	2010 年	2020 年	2010 年	2020 年	2010 年	2020 年
柏乡县	3 935.74	—	1 793.12	—	0.07	—
广宗县	9 324.76	10 907.38	618.98	—	—	—
巨鹿县	12 751.31	243.57	2 562.24	—	1 284.65	—
临城县	2 410.95	3 694.73	739.89	—	—	—

（续表）

地区	无		轻度		中度	
	2010 年	2020 年	2010 年	2020 年	2010 年	2020 年
临西县	8 625.43	5 764.32	860.57	—	—	—
隆尧县	10 924.66	944.62	2 316.72	—	1 834.25	—
南宫市	22 692.02	734.33	2 154.90	—	—	—
南和区	8 590.62	5 594.14	996.53	—	868.62	—
内丘县	3 696.94	19 109.32	—	—	74.32	—
宁晋县	19 354.19	—	7 007.72	—	—	—
平乡县	8 616.00	1.92	2 714.28	—	—	—
清河县	2 696.61	91.91	1 022.47	—	—	—
任泽区	7 900.12	11.59	1 181.40	—	—	—
沙河市	3 057.88	10 765.78	924.24	—	—	—
威　县	20 640.83	4 305.56	852.08	—	—	—
新河县	9 839.30	—	968.28	—	1 238.31	—
信都区	2 717.52	4 182.89	210.70	—	148.32	—
襄都区	1 084.16	—	208.44	—	—	—
邢东新区	401.88	—	545.33	—	—	—
经济开发区	2 498.35	145.40	716.89	—	—	—
合计	161 759.27	66 497.46	28 394.78	—	5 448.54	—

（13）地下水埋深　6 级地地下水埋深均处于"≥3 m"状态。用行政区划图与耕地质量等级图叠加联合形成行政区划耕地质量等级综合图，对栅格数据统计，2020 年处于"≥3 m"状态耕地较 2010 年减少 129 105.13 hm² （表 4-95）。

表 4-95　地下水埋深 6 级地分布 （hm²）

地区	≥3 m	
	2010 年	2020 年
柏乡县	5 728.93	—
广宗县	9 943.74	10 907.38
巨鹿县	16 598.20	243.57
临城县	3 150.84	3 694.73
临西县	9 486.00	5 764.32
隆尧县	15 075.63	944.62

（续表）

地区	≥3 m	
	2010 年	2020 年
南宫市	24 846.92	734.33
南和区	10 455.77	5 594.14
内丘县	3 771.26	19 109.32
宁晋县	26 361.91	—
平乡县	11 330.27	1.92
清河县	3 719.09	91.91
任泽区	9 081.51	11.59
沙河市	3 982.12	10 765.78
威　县	21 492.91	4 305.56
新河县	12 045.89	—
信都区	3 076.54	4 182.89
襄都区	1 292.60	—
邢东新区	947.21	—
经济开发区	3 215.25	145.40
合计	195 602.59	66 497.46

（14）障碍因素　邢台市 6 级地大多处于无障碍因素，部分耕地存在夹砂层。用行政区划图与耕地质量等级图叠加联合形成行政区划耕地质量等级综合图，对栅格数据区域统计，2020 年无障碍耕地较 2010 年减少 87 936.55 hm^2，存在夹砂层耕地减少 41 168.58 hm^2（表 4-96）。

表 4-96　障碍因素 6 级地分布（hm^2）

地区	无		夹砂层	
	2010 年	2020 年	2010 年	2020 年
柏乡县	4 381.46	—	1 347.47	—
广宗县	7 390.36	10 907.38	2 553.38	—
巨鹿县	12 589.12	243.57	4 009.08	—
临城县	2 584.27	3 694.73	566.57	—
临西县	6 999.43	5 764.32	2 486.57	—
隆尧县	13 007.15	944.62	2 068.48	—
南宫市	16 271.70	734.33	8 575.22	—

（续表）

地区	无		夹砂层	
	2010 年	2020 年	2010 年	2020 年
南和区	9 752.83	5 594.14	702.94	—
内丘县	3 210.11	19 109.32	561.15	—
宁晋县	21 068.27	—	5 293.64	—
平乡县	8 282.15	1.92	3 048.13	—
清河县	2 763.36	91.91	955.72	—
任泽区	7 865.61	11.59	1 215.90	—
沙河市	3 370.16	10 765.78	611.96	—
威　县	17 492.03	4 305.56	4 000.89	—
新河县	10 304.73	—	1 741.16	—
信都区	2 890.75	4 182.89	185.78	—
襄都区	926.41	—	366.20	—
邢东新区	791.59	—	155.62	—
经济开发区	2 479.75	132.63	735.49	12.77
合计	154 421.24	66 484.69	41 181.35	12.77

（15）耕层厚度　6 级地有效土层厚度处于"≥20 cm""［15，20）cm"和"＜15 cm"状态。用行政区划图与耕地质量等级图叠加联合形成行政区划耕地质量等级综合图，对栅格数据区域统计，2020 年处于"≥20 cm"耕地面积较 2010 年减少91 650.96 hm²，处于"［15，20）cm"耕地减少 31 956.51 hm²，处于"＜15 cm"耕地减少 5 497.66 hm²（表 4-97）。

表 4-97　耕层厚度 6 级地分布（hm²）

地区	≥20 cm		［15，20）cm		＜15 cm	
	2010 年	2020 年	2010 年	2020 年	2010 年	2020 年
柏乡县	5 619.99	—	108.94	—	—	—
广宗县	234.53	46.75	9 709.21	10 860.63	—	—
巨鹿县	16 083.80	—	514.40	243.57	—	—
临城县	3 150.84	3 694.73	—	—	—	—
临西县	9 486.00	5 764.32	—	—	—	—
隆尧县	282.16	372.93	14 793.47	571.68	—	—
南宫市	2 971.28	—	16 433.06	734.33	5 442.58	—

（续表）

地区	≥20 cm		［15，20）cm		<15 cm	
	2010 年	2020 年	2010 年	2020 年	2010 年	2020 年
南和区	10 017.49	4 724.60	438.29	869.53	—	—
内丘县	3 580.08	19 055.39	191.19	53.93	—	—
宁晋县	26 147.55	—	214.36	—	—	—
平乡县	11 091.93	—	238.34	1.92	—	—
清河县	3 682.44	91.91	36.65	—	—	—
任泽区	2 457.29	11.59	6 624.22	—	—	—
沙河市	267.00	665.80	3 715.12	10 099.98	—	—
威　县	20 892.26	1 140.52	545.56	3 165.05	55.08	—
新河县	11 773.33	—	272.56	—	—	—
信都区	2 634.36	3 519.99	442.18	662.91	—	—
襄都区	77.59	—	1 215.00	—	—	—
邢东新区	2.01	—	945.20	—	—	—
经济开发区	332.37	44.81	2 882.88	100.59	—	—
合计	130 784.30	39 133.34	59 320.63	27 364.12	5 497.66	—

（16）农田林网化　6 级地农田林网化处于"高""中"和"低"状态。用行政区划图与耕地质量等级图叠加联合形成行政区划耕地质量等级综合图，对栅格数据区域统计，2020 年农田林网化处于"高"耕地较 2010 年增加 1 793.22 hm²，处于"中"耕地增加 30 324.29 hm²，处于"低"耕地减少 161 222.64 hm²（表 4-98）。

表 4-98　农田林网化 6 级地分布（hm²）

地区	高		中		低	
	2010 年	2020 年	2010 年	2020 年	2010 年	2020 年
柏乡县	—	—	—	—	5 728.93	—
广宗县	—	—	—	10 860.63	9 943.74	46.75
巨鹿县	—	—	—	243.57	16 598.20	—
临城县	—	—	—	—	3 150.84	3 694.73
临西县	—	—	—	—	9 486.00	5 764.32
隆尧县	—	—	—	571.68	15 075.63	372.93
南宫市	—	—	—	—	24 846.92	734.33
南和区	—	1 748.40	—	923.14	10 455.77	2 922.60

（续表）

地区	高		中		低	
	2010 年	2020 年	2010 年	2020 年	2010 年	2020 年
内丘县	—	—	—	53.93	3 771.26	19 055.39
宁晋县	—	—	—	—	26 361.91	—
平乡县	—	—	—	1.92	11 330.27	—
清河县	—	—	—	—	3 719.09	91.91
任泽区	—	—	—	—	9 081.51	11.59
沙河市	—	—	—	10 765.78	3 982.12	—
威　县	—	—	—	3 165.04	21 492.91	1 140.52
新河县	—	—	—	—	12 045.89	—
信都区	—	—	—	3 738.60	3 076.54	444.29
襄都区	—	—	—	—	1 292.60	—
邢东新区	—	—	—	—	947.21	—
经济开发区	—	44.82	—	—	3 215.25	100.59
合计	—	1 793.22	—	30 324.29	195 602.59	34 379.95

（17）生物多样性　6 级地生物多样性处于"丰富""一般"和"不丰富"状态。用行政区划图与耕地质量等级图叠加联合形成行政区划耕地质量等级综合图，对栅格数据区域统计，2020 年生物多样性处于"丰富"耕地较 2010 年增加 13 350.02 hm²，处于"一般"耕地减少 22 143.47 hm²，处于"不丰富"耕地减少 120 311.68 hm²（表 4-99）。

表 4-99　生物多样性 6 级地分布（hm²）

地区	丰富		一般		不丰富	
	2010 年	2020 年	2010 年	2020 年	2010 年	2020 年
柏乡县	—	—	2 199.12	—	3 529.81	—
广宗县	—	—	579.72	10 907.38	9 364.02	—
巨鹿县	148.16	—	1 395.51	243.57	15 054.54	—
临城县	—	—	1 012.05	3 694.73	2 138.79	—
临西县	—	—	5 799.81	5 764.32	3 686.19	—
隆尧县	—	—	4 745.59	944.62	10 330.04	—
南宫市	—	734.33	11 029.95	—	13 816.96	—
南和区	204.28	1 789.65	1 558.11	879.76	8 693.38	2 924.72

（续表）

地区	丰富		一般		不丰富	
	2010 年	2020 年	2010 年	2020 年	2010 年	2020 年
内丘县	—	—	1 419.21	19 109.32	2 352.06	—
宁晋县	—	—	7 924.87	—	18 437.04	—
平乡县	—	—	6 279.65	1.92	5 050.63	—
清河县	—	—	2 779.76	91.91	939.33	—
任泽区	—	—	3 232.44	11.59	5 849.07	—
沙河市	285.17	10 765.78	1 280.32	—	2 416.63	—
威　县	—	—	12 900.91	4 305.56	8 592.00	—
新河县	—	—	5 705.31	—	6 340.58	—
信都区	—	664.51	1 012.74	3 518.39	2 063.79	—
襄都区	—	—	338.35	—	954.24	—
邢东新区	—	—	60.80	—	886.41	—
经济开发区	—	33.36	375.09	12.77	2 840.16	99.27
合计	637.61	13 987.63	71 629.31	49 485.84	123 335.67	3 023.99

（18）清洁程度　邢台市 6 级地清洁程度处于"清洁"状态。用行政区划图与耕地质量等级图叠加联合形成行政区划耕地质量等级综合图，对栅格数据区域统计，2020年处于"清洁"状态耕地较 2010 年减少 129 105.13 hm^2（表 4-100）。

表 4-100　清洁程度 6 级地分布（hm^2）

地区	清洁	
	2010 年	2020 年
柏乡县	5 728.93	—
广宗县	9 943.74	10 907.38
巨鹿县	16 598.20	243.57
临城县	3 150.84	3 694.73
临西县	9 486.00	5 764.32
隆尧县	15 075.63	944.62
南宫市	24 846.92	734.33
南和区	10 455.77	5 594.14
内丘县	3 771.26	19 109.32
宁晋县	26 361.91	—

（续表）

地区	清洁	
	2010 年	2020 年
平乡县	11 330.27	1.92
清河县	3 719.09	91.91
任泽区	9 081.51	11.59
沙河市	3 982.12	10 765.78
威　县	21 492.91	4 305.56
新河县	12 045.89	—
信都区	3 076.54	4 182.89
襄都区	1 292.60	—
邢东新区	947.21	—
经济开发区	3 215.25	145.40
合计	195 602.59	66 497.46

（七）7 级地耕地质量特征

1. 空间分布

表 4-101 表明，2010 年 7 级地 136 216.69 hm²，占耕地总面积 22.73%；2020 年 7 级地 19 375.61 hm²，占耕地总面积 3.23%，7 级地面积逐渐减少。2010—2020 年，柏乡县、广宗县、巨鹿县、临西县、隆尧县、南宫市、宁晋县、平乡县、清河县、任泽区、威县、新河县、襄都区、邢东新区、经济开发区 7 级地面积逐渐减少到 0；临城县、南和区、内丘县、沙河市面积逐渐减少，南和区减少最多为 7 369.25 hm²，沙河市减少 4 576.78 hm²；信都区增加 2 691.25 hm²。

表 4-101　7 级地面积与分布

地区	2010 年		2020 年	
	面积（hm²）	占 7 级地面积（%）	面积（hm²）	占 7 级地面积（%）
柏乡县	1 276.59	0.94	—	—
广宗县	11 787.90	8.65	—	—
巨鹿县	6 424.83	4.72	—	—
临城县	7 115.13	5.22	2 545.80	13.14
临西县	17 399.25	12.77	—	—
隆尧县	4 602.22	3.38	—	—

（续表）

地区	2010 年		2020 年	
	面积（hm²）	占 7 级地面积（%）	面积（hm²）	占 7 级地面积（%）
南宫市	21 769.37	15.98	—	—
南和区	8 019.36	5.89	650.11	3.36
内丘县	8 092.78	5.94	5 204.52	26.86
宁晋县	53.19	0.04	—	—
平乡县	3 879.00	2.85	—	—
清河县	2 413.35	1.77	—	—
任泽区	439.55	0.32	—	—
沙河市	9 219.16	6.77	4 642.38	23.96
威　县	21 789.80	16.00	—	—
新河县	5 863.30	4.30	—	—
信都区	3 641.55	2.67	6 332.80	32.68
襄都区	46.28	0.03	—	—
邢东新区	634.09	0.47	—	—
经济开发区	1 749.99	1.28	—	—
合计	136 216.69	100.00	19 375.61	100.00

2. 属性特征

（1）灌溉能力　7 级地灌溉能力处于"满足""基本满足"和"不满足"。用行政区划图与耕地质量等级图叠加联合形成行政区划耕地质量等级综合图，对栅格数据区域统计，2020 年处于"满足"耕地较 2010 年增加 345.36 hm²，处于"基本满足"耕地减少 22 778.35 hm²，处于"不满足"耕地减少 94 408.09 hm²（表 4-102）。

表 4-102　灌溉能力 7 级地分布（hm²）

地区	满足		基本满足		不满足	
	2010 年	2020 年	2010 年	2020 年	2010 年	2020 年
柏乡县	—	—	—	—	1 276.59	—
广宗县	—	—	3 772.43	—	8 015.47	—
巨鹿县	—	—	190.71	—	6 234.12	—
临城县	—	—	337.21	24.04	6 777.92	2 521.76
临西县	—	—	5 884.18	—	11 515.07	—

（续表）

地区	满足		基本满足		不满足	
	2010 年	2020 年	2010 年	2020 年	2010 年	2020 年
隆尧县	—	—	1 089.97	—	3 512.25	—
南宫市	—	—	5 008.62	—	16 760.75	—
南和区	—	—	416.22	650.11	7 603.13	—
内丘县	—	—	7 783.73	5 100.27	309.05	104.26
宁晋县	—	—	—	—	53.19	—
平乡县	—	—	101.14	—	3 777.86	—
清河县	146.13	—	247.45	—	2 019.77	—
任泽区	—	—	—	—	439.55	—
沙河市	222.01	672.12	6 244.96	3 970.26	2 752.20	—
威 县	—	—	4 614.43	—	17 175.37	—
新河县	—	—	408.05	—	5 455.25	—
信都区	—	41.38	2 618.38	6 291.41	1 023.17	—
襄都区	—	—	—	—	46.28	—
邢东新区	—	—	—	—	634.09	—
经济开发区	—	—	96.96	—	1 653.03	—
合计	368.14	713.50	38 814.44	16 036.09	97 034.11	2 626.02

（2）耕层质地　7 级地耕层质地为中壤、轻壤、重壤、黏土、砂壤、砂土。用行政区划图与耕地质量等级图叠加联合形成行政区划耕地质量等级综合图，对栅格数据区域统计，2020 年中壤耕地较 2010 年减少 17 773.74 hm²，轻壤减少 70 249.81 hm²，重壤减少 686.35 hm²，黏土减少 490.38 hm²，砂壤减少 26 856.93 hm²，砂土减少 783.87 hm²（表 4-103）。

（3）地形部位　用行政区划图与耕地质量等级图叠加联合形成行政区划耕地质量等级综合图，对栅格数据区域统计，2020 年地形部位为低海拔冲积平原耕地较 2010 年减少 39 070.31 hm²，低海拔冲积洪积平原耕地减少 75 831.53 hm²，低海拔冲积洼地耕地减少 2 803.29 hm²，低海拔洪积低台地面积减少 407.16 hm²，侵蚀剥蚀低海拔低丘陵耕地增加 234.82 hm²，侵蚀剥蚀中海拔低丘陵耕地减少 2 806.97 hm²，侵蚀剥蚀中海拔高丘陵耕地增加 2 069.30 hm²，侵蚀剥蚀小起伏中山耕地增加 1 774.06 hm²（表 4-104）。

表4-103　耕层质地7级地分布（hm²）

地区	中壤 2010年	中壤 2020年	轻壤 2010年	轻壤 2020年	重壤 2010年	重壤 2020年	黏土 2010年	黏土 2020年	砂壤 2010年	砂壤 2020年	砂土 2010年	砂土 2020年
柏乡县	—	—	1 276.59	—	—	—	—	—	—	—	—	—
广宗县	132.24	—	10 467.33	—	—	—	—	—	1 188.33	—	—	—
巨鹿县	5 823.70	—	191.00	—	—	—	—	—	410.12	—	—	—
临城县	—	—	5 438.51	2 537.86	—	—	—	—	1 347.98	7.94	328.63	—
临西县	693.47	—	15 493.77	—	—	—	—	—	1 212.02	—	—	—
隆尧县	—	—	2 839.12	—	—	—	109.00	—	694.94	—	959.17	—
南宫市	2 056.17	—	12 092.71	—	—	—	—	—	7 620.49	—	—	—
南和区	840.39	—	6 602.42	—	—	—	381.38	—	195.17	—	—	650.11
内丘县	—	19.31	6 814.79	3 766.87	—	—	—	—	1 277.98	1 418.35	—	—
宁晋县	—	—	53.19	—	—	—	—	—	549.40	—	—	—
平乡县	3 050.27	—	142.37	—	686.35	—	—	—	—	—	—	—
清河县	125.12	—	1 592.69	—	—	—	—	—	—	—	146.18	—
任泽区	34.74	—	404.81	—	—	—	—	—	—	—	—	—
沙河市	139.62	—	6 944.96	3 970.26	—	—	—	—	2 134.58	672.12	—	—
威　县	291.50	—	14 316.28	—	—	—	—	—	7 182.02	—	—	—
新河县	1 374.14	—	—	—	—	—	—	—	4 489.16	—	—	—
信都区	2 729.12	1 042.87	50.46	5 076.04	—	—	—	—	861.96	213.88	—	—
襄都区	46.28	—	—	—	—	—	—	—	—	—	—	—
邢东新区	634.09	—	—	—	—	—	—	—	—	—	—	—
经济开发区	865.07	—	879.84	—	—	—	—	—	5.07	—	—	—
合计	18 835.92	1 062.18	85 600.84	15 351.03	686.35	—	490.38	—	29 169.22	2 312.29	1 433.98	650.11

表4-104　地形部位7级地分布（hm²）

地区	低海拔冲积平原		低海拔冲积洪积平原		低海拔冲积洼地		低海拔洪积低台地		侵蚀剥蚀低海拔低丘陵		侵蚀剥蚀中海拔低丘陵		侵蚀剥蚀中海拔高丘陵		侵蚀剥蚀小起伏中山	
	2010年	2020年	2010年	2020年	2010年	2020年	2010年	2020年	2010年	2020年	2010年	2020年	2010年	2020年	2010年	2020年
柏乡县	—	—	1 276.59	—	—	—	—	—	—	—	—	—	—	—	—	—
广宗县	453.92	—	11 333.99	—	—	—	—	—	—	—	—	—	—	—	—	—
巨鹿县	6 081.18	—	343.65	—	—	—	—	—	—	—	—	—	—	—	—	—
临城县	328.63	—	38.05	—	—	—	1 209.86	788.51	5 538.59	1 757.29	—	—	—	—	—	—
临西县	—	—	17 399.25	—	—	—	—	—	—	—	—	—	—	—	—	—
隆尧县	79.14	—	4 523.09	—	—	—	—	—	—	—	—	—	—	—	—	—
南宫市	2 289.85	—	19 479.52	—	—	—	—	—	—	—	—	—	—	—	—	—
南和区	—	—	7 934.45	650.11	84.90	—	—	—	—	—	—	—	—	—	—	—
内丘县	—	—	7 832.17	1 404.16	—	—	—	14.19	260.61	3 766.87	—	—	—	—	—	19.31
宁晋县	—	—	53.19	—	—	—	—	—	—	—	—	—	—	—	—	—
平乡县	3 736.63	—	142.37	—	—	—	—	—	—	—	—	—	—	—	—	—
清河县	315.85	—	2 097.50	—	—	—	—	—	—	—	—	—	—	—	—	—
任泽区	—	—	439.55	—	—	—	—	—	—	—	—	—	—	—	—	—
沙河市	—	—	1 557.98	—	477.81	—	—	—	2 525.67	—	2 760.13	1.63	1 897.57	3 970.26	—	670.49
威　县	20 143.29	—	1 646.50	—	—	—	—	—	—	—	—	—	—	—	—	—
新河县	5 641.82	—	221.49	—	—	—	—	—	—	—	—	—	—	—	—	—
信都区	—	—	1 549.17	172.49	—	—	—	—	2 040.51	5 076.04	48.47	—	3.39	—	—	1 084.26
襄都区	—	—	—	—	46.28	—	—	—	—	—	—	—	—	—	—	—
邢东新区	—	—	—	—	634.09	—	—	—	—	—	—	—	—	—	—	—
经济开发区	189.78	—	—	—	1 560.21	—	—	—	—	—	—	—	—	—	—	—
合计	39 070.31	—	78 058.29	2 226.76	2 803.29	—	1 209.86	802.70	10 365.38	10 600.20	2 808.60	1.63	1 900.96	3 970.26	—	1 774.06

（4）有效土层厚度　7 级地有效土层厚度处于"≥100 cm""［60，100）cm"和"［30，60）cm"状态。用行政区划图与耕地质量等级图叠加联合形成行政区划耕地质量等级综合图，对栅格数据区域统计，2020 年处于"≥100 cm"耕地较 2010 年减少108 513.38 hm²，处于"［60，100）cm"耕地减少6 380.34 hm²，处于"［30，60）cm"耕地减少1 947.36 hm²（表4-105）。

表 4-105　有效土层厚度 7 级地分布（hm²）

地区	≥100 cm		［60，100）cm		［30，60）cm	
	2010 年	2020 年	2010 年	2020 年	2010 年	2020 年
柏乡县	1 276.59	—	—	—	—	—
广宗县	11 787.90	—	—	—	—	—
巨鹿县	6 424.83	—	—	—	—	—
临城县	5 050.25	10.27	2 026.82	2 519.43	38.05	16.10
临西县	17 399.25	—	—	—	—	—
隆尧县	4 392.29	—	—	—	209.94	—
南宫市	21 769.37	—	—	—	—	—
南和区	98.92	—	6 903.63	—	1 016.80	650.11
内丘县	195.02	19.31	—	118.43	7 897.75	5 066.78
宁晋县	53.19	—	—	—	—	—
平乡县	3 879.00	—	—	—	—	—
清河县	2 413.35	—	—	—	—	—
任泽区	404.81	—	—	—	34.74	—
沙河市	9 171.53	4 642.38	—	—	47.64	—
威　县	21 789.80	—	—	—	—	—
新河县	5 863.30	—	—	—	—	—
信都区	54.55	1 084.26	—	—	3 587.01	5 248.54
襄都区	46.28	—	—	—	—	—
邢东新区	634.09	—	—	—	—	—
经济开发区	1 565.28	—	87.75	—	96.96	—
合计	114 269.60	5 756.22	9 018.20	2 637.86	12 928.89	10 981.53

（5）质地构型　用行政区划图与耕地质量等级图叠加联合形成行政区划耕地质量等级综合图，对栅格数据区域统计，2020 年"夹黏型"耕地较 2010 年减少 146.13 hm²，"上松下紧型"耕地减少4 502.23 hm²，"紧实型"耕地减少2 758.15 hm²，"夹层型"耕地减少42 095.31 hm²，"海绵型"耕地减少22 111.10 hm²，"上紧下松型"耕地减少16 395.02 hm²，"松散型"耕地减少26 859.85 hm²，"薄层型"耕地减少1 973.29 hm²（表4-106）。

表 4-106　质地构型 7 级地分布（hm²）

地区	夹黏型 2010年	夹黏型 2020年	上松下紧型 2010年	上松下紧型 2020年	紧实型 2010年	紧实型 2020年	夹层型 2010年	夹层型 2020年	海绵型 2010年	海绵型 2020年	上紧下松型 2010年	上紧下松型 2020年	松散型 2010年	松散型 2020年	薄层型 2010年	薄层型 2020年
柏乡县	—	—	—	—	—	—	—	—	—	—	—	—	1 276.59	—	—	—
广宗县	—	—	—	—	—	—	360.93	—	132.24	—	11 294.73	—	—	—	—	—
巨鹿县	—	—	6 582.34	1 890.12	—	—	151.74	—	6 081.18	—	191.91	—	—	—	—	—
临城县	—	—	—	—	—	—	—	—	494.74	639.59	—	—	38.05	16.09	—	—
临西县	—	—	827.67	—	109.00	—	797.58	—	—	—	3 272.81	—	10 714.73	—	1 786.46	—
隆尧县	—	—	79.14	—	—	—	—	—	—	—	—	—	4 414.09	—	—	—
南宫市	—	—	—	—	—	—	19 711.83	—	2 057.54	—	—	—	—	—	—	—
南和区	—	—	25.44	—	764.21	—	124.67	—	1 010.36	—	620.48	—	5 474.20	650.11	—	—
内丘县	—	—	103.08	119.92	—	—	—	—	—	14.19	—	—	7 989.69	5 070.41	—	—
宁晋县	—	—	—	—	—	—	—	—	—	—	—	—	53.19	—	—	—
平乡县	—	—	31.15	—	1 275.91	—	340.58	—	3 062.69	—	142.37	—	642.79	—	—	—
清河县	146.13	—	420.07	—	—	—	—	—	—	—	6.96	—	36.87	—	186.83	—
任泽区	—	—	—	—	443.51	—	—	—	—	—	34.74	—	404.81	—	—	—
沙河市	—	—	47.64	—	64.64	—	—	—	6 063.29	3 970.26	—	—	2 664.72	672.12	—	—
威　县	—	—	158.30	—	—	—	20 386.49	—	5 641.82	—	831.02	—	349.35	—	—	—
新河县	—	—	—	—	—	—	221.49	—	—	—	—	—	—	—	—	—
信都区	—	—	2 817.46	4 580.30	—	—	—	—	51.86	—	—	—	772.22	1 752.50	—	—
襄都区	—	—	—	—	—	—	—	—	46.28	—	—	—	—	—	—	—
邢东新区	—	—	0.28	—	—	—	—	—	633.81	—	—	—	—	—	—	—
经济开发区	—	—	—	—	100.88	—	—	—	1 459.33	—	—	—	189.78	—	—	—
合计	146.13	—	11 092.57	6 590.34	2 758.15	—	42 095.31	—	26 735.14	4 624.04	16 395.02	—	35 021.08	8 161.23	1 973.29	—

（6）有机质　7级地2010年土壤有机质平均13.6 g/kg，2020年平均20.6 g/kg。利用行政区划图与耕地质量等级图叠加联合形成行政区划耕地质量等级综合图，对栅格数据区域统计，2010年土壤有机质变幅8.4～23.6 g/kg，2020年变幅16.8～25.6 g/kg，2010—2020年土壤有机质平均增加7.0 g/kg（表4-107）。

表4-107　有机质含量7级地分布（g/kg）

地区	平均值		最大值		最小值	
	2010年	2020年	2010年	2020年	2010年	2020年
柏乡县	15.6	—	17.3	—	13.8	—
广宗县	10.4	—	12.7	—	8.4	—
巨鹿县	12.9	—	15.9	—	10.9	—
临城县	20.8	20.4	23.6	23.7	16.6	16.8
临西县	13.2	—	15.3	—	10.9	—
隆尧县	14.7	—	19.2	—	13.0	—
南宫市	10.5	—	13.2	—	8.7	—
南和区	16.2	19.0	18.6	20.1	11.5	17.1
内丘县	15.7	20.4	18.5	24.3	13.5	16.9
宁晋县	17.1	—	17.1	—	17.0	—
平乡县	13.4	—	15.4	—	10.3	—
清河县	11.6	—	14.2	—	9.6	—
任泽区	16.6	—	17.9	—	15.7	—
沙河市	15.6	22.1	20.9	25.6	10.9	20.2
威　县	10.4	—	13.9	—	8.5	—
新河县	12.6	—	16.0	—	9.3	—
信都区	15.4	20.2	18.4	23.6	13.5	17.3
襄都区	16.2	—	16.9	—	14.9	—
邢东新区	16.1	—	17..2	—	14.9	—
经济开发区	14.2	—	16.9	—	10.7	—
平均值	13.6	20.6	23.6	25.6	8.4	16.8

（7）有效磷　7级地2010年有效磷平均14.5 mg/kg，2020年平均15.0 mg/kg。利用行政区划图与耕地质量等级图叠加联合形成行政区划耕地质量等级综合图，对栅格数据区域统计，2010年土壤有效磷变幅2.6～44.4 mg/kg，2020年变幅11.6～28.4 mg/kg，2010—2020年土壤有效磷平均增加0.5 mg/kg（表4-108）。

表 4-108　有效磷含量 7 级地分布（mg/kg）

地区	平均值		最大值		最小值	
	2010 年	2020 年	2010 年	2020 年	2010 年	2020 年
柏乡县	21.5	—	29.4	—	16.8	—
广宗县	10.6	—	17.7	—	7.7	—
巨鹿县	12.7	—	21.1	—	7.8	—
临城县	17.1	17.0	34.0	19.3	10.7	12.1
临西县	18.0	—	26.2	—	11.8	—
隆尧县	20.3	—	35.8	—	14.4	—
南宫市	6.3	—	19.5	—	2.6	—
南和区	18.4	26.0	26.1	28.4	11.6	24.1
内丘县	19.2	13.5	29.3	21.1	10.2	11.6
宁晋县	18.7	—	18.8	—	18.6	—
平乡县	9.7	—	13.9	—	7.1	—
清河县	21.2	—	25.7	—	12.0	—
任泽区	19.7	—	22.4	—	12.7	—
沙河市	15.3	15.8	39.6	19.8	8.1	13.3
威　县	12.7	15.8	18.9	—	5.9	—
新河县	20.9	—	29.0	—	6.8	—
信都区	14.8	14.9	23.8	20.8	4.8	12.5
襄都区	17.9	—	21.0	—	16.0	—
邢东新区	14.5	—	19.2	—	9.5	—
经济开发区	19.0	—	44.4	—	9.9	—
平均值	14.5	15.0	44.4	28.4	2.6	11.6

（8）速效钾　7 级地 2010 年土壤速效钾平均 97 mg/kg，2020 年平均 144 mg/kg。利用行政区划图与耕地质量等级图叠加联合形成行政区划耕地质量等级综合图，对栅格数据区域统计，2010 年土壤速效钾变幅 48～149 mg/kg，2020 年变幅 109～207 mg/kg，2010—2020 年土壤速效钾平均增加 47 mg/kg（表 4-109）。

表 4-109　速效钾含量 7 级地分布（mg/kg）

地区	平均值		最大值		最小值	
	2010 年	2020 年	2010 年	2020 年	2010 年	2020 年
柏乡县	76	—	102	—	69	—

（续表）

地区	平均值		最大值		最小值	
	2010 年	2020 年	2010 年	2020 年	2010 年	2020 年
广宗县	98	—	119	—	61	—
巨鹿县	121	—	149	—	101	—
临城县	103	137	139	153	87	118
临西县	106	—	129	—	77	—
隆尧县	92	—	136	—	71	—
南宫市	100	—	125	—	63	—
南和区	91	183	118	202	76	170
内丘县	78	123	102	143	61	109
宁晋县	85	—	89	—	81	—
平乡县	124	—	146	—	97	—
清河县	62	—	86	—	48	—
任泽区	98	—	127	—	81	—
沙河市	103	185	131	207	69	150
威　县	87	—	127	—	54	—
新河县	91	—	108	—	73	—
信都区	84	148	106	176	68	122
襄都区	95	—	100	—	82	—
邢东新区	102	—	125	—	81	—
经济开发区	94	—	107	—	76	—
平均值	97	144	149	207	48	109

（9）排水能力　7级地排水能力处于"满足""基本满足"和"不满足"。用行政区划图与耕地质量等级图叠加联合形成行政区划耕地质量等级综合图，对栅格数据区域统计，2020 年处于"满足"耕地较 2010 年增加 2 686.24 hm²，处于"基本满足"耕地减少 34 941.95 hm²，处于"不满足"耕地减少 84 585.37 hm²（表 4-110）。

表 4-110　排水能力 7 级地分布（hm²）

地区	满足		基本满足		不满足	
	2010 年	2020 年	2010 年	2020 年	2010 年	2020 年
柏乡县	—	—	—	—	1 276.59	—
广宗县	39.26	—	4 320.66	—	7 427.98	—

（续表）

地区	满足		基本满足		不满足	
	2010 年	2020 年	2010 年	2020 年	2010 年	2020 年
巨鹿县	254.06	—	463.01	—	5 707.75	—
临城县	573.82	2 396.88	5 167.68	148.92	1 373.62	—
临西县	—	—	4 704.08	—	12 695.18	—
隆尧县	11.51	—	1 312.16	—	3 278.56	—
南宫市	1 468.97	—	5 454.43	—	14 845.97	—
南和区	—	—	2 942.90	650.11	5 076.45	—
内丘县	445.09	5 169.54	3 024.19	34.99	4 623.49	—
宁晋县	—	—	—	—	53.19	—
平乡县	—	—	33.41	—	3 845.59	—
清河县	18.34	—	798.93	—	1 596.08	—
任泽区	—	—	34.74	—	404.81	—
沙河市	—	—	6 885.85	4 642.38	2 333.32	—
威　县	1 678.79	—	6 099.60	—	14 011.41	—
新河县	1 057.58	—	1 709.25	—	3 096.48	—
信都区	0.99	668.23	2 560.91	5 664.56	1 079.67	—
襄都区	—	—	5.12	—	41.15	—
邢东新区	—	—	136.69	—	497.40	—
经济开发区	—	—	429.30	—	1 320.68	—
合计	5 548.41	8 234.65	46 082.91	11 140.96	84 585.37	—

（10）pH　7 级地 2010 年土壤 pH 平均为 8.1，2020 年平均为 8.2。利用行政区划图与耕地质量等级图叠加联合形成行政区划耕地质量等级综合图，对栅格数据区域统计，2010 年土壤 pH 变幅 7.2～8.8，2020 年变幅 7.8～8.4，2010—2020 年土壤 pH 平均增加 0.1 个单位（表 4-111）。

表 4-111　pH 7 级地分布

地区	平均值		最大值		最小值	
	2010 年	2020 年	2010 年	2020 年	2010 年	2020 年
柏乡县	7.6	—	8.2	—	7.5	—
广宗县	8.3	—	8.5	—	7.8	—
巨鹿县	7.9	—	8.3	—	7.5	—

（续表）

地区	平均值		最大值		最小值	
	2010 年	2020 年	2010 年	2020 年	2010 年	2020 年
临城县	8.0	8.0	8.2	8.3	7.5	7.9
临西县	8.6	—	8.8	—	8.3	—
隆尧县	8.3	—	8.5	—	7.7	—
南宫市	7.5	—	8.0	—	7.3	—
南和区	8.0	7.9	8.2	8.0	7.7	7.9
内丘县	8.1	8.3	8.3	8.4	7.6	7.8
宁晋县	7.9	—	7.9	—	7.8	—
平乡县	8.4	—	8.5	—	8.2	—
清河县	7.8	—	8.4	—	7.5	—
任泽区	8.1	—	8.4	—	8.0	—
沙河市	7.9	8.3	8.0	8.4	7.5	7.9
威　县	8.3	—	8.6	—	7.6	—
新河县	7.9	—	8.0	—	7.5	—
信都区	7.5	8.1	8.0	8.3	7.2	7.8
襄都区	7.5	—	7.6	—	7.4	—
邢东新区	7.5	—	7.8	—	7.4	—
经济开发区	7.9	—	8.1	—	7.7	—
平均值	8.1	8.2	8.8	8.4	7.2	7.8

（11）土壤容重　7 级地 2010 年容重平均 1.33 g/cm^3，2020 年平均 1.42 g/cm^3。利用行政区划图与耕地质量等级图叠加联合形成行政区划耕地质量等级综合图，对栅格数据区域统计，2010 年土壤容重变幅 1.06～1.65 g/cm^3，2020 年变幅 1.24～1.61 g/cm^3，2010—2020 年平均值增加 0.09 g/cm^3（表 4-112）。

表 4-112　土壤容重 7 级地分布（g/cm^3）

地区	平均值		最大值		最小值	
	2010 年	2020 年	2010 年	2020 年	2010 年	2020 年
柏乡县	1.60	—	1.65	—	1.44	—
广宗县	1.36	—	1.53	—	1.22	—
巨鹿县	1.45	—	1.57	—	1.28	—
临城县	1.40	1.43	1.52	1.53	1.35	1.34

（续表）

地区	平均值		最大值		最小值	
	2010 年	2020 年	2010 年	2020 年	2010 年	2020 年
临西县	1.29	—	1.31	—	1.25	—
隆尧县	1.38	—	1.62	—	1.30	—
南宫市	1.30	—	1.47	—	1.22	—
南和区	1.27	1.30	1.32	1.32	1.20	1.27
内丘县	1.48	1.55	1.60	1.61	1.30	1.37
宁晋县	1.62	—	1.62	—	1.61	—
平乡县	1.21	—	1.33	—	1.06	—
清河县	1.20	—	1.28	—	1.15	—
任泽区	1.28	—	1.34	—	1.20	—
沙河市	1.24	1.30	1.31	1.32	1.17	1.24
威 县	1.28	—	1.38	—	1.23	—
新河县	1.31	—	1.35	—	1.29	—
信都区	1.30	1.37	1.48	1.55	1.24	1.24
襄都区	1.19	—	1.24	—	1.18	—
邢东新区	1.21	—	1.24	—	1.17	—
经济开发区	1.25	—	1.37	—	1.17	—
平均值	1.33	1.42	1.65	1.61	1.06	1.24

（12）盐渍化程度 7 级地盐渍化程度处于"无""轻度"和"中度"。用行政区划图与耕地质量等级图叠加联合形成行政区划耕地质量等级综合图，对栅格数据区域统计，2020 年盐渍化程度处于"无"耕地较 2010 年减少 87 541.46 hm²，处于"轻度"耕地减少 26 055.34 hm²，处于"中度"耕地减少 3 244.28 hm²（表 4-113）。

表 4-113 盐渍化程度 7 级地分布（hm²）

地区	无		轻度		中度	
	2010 年	2020 年	2010 年	2020 年	2010 年	2020 年
柏乡县	662.51	—	614.08	—	—	—
广宗县	10 311.96	—	1 004.55	—	471.39	—
巨鹿县	3 547.67	—	2 380.41	—	496.75	—
临城县	5 982.66	2 545.80	978.05	—	154.41	—
临西县	13 616.43	—	3 782.83	—	—	—

（续表）

地区	无		轻度		中度	
	2010 年	2020 年	2010 年	2020 年	2010 年	2020 年
隆尧县	3 513.08	—	980.15	—	109.00	—
南宫市	19 055.09	—	2 714.28	—	—	—
南和区	6 446.01	650.11	1 012.15	—	561.19	—
内丘县	6 020.48	5 204.52	2 059.27	—	13.03	—
宁晋县	53.19	—	—	—	—	—
平乡县	2 076.45	—	1 802.55	—	—	—
清河县	1 699.85	—	713.50	—	—	—
任泽区	247.49	—	192.06	—	—	—
沙河市	6 940.68	4 642.38	2 278.49	—	—	—
威　县	17 385.68	—	3 404.90	—	999.22	—
新河县	4 681.70	—	742.31	—	439.29	—
信都区	3 371.02	6 332.80	270.53	—	—	—
襄都区	41.15	—	5.12	—	—	—
邢东新区	316.87	—	317.23	—	—	—
经济开发区	947.10	—	802.88	—	—	—
合计	106 917.07	19 375.61	26 055.34	—	3 244.28	—

（13）地下水埋深　邢台市 7 级地地下水埋深均处于"≥3 m"状态。用行政区划图与耕地质量等级图叠加联合形成行政区划耕地质量等级综合图，对栅格数据区域统计，2020 年处于"≥3 m"耕地较 2010 年减少 116 841.08 hm^2（表 4-114）。

表 4-114　地下水埋深 7 级地分布（hm^2）

地区	≥3 m	
	2010 年	2020 年
柏乡县	1 276.59	—
广宗县	11 787.90	—
巨鹿县	6 424.83	—
临城县	7 115.13	2 545.80
临西县	17 399.25	—
隆尧县	4 602.22	—
南宫市	21 769.37	—

（续表）

地区	≥3 m	
	2010 年	2020 年
南和区	8 019.36	650.11
内丘县	8 092.78	5 204.52
宁晋县	53.19	—
平乡县	3 879.00	—
清河县	2 413.35	—
任泽区	439.55	—
沙河市	9 219.16	4 642.38
威　县	21 789.80	—
新河县	5 863.30	—
信都区	3 641.55	6 332.80
襄都区	46.28	—
邢东新区	634.09	—
经济开发区	1 749.99	—
合计	136 216.69	19 375.61

（14）障碍因素　邢台市 7 级地障碍因素处于"无"和"夹砂层"状态。用行政区划图与耕地质量等级图叠加联合形成行政区划耕地质量等级综合图，对栅格数据区域统计，2020 年处于"无"耕地较 2010 年减少 93 581.76 hm²，处于"夹砂层"耕地减少 23 259.32 hm²（表 4-115）。

表 4-115　障碍因素 7 级地分布（hm²）

地区	无		夹砂层	
	2010 年	2020 年	2010 年	2020 年
柏乡县	679.72	—	596.88	—
广宗县	9 165.34	—	2 622.57	—
巨鹿县	5 293.99	—	1 130.83	—
临城县	5 517.26	2 545.80	1 597.87	—
临西县	13 030.56	—	4 368.69	—
隆尧县	3 374.16	—	1 228.06	—
南宫市	17 978.52	—	3 790.85	—
南和区	6 991.59	650.11	1 027.77	—

（续表）

地区	无		夹砂层	
	2010 年	2020 年	2010 年	2020 年
内丘县	7 469.47	5 204.52	623.31	—
宁晋县	—	—	53.19	—
平乡县	3 086.55	—	792.45	—
清河县	2 175.09	—	238.26	—
任泽区	226.80	—	212.75	—
沙河市	8 047.77	4 642.38	1 171.40	—
威　县	19 911.45	—	1 878.34	—
新河县	4 898.59	—	964.72	—
信都区	3 392.59	6 332.80	248.95	—
襄都区	46.28	—	—	—
邢东新区	489.35	—	144.74	—
经济开发区	1 182.29	—	567.69	—
合计	112 957.37	19 375.61	23 259.32	—

（15）耕层厚度　7 级地有效土层厚度处于"≥20 cm""〔15，20）cm"和"＜15 cm"。用行政区划图与耕地质量等级图叠加联合形成行政区划耕地质量等级综合图，对栅格数据区域统计，2020 年处于"≥20 cm"耕地较 2010 年减少 72 879.14 hm^2，处于"〔15，20）cm"耕地减少 35 689.33 hm^2，处于"＜15 cm"耕地减少 8 272.61 hm^2（表 4-116）。

表 4-116　耕层厚度 7 级地分布（hm^2）

地区	≥20 cm		〔15，20）cm		＜15 cm	
	2010 年	2020 年	2010 年	2020 年	2010 年	2020 年
柏乡县	1 186.93	—	89.66	—	—	—
广宗县	453.92	—	11 294.73	—	39.26	—
巨鹿县	6 081.18	—	191.91	—	151.74	—
临城县	7 115.13	2 545.81	—	—	—	—
临西县	17 399.25	—	—	—	—	—
隆尧县	366.98	—	4 235.24	—	—	—
南宫市	2 289.85	—	11 616.08	—	7 863.44	—
南和区	7 637.34	650.11	382.01	—	—	—

（续表）

地区	≥20 cm		[15, 20) cm		<15 cm	
	2010 年	2020 年	2010 年	2020 年	2010 年	2020 年
内丘县	8 000.84	5 204.52	91.94	—	—	—
宁晋县	53.19	—	—	—	—	—
平乡县	3 736.63	—	142.37	—	—	—
清河县	2 388.62	—	24.73	—	—	—
任泽区	178.35	—	261.20	—	—	—
沙河市	249.19	—	8 969.96	4 642.38	—	—
威 县	20 715.58	—	1 064.84	—	9.38	—
新河县	5 641.82	—	12.70	—	208.79	—
信都区	3 587.00	6 291.41	54.55	41.38	—	—
襄都区	—	—	46.28	—	—	—
邢东新区	—	—	634.09	—	—	—
经济开发区	489.19	—	1 260.80	—	—	—
合计	87 570.99	14 691.85	40 373.09	4 683.76	8 272.61	—

（16）农田林网化　7 级地农田林网化处于"中"和"低"状态。用行政区划图与耕地质量等级图叠加联合形成行政区划耕地质量等级综合图，对栅格数据区域统计，2020 年农田林网化处于"中"耕地较 2010 年增加 13 406.30 hm²，处于"低"耕地减少 130 247.38 hm²（表 4-117）。

表 4-117　农田林网化 7 级地分布（hm²）

地区	中		低	
	2010 年	2020 年	2010 年	2020 年
柏乡县	—	—	1 276.59	—
广宗县	—	—	11 787.90	—
巨鹿县	—	—	6 424.83	—
临城县	—	12.47	7 115.13	2 533.33
临西县	—	—	17 399.25	—
隆尧县	—	—	4 602.22	—
南宫市	—	—	21 769.37	—
南和区	—	650.10	8 019.36	—
内丘县	—	1 941.56	8 092.78	3 262.97

（续表）

地区	中		低	
	2010 年	2020 年	2010 年	2020 年
宁晋县	—	—	53.19	—
平乡县	—	—	3 879.00	—
清河县	—	—	2 413.35	—
任泽区	—	—	439.55	—
沙河市	—	4 642.38	9 219.16	—
威　县	—	—	21 789.80	—
新河县	—	—	5 863.30	—
信都区	—	6 159.79	3 641.55	173.01
襄都区	—	—	46.28	—
邢东新区	—	—	634.09	—
经济开发区	—	—	1 749.99	—
合计	—	13 406.30	136 216.69	5 969.31

（17）生物多样性　7 级地生物多样性处于"丰富""一般"和"不丰富"。用行政区划图与耕地质量等级图叠加联合形成行政区划耕地质量等级综合图，对栅格数据区域统计，2020 年生物多样性处于"丰富"耕地较 2010 年增加 2 780.55 hm²，处于"一般"耕地减少 40 605.44 hm²，处于"不丰富"耕地减少 79 016.19 hm²（表 4-118）。

表 4-118　生物多样性 7 级地分布（hm²）

地区	丰富		一般		不丰富	
	2010 年	2020 年	2010 年	2020 年	2010 年	2020 年
柏乡县	—	—	476.77	—	799.82	—
广宗县	390.65	—	2 301.81	—	9 095.44	—
巨鹿县	—	—	286.86	—	6 137.97	—
临城县	—	—	1 818.66	2 165.87	5 296.47	379.94
临西县	246.91	—	9 014.69	—	8 137.65	—
隆尧县	—	—	1 365.74	—	3 236.48	—
南宫市	335.40	—	14 439.46	—	6 994.51	—
南和区	—	650.11	1 019.35	—	700.00	—
内丘县	—	—	2 129.40	5 204.52	5 963.38	—
宁晋县	—	—	—	—	53.19	—

（续表）

地区	丰富		一般		不丰富	
	2010 年	2020 年	2010 年	2020 年	2010 年	2020 年
平乡县	—	—	2 419.34	—	1 459.66	—
清河县	—	—	963.37	—	1 449.98	—
任泽区	—	—	—	—	439.55	—
沙河市	76.02	4 642.38	3 105.68	—	6 037.46	—
威　县	1 295.55	—	10 529.40	—	9 964.86	—
新河县	208.79	—	2 500.05	—	3 154.47	—
信都区	—	41.38	721.21	6 291.41	2 920.34	—
襄都区	—	—	35.23	—	11.05	—
邢东新区	—	—	218.09	—	416.00	—
经济开发区	—	—	922.13	—	827.85	—
合计	2 553.32	5 333.87	54 267.24	13 661.80	79 396.13	379.94

（18）清洁程度　7 级地清洁程度处于"清洁"状态。用行政区划图与耕地质量等级图叠加联合形成行政区划耕地质量等级综合图，对栅格数据区域统计，2020 年处于"清洁"状态耕地较 2010 年减少 11 641.08 hm² （表 4-119）。

表 4-119　清洁程度 7 级地分布 （hm²）

地区	清洁	
	2010 年	2020 年
柏乡县	1 276.59	—
广宗县	11 787.90	—
巨鹿县	6 424.83	—
临城县	7 115.13	2 545.80
临西县	17 399.25	—
隆尧县	4 602.22	—
南宫市	21 769.37	—
南和区	8 019.36	650.11
内丘县	8 092.78	5 204.52
宁晋县	53.19	—
平乡县	3 879.00	—
清河县	2 413.35	—

（续表）

地区	清洁	
	2010 年	2020 年
任泽区	439.55	—
沙河市	9 219.16	4 642.38
威　县	21 789.80	—
新河县	5 863.30	—
信都区	3 641.55	6 332.80
襄都区	46.28	—
邢东新区	634.09	—
经济开发区	1 749.99	—
合计	136 216.69	19 375.61

（八）8 级地耕地质量特征

1. 空间分布

表 4-120 表明，2010 年 8 级地 59 599.76 hm²，占耕地总面积 9.95%；2020 年 8 级地 14 406.08 hm²，占耕地总面积 2.40%。2010—2020 年，广宗县、巨鹿县、临西县、隆尧县、南宫市、清河县、威县、新河县、经济开发区 8 级地面积逐渐减到 0；临城县、内丘县、沙河市面积逐渐减少，内丘县减少最多为 9 449.50 hm²，沙河市减少 8 094.87 hm²；南和区、信都区面积逐渐增加，其中信都区增加最多为 1 546.76 hm²。

表 4-120　8 级地面积与分布

地区	2010 年		2020 年	
	面积（hm²）	占 8 级地面积（%）	面积（hm²）	占 8 级地面积（%）
广宗县	5 159.70	8.66	—	—
巨鹿县	169.98	0.29	—	—
临城县	2 102.57	3.53	1 709.42	11.87
临西县	5 402.28	9.06	—	—
隆尧县	434.52	0.73	—	—
南宫市	6 571.44	11.03	—	—
南和区	564.93	0.95	941.19	6.53
内丘县	11 988.08	20.11	2 538.58	17.62
清河县	492.74	0.83	—	—
沙河市	8 371.30	14.05	276.43	1.92

（续表）

地区	2010 年		2020 年	
	面积（hm²）	占 8 级地面积（%）	面积（hm²）	占 8 级地面积（%）
威　县	10 421.93	17.49	—	—
新河县	302.39	0.51	—	—
信都区	7 393.70	12.41	8 940.46	62.06
经济开发区	224.20	0.38	—	—
合计	59 599.76	100.00	14 406.08	100.00

2. 属性特征

（1）灌溉能力　8 级地灌溉能力处于"基本满足"和"不满足"状态。用行政区划图与耕地质量等级图叠加联合形成行政区划耕地质量等级综合图，对栅格数据区域统计，2020 年处于"基本满足"耕地较 2010 年增加 3 691.20 hm²，处于"不满足"耕地减少 48 884.88 hm²（表 4-121）。

表 4-121　灌溉能力 8 级地分布（hm²）

地区	基本满足		不满足	
	2010 年	2020 年	2010 年	2020 年
广宗县	252.13	—	4 907.57	—
巨鹿县	—	—	169.98	—
临城县	—	244.37	2 102.57	1 465.05
临西县	1 274.44	—	4 127.84	—
隆尧县	2.94	—	431.58	—
南宫市	2 138.26	—	4 433.18	—
南和区	237.99	941.19	326.94	—
内丘县	2 050.80	2 538.58	9 937.28	—
清河县	—	—	492.74	—
沙河市	78.81	15.07	8 292.49	261.36
威　县	947.76	—	9 474.17	—
新河县	—	—	302.39	—
信都区	1 997.87	8 932.99	5 395.82	7.47
经济开发区	—	—	224.21	—
合计	8 981.00	12 672.20	50 618.76	1 733.88

（2）耕层质地　8 级地耕层质地为中壤、轻壤、重壤、砂壤和砂土。用行政区划图与耕地质量等级图叠加联合形成行政区划耕地质量等级综合图，对栅格数据区域统计，2020 年中壤耕地较 2010 年减少 561.46 hm²，轻壤减少 26 282.73 hm²，重壤增加 1 894.56 hm²，砂壤减少 16 995.45 hm²，砂土减少 3 248.60 hm²（表 4-122）。

表4-122　耕层质量8级地分布（hm²）

地区	中壤		轻壤		重壤		砂壤		砂土	
	2010年	2020年	2010年	2020年	2010年	2020年	2010年	2020年	2010年	2020年
广宗县	—	—	2 172.20	—	—	—	2 776.53	—	210.98	—
巨鹿县	—	—	52.21	—	—	—	70.11	—	47.67	—
临城县	—	—	565.87	1 709.42	—	—	1 536.70	—	—	—
临西县	—	—	4 083.75	—	—	—	1 318.53	—	—	—
隆尧县	—	—	—	—	—	—	0.83	—	433.69	—
南宫市	131.90	—	942.76	—	—	—	3 356.18	—	2 140.59	—
南和区	2.33	—	205.00	—	—	—	119.61	—	237.99	941.20
内丘县	34.61	—	11 923.39	2 538.58	—	—	1.46	—	28.61	—
清河县	—	—	118.10	—	—	—	59.85	—	314.79	—
沙河市	297.13	15.07	7 388.60	261.36	—	—	685.56	—	—	—
威　县	—	—	3 293.27	—	—	—	6 353.19	—	775.48	—
新河县	168.36	—	—	—	—	—	134.03	—	—	—
信都区	6 907.75	6 965.55	4.99	80.34	—	1 894.56	480.95	—	—	—
经济开发区	—	—	122.29	—	—	—	101.92	—	—	—
合计	7 542.08	6 980.62	30 872.43	4 589.70	—	1 894.56	16 995.45	—	4 189.80	941.20

表4-123 地形部位8级地分布 (hm²)

地区	低海拔冲积平原		低海拔冲积洪积平原		低海拔洪积低台地		侵蚀剥蚀低海拔低丘陵		侵蚀剥蚀中海拔低丘陵		侵蚀剥蚀中海拔高丘陵		侵蚀剥蚀小起伏中山	
	2010年	2020年	2010年	2020年	2010年	2020年	2010年	2020年	2010年	2020年	2010年	2020年	2010年	2020年
广宗县	62.80	—	5 096.90	—	—	—	—	—	—	—	—	—	—	—
巨鹿县	—	—	169.98	—	—	—	—	—	—	—	—	—	—	—
临城县	—	—	118.08	—	584.16	—	1 400.34	1 465.57	—	—	—	—	—	243.85
临西县	—	—	5 402.28	—	—	—	—	—	—	—	—	—	—	—
隆尧县	439.70	—	434.52	—	—	—	—	—	—	—	—	—	—	—
南宫市	—	—	6 131.74	—	—	—	—	—	—	—	—	—	—	—
南和区	—	—	564.93	941.19	—	—	—	—	—	—	—	—	—	—
内丘县	—	—	9 776.25	—	1.46	—	2 210.36	2 238.74	—	—	—	—	—	299.84
清河县	118.10	—	374.63	—	—	—	—	—	—	—	—	—	—	—
沙河市	—	—	86.63	—	—	—	1 080.97	—	3 079.81	—	3 960.54	3.88	163.36	272.56
威 县	9 795.86	—	626.07	—	—	—	—	—	—	—	—	—	—	—
新河县	302.39	—	—	—	—	—	—	—	—	—	—	—	—	—
信都区	—	—	84.56	—	—	—	5 089.38	1.45	476.32	1 894.56	1 313.03	4 718.48	430.41	2 325.96
经济开发区	—	—	224.20	—	—	—	—	—	—	—	—	—	—	—
合计	10 718.85	—	29 090.77	941.19	585.62	—	9 781.05	3 705.76	3 556.13	1 894.56	5 273.57	4 722.36	593.77	3 142.21

（3）地形部位　8级地地形部位用行政区划图与耕地质量等级图叠加联合形成行政区划耕地质量等级综合图，对栅格数据区域统计，2020年地形部位为低海拔冲积平原较2010年减少10 718.85 hm²，低海拔冲积洪积平原减少28 149.58 hm²，低海拔洪积低台地减少585.62 hm²，侵蚀剥蚀低海拔低丘陵减少6 075.29 hm²，侵蚀剥蚀中海拔低丘陵减少1 661.57 hm²，侵蚀剥蚀中海拔高丘陵减少551.21 hm²，侵蚀剥蚀小起伏中山增加2 548.44 hm²（表4-123）。

（4）有效土层厚度　8级地有效土层厚度处于"≥100 cm""[60，100）cm"和"[30，60）cm"。用行政区划图与耕地质量等级图叠加联合形成行政区划耕地质量等级综合图，对栅格数据区域统计，2020年处于"≥100 cm"耕地较2010年减少37 285.09 hm²，处于"[60，100）cm"耕地减少2 382.58 hm²，处于"[30，60）cm"耕地减少5 526.01 hm²（表4-124）。

表4-124　有效土层厚度8级地分布（hm²）

地区	≥100 cm		[60，100）cm		[30，60）cm	
	2010年	2020年	2010年	2020年	2010年	2020年
广宗县	5 159.70	—	—	—	—	—
巨鹿县	169.98	—	—	—	—	—
临城县	—	—	1 764.65	—	337.92	1 709.42
临西县	5 402.28	—	—	—	—	—
隆尧县	434.52	—	—	—	—	—
南宫市	6 571.44	—	—	—	—	—
南和区	—	—	396.06	—	168.87	941.19
内丘县	28.61	—	119.95	—	11 839.51	2 538.58
清河县	492.74	—	—	—	—	—
沙河市	8 348.19	261.36	—	—	23.11	15.07
威　县	10 421.93	—	—	—	—	—
新河县	302.39	—	—	—	—	—
信都区	222.14	7.47	—	—	7 171.56	8 932.99
经济开发区	—	—	101.92	—	122.29	—
合计	37 553.92	268.83	2 382.58	—	19 663.26	14 137.25

（5）质地构型　8级地质地构型处于"夹黏型""上松下紧型""紧实型""夹层型""海绵型""上紧下松型""松散型"和"薄层型"。用行政区划图与耕地质量等级图叠加联合形成行政区划耕地质量等级综合图，对栅格数据区域统计，2020年"夹黏型"耕地较2010年减少334.40 hm²，"上松下紧型"耕地减少4 967.96 hm²，"紧实型"耕地增加85.00 hm²，"夹层型"耕地减少16 906.49 hm²，"海绵型"耕地减少8 644.80 hm²，"上紧下松型"耕地减少5 424.58 hm²，"松散型"耕地减少6 813.78 hm²，"薄层型"耕地减少2 186.67 hm²（表4-125）。

表 4-125 质地构型 8 级地分布（hm²）

地区	夹粘型		上松下紧型		紧实型		夹层型		海绵型		上紧下松型		松散型		薄层型	
	2010年	2020年	2010年	2020年	2010年	2020年	2010年	2020年	2010年	2020年	2010年	2020年	2010年	2020年	2010年	2020年
广宗县	—	—	—	—	—	—	273.77	—	—	—	4 885.93	—	—	—	—	—
巨鹿县	—	—	—	—	—	—	69.50	—	—	—	100.48	—	—	—	—	—
临城县	—	—	1 426.58	1 465.04	—	—	—	—	557.91	—	—	—	118.08	244.37	—	—
临西县	—	—	—	—	—	—	—	—	—	—	—	—	3 215.61	—	2 186.67	—
隆尧县	—	—	—	—	380.37	—	—	—	—	—	—	—	54.15	—	—	—
南宫市	—	—	—	—	—	—	6 439.53	—	131.90	—	—	—	—	—	—	—
南和区	—	—	—	—	—	—	—	—	—	—	—	—	564.93	941.19	—	—
内丘县	—	—	146.46	—	—	—	—	—	1.46	—	—	—	11 840.16	2 538.58	—	—
清河县	314.79	—	—	—	—	—	177.95	—	7 919.03	261.36	—	—	—	—	—	—
沙河市	—	—	—	—	—	—	—	—	—	—	—	—	452.27	15.07	—	—
威县	19.61	—	—	—	—	—	9 945.74	—	—	—	438.17	—	18.41	—	—	—
新河县	—	—	—	—	—	—	—	—	302.39	—	—	—	—	—	—	—
信都区	—	—	4 859.96	—	—	465.37	—	—	0.94	7.47	—	—	2 532.81	8 467.63	—	—
经济开发区	—	—	—	—	—	—	—	—	—	—	—	—	224.20	—	—	—
合计	334.40	—	6 433.00	1 465.04	380.37	465.37	16 906.49	465.37	8 913.63	268.83	5 424.58	—	19 020.62	12 206.84	2 186.67	—

（6）有机质　8级地2010年土壤有机质平均14.4 g/kg，2020年平均20.2 g/kg。利用行政区划图与耕地质量等级图叠加联合形成行政区划耕地质量等级综合图，对栅格数据区域统计，2010年土壤有机质变幅8.3～22.8 g/kg，2020年变幅15.7～26.9 g/kg，2010—2020年土壤有机质平均增加5.8 g/kg（表4-126）。

表4-126　有机质含量8级地分布（g/kg）

地区	平均值		最大值		最小值	
	2010年	2020年	2010年	2020年	2010年	2020年
广宗县	10.0	—	12.7	—	8.3	—
巨鹿县	11.6	—	12.7	—	10.7	—
临城县	20.0	19.8	22.8	21.6	16.6	17.4
临西县	12.8	—	14.5	—	10.8	—
隆尧县	14.6	—	15.5	—	13.7	—
南宫市	10.4	—	12.3	—	9.0	—
南和区	15.2	20.1	17.5	22.7	12.5	15.7
内丘县	16.0	20.3	18.9	26.9	13.6	16.0
清河县	10.2	—	11.1	—	9.5	—
沙河市	16.3	20.7	20.6	21.7	11.4	20.3
威　县	9.9	—	11.8	—	8.3	—
新河县	11.6	—	12.3	—	9.9	—
信都区	15.7	20.3	18.7	22.7	13.4	16.1
经济开发区	14.5	—	17.0	—	12.2	—
平均值	14.4	20.2	22.8	26.9	8.3	15.7

（7）有效磷　8级地2010年有效磷平均15.4 mg/kg，2020年平均16.1 mg/kg。利用行政区划图与耕地质量等级图叠加联合形成行政区划耕地质量等级综合图，对栅格数据区域统计，2010年土壤有效磷变幅3.5～43.0 mg/kg，2020年变幅10.9～31.6 mg/kg，2010—2020年土壤有效磷平均增加0.7 mg/kg（表4-127）。

表4-127　有效磷含量8级地分布（mg/kg）

地区	平均值		最大值		最小值	
	2010年	2020年	2010年	2020年	2010年	2020年
广宗县	10.1	—	13.9	—	7.9	—
巨鹿县	9.1	—	13.5	—	7.2	—

（续表）

地区	平均值		最大值		最小值	
	2010 年	2020 年	2010 年	2020 年	2010 年	2020 年
临城县	19.0	17.5	36.7	22.0	12.0	12.5
临西县	16.9	—	23.4	—	12.4	—
隆尧县	21.3	—	24.6	—	18.6	—
南宫市	5.7	—	16.9	—	3.5	—
南和区	16.6	27.0	22.6	31.6	13.0	23.9
内丘县	17.8	14.0	33.2	22.3	8.5	10.9
清河县	19.4	—	23.9	—	10.9	—
沙河市	16.1	15.9	43.0	16.7	7.7	15.3
威　县	12.3	—	19.3	—	7.2	—
新河县	18.4	—	20.3	—	12.4	—
信都区	16.4	16.2	31.9	20.7	9.4	12.5
经济开发区	16.5	—	18.9	—	14.0	—
平均值	15.4	16.1	43.0	31.6	3.5	10.9

（8）速效钾　8 级地 2010 年土壤速效钾平均 90 mg/kg，2020 年平均 145 mg/kg。利用行政区划图与耕地质量等级图叠加联合形成行政区划耕地质量等级综合图，对栅格数据区域统计，2010 年土壤速效钾变幅 53～139 mg/kg，2020 年变幅 107～191 mg/kg，2010—2020 年土壤速效钾平均增加 55 mg/kg（表 4-128）。

表 4-128　速效钾含量 8 级地分布（mg/kg）

地区	平均值		最大值		最小值	
	2010 年	2020 年	2010 年	2020 年	2010 年	2020 年
广宗县	99	—	123	—	63	—
巨鹿县	109	—	116	—	100	—
临城县	96	133	108	141	83	113
临西县	100	—	124	—	84	—
隆尧县	89	—	98	—	78	—
南宫市	102	—	121	—	71	—
南和区	90	175	99	191	79	155
内丘县	79	119	102	138	61	107
清河县	64	—	78	—	56	—

（续表）

地区	平均值		最大值		最小值	
	2010 年	2020 年	2010 年	2020 年	2010 年	2020 年
沙河市	111	146	139	162	71	141
威　县	84	—	119	—	53	—
新河县	96	—	100	—	—	—
信都区	87	153	114	174	—	120
经济开发区	92	—	100	—	84	—
平均值	90	145	139	191	53	107

（9）排水能力　8 级地排水能力处于"满足""基本满足"和"不满足"。用行政区划图与耕地质量等级图叠加联合形成行政区划耕地质量等级综合图，对栅格数据区域统计，2020 年处于"满足"耕地较 2010 年增加 1 532.93 hm²，处于"基本满足"耕地减少 13 016.49 hm²，处于"不满足"耕地减少 33 710.12 hm²（表 4-129）。

表 4-129　排水能力 8 级地分布（hm²）

地区	满足		基本满足		不满足	
	2010 年	2020 年	2010 年	2020 年	2010 年	2020 年
广宗县	—	—	1 645.74	—	3 513.96	—
巨鹿县	—	—	—	—	169.98	—
临城县	—	780.86	1 525.68	928.56	576.88	—
临西县	—	—	603.23	—	4 799.05	—
隆尧县	—	—	—	—	434.52	—
南宫市	—	—	1 279.94	—	5 291.50	—
南和区	—	—	—	941.19	564.93	—
内丘县	1 288.26	2 538.58	4 416.40	—	6 283.41	—
清河县	—	—	314.79	—	177.95	—
沙河市	—	—	6 374.69	276.43	1 996.62	—
威　县	567.32	—	2 110.48	—	7 744.14	—
新河县	—	—	22.74	—	279.66	—
信都区	3.81	72.88	5 736.56	8 867.58	1 653.32	—
经济开发区	—	—	—	—	224.20	—
合计	1 859.39	3 392.32	24 030.25	11 013.76	33 710.12	—

（10）pH 8 级地 2010 年土壤 pH 平均为 7.9，2020 年平均为 8.1。利用行政区划图与耕地质量等级图叠加联合形成行政区划耕地质量等级综合图，对栅格数据区域统计，2010 年土壤 pH 变幅 6.9～8.8，2020 年变幅 7.6～8.4，2010—2020 年土壤 pH 平均增加 0.2 个单位（表 4-130）。

表 4-130　pH 8 级地分布

地区	平均值		最大值		最小值	
	2010 年	2020 年	2010 年	2020 年	2010 年	2020 年
广宗县	8.3	—	8.4	—	7.8	—
巨鹿县	7.9	—	8.0	—	7.6	—
临城县	8.0	8.0	8.3	8.2	7.7	7.6
临西县	8.7	—	8.8	—	8.5	—
隆尧县	8.3	—	8.5	—	8.2	—
南宫市	7.5	—	8.1	—	7.3	—
南和区	8.0	8.1	8.1	8.2	7.9	7.9
内丘县	8.2	8.3	8.3	8.4	7.6	7.6
清河县	7.8	—	8.1	—	7.5	—
沙河市	7.8	7.9	8.0	8.2	6.9	7.8
威　县	8.2	—	8.6	—	7.6	—
新河县	8.0	—	8.0	—	7.8	—
信都区	7.4	8.0	7.9	8.3	7.0	7.8
经济开发区	8.1	—	7.8	—	8.0	—
平均值	7.9	8.1	8.8	8.4	6.9	7.6

（11）土壤容重　8 级地 2010 年土壤容重平均 1.35 g/cm³，2020 年平均 1.37 g/cm³。利用行政区划图与耕地质量等级图叠加联合形成行政区划耕地质量等级综合图，对栅格数据区域统计，2010 年土壤容重变幅 1.15～1.60 g/cm³，2020 年变幅 1.24～1.61 g/cm³，2010—2020 年平均增加 0.02 g/cm³（表 4-131）。

表 4-131　土壤容重 8 级地分布（g/cm³）

地区	平均值		最大值		最小值	
	2010 年	2020 年	2010 年	2020 年	2010 年	2020 年
广宗县	1.37	—	1.54	—	1.27	—
巨鹿县	1.41	—	1.55	—	1.33	—

（续表）

地区	平均值		最大值		最小值	
	2010 年	2020 年	2010 年	2020 年	2010 年	2020 年
临城县	1.41	1.42	1.52	1.56	1.36	1.38
临西县	1.29	—	1.31	—	1.27	—
隆尧县	1.37	—	1.40	—	1.35	—
南宫市	1.30	—	1.39	—	1.26	—
南和区	1.26	1.29	1.32	1.32	1.23	1.27
内丘县	1.51	1.55	1.60	1.61	1.33	1.39
清河县	1.22	—	1.26	—	1.15	—
沙河市	1.25	1.30	1.28	1.33	1.18	1.27
威 县	1.28	—	1.42	—	1.25	—
新河县	1.32	—	1.34	—	1.29	—
信都区	1.29	1.31	1.41	1.53	1.22	1.24
经济开发区	1.27	—	1.30	—	1.23	—
平均值	1.35	1.37	1.60	1.61	1.15	1.24

（12）盐渍化程度 8 级地盐渍化程度处于"无""轻度"和"中度"。用行政区划图与耕地质量等级图叠加联合形成行政区划耕地质量等级综合图，对栅格数据区域统计，2020 年盐渍化程度处于"无"状态耕地较 2010 年减少 27 418.24 hm²，处于"轻度"状态耕地减少 14 547.75 hm²，处于"中度"状态耕地减少 3 227.69 hm²（表 4-132）。

表 4-132 盐渍化程度 8 级地分布（hm²）

地区	无		轻度		中度	
	2010 年	2020 年	2010 年	2020 年	2010 年	2020 年
广宗县	3 102.87	—	2 056.82	—	—	—
巨鹿县	95.94	—	74.04	—	—	—
临城县	1 808.84	1 709.42	293.73	—	—	—
临西县	3 013.22	—	2 389.07	—	—	—
隆尧县	383.31	—	51.21	—	—	—
南宫市	3 867.22	—	2 431.44	—	272.78	—
南和区	303.67	941.19	237.99	—	23.27	—
内丘县	9 813.25	2 538.58	2 174.83	—	—	—

（续表）

地区	无		轻度		中度	
	2010 年	2020 年	2010 年	2020 年	2010 年	2020 年
清河县	374.63	—	118.10	—	—	—
沙河市	7 288.28	276.43	1 083.02	—	—	—
威　县	4 347.10	—	3 311.55	—	2 763.28	—
新河县	111.29	—	22.74	—	168.36	—
信都区	7 090.50	8 940.46	303.21	—	—	—
经济开发区	224.20	—	—	—	—	—
合计	41 824.32	14 406.08	14 547.75	—	3 227.69	—

（13）地下水埋深　8 级地地下水埋深均处于"≥3 m"状态。用行政区划图与耕地质量等级图叠加联合形成行政区划耕地质量等级综合图，对栅格数据区域统计，2020年处于"≥3 m"状态耕地较 2010 年减少 45 193.68 hm²（表 4-133）。

表 4-133　地下水埋深 8 级地分布（hm²）

地区	≥3 m	
	2010 年	2020 年
广宗县	5 159.70	—
巨鹿县	169.98	—
临城县	2 102.57	1 709.42
临西县	5 402.28	—
隆尧县	434.52	—
南宫市	6 571.44	—
南和区	564.93	941.19
内丘县	11 988.08	2 538.58
清河县	492.74	—
沙河市	8 371.30	276.43
威　县	10 421.93	—
新河县	302.39	—
信都区	7 393.70	8 940.46
经济开发区	224.20	—
合计	59 599.76	14 406.08

（14）障碍因素 8级地障碍因素处于"无"和"夹砂层"状态。用行政区划图与耕地质量等级图叠加联合形成行政区划耕地质量等级综合图，对栅格数据区域统计，2020年处于"无"状态耕地较2010年减少37 494.21 hm²，处于"夹砂层"状态耕地减少7 699.47 hm²（表4-134）。

表4-134 障碍因素8级地分布（hm²）

地区	无		夹砂层	
	2010年	2020年	2010年	2020年
广宗县	4 539.65	—	620.05	—
巨鹿县	169.98	—	—	—
临城县	2 051.89	1 709.42	50.68	
临西县	4 387.29	—	1 014.99	
隆尧县	434.52	—	—	
南宫市	6 431.18	—	140.26	
南和区	445.32	941.19	119.61	
内丘县	10 202.82	2 538.58	1 785.26	
清河县	492.74	—	—	
沙河市	7 444.50	276.43	926.79	
威　县	8 628.68	—	1 793.25	
新河县	191.10	—	111.29	
信都区	6 358.33	8 940.46	1 035.37	
经济开发区	122.29	—	101.92	
合计	51 900.29	14 406.08	7 699.47	

（15）耕层厚度 8级地有效土层厚度处于"≥20 cm""［15，20］cm"和"＜15 cm"。用行政区划图与耕地质量等级图叠加联合形成行政区划耕地质量等级综合图，对栅格数据区域统计，2020年处于"≥20 cm"状态耕地较2010年减少24 560.75 hm²，处于"［15，20］cm"状态耕地减少18 822.43 hm²，处于"＜15 cm"状态耕地减少1 810.50 hm²（表4-135）。

表4-135 耕层厚度8级地分布（hm²）

地区	≥20 cm		［15，20］cm		＜15 cm	
	2010年	2020年	2010年	2020年	2010年	2020年
广宗县	62.79	—	4 885.93	—	210.98	—

（续表）

地区	≥20 cm		[15，20] cm		<15 cm	
	2010 年	2020 年	2010 年	2020 年	2010 年	2020 年
巨鹿县	—	—	169.98	—	—	—
临城县	2 102.57	1 709.42	—	—	—	—
临西县	5 402.28	—	—	—	—	—
隆尧县	—	—	434.52	—	—	—
南宫市	439.70	—	4 532.22	—	1 599.52	—
南和区	541.66	941.19	23.27	—	—	—
内丘县	11 959.46	2 538.58	28.61	—	—	—
清河县	276.03	—	216.71	—	—	—
沙河市	160.28	15.07	8 211.03	261.36	—	—
威　县	9 833.88	—	588.05	—	—	—
新河县	302.39	—	—	—	—	—
信都区	7 392.76	8 932.99	0.94	7.47	—	—
经济开发区	224.20	—	—	—	—	—
合计	38 698.00	14 137.25	19 091.26	268.83	1 810.50	—

（16）农田林网化　8级地农田林网化处于"中"和"低"状态。用行政区划图与耕地质量等级图叠加联合形成行政区划耕地质量等级综合图，对栅格数据区域统计，2020年农田林网化处于"中"状态耕地较2010年增加10 272.02 hm²，处于"低"状态耕地减少55 465.70 hm²（表4-136）。

表4-136　农田林网化8级地分布（hm²）

地区	中		低	
	2010 年	2020 年	2010 年	2020 年
广宗县	—	—	5 159.70	—
巨鹿县	—	—	169.98	—
临城县	—	243.85	2 102.57	1 465.57
临西县	—	—	5 402.28	—
隆尧县	—	—	434.52	—
南宫市	—	—	6 571.44	—
南和区	—	512.89	564.93	428.30
内丘县	—	299.84	11 988.08	2 238.74

（续表）

地区	中		低	
	2010 年	2020 年	2010 年	2020 年
清河县	—	—	492.74	—
沙河市	—	276.43	8 371.30	—
威 县	—	—	10 421.93	—
新河县	—	—	302.39	—
信都区	—	8 939.01	7 393.70	1.45
经济开发区	—	—	224.20	—
合计	—	10 272.02	59 599.76	4 134.06

（17）生物多样性 8 级地生物多样性处于"丰富""一般"和"不丰富"状态。用行政区划图与耕地质量等级图叠加联合形成行政区划耕地质量等级综合图，对栅格数据区域统计，2020 年生物多样性处于"丰富"状态耕地较 2010 年增加 1 663.42 hm²，处于"一般"状态耕地减少 7 475.29 hm²，处于"不丰富"状态耕地减少 39 381.81 hm²（表 4-137）。

表 4-137 生物多样性 8 级地分布（hm²）

地区	丰富		一般		不丰富	
	2010 年	2020 年	2010 年	2020 年	2010 年	2020 年
广宗县	—	—	328.44	—	4 831.26	—
巨鹿县	—	—	47.67	—	122.31	—
临城县	—	243.85	764.13	1 465.57	1 338.43	—
临西县	—	—	2 716.46	—	2 685.82	—
隆尧县	—	—	50.38	—	384.14	—
南宫市	—	—	1 772.11	—	4 799.33	—
南和区	—	941.19	—	—	564.93	—
内丘县	—	299.84	4 981.96	2 238.74	7 006.12	—
清河县	—	—	216.71	—	276.03	—
沙河市	161.71	261.36	3 174.74	15.07	5 034.86	—
威 县	—	—	4 231.53	—	6 190.40	—
新河县	—	—	168.36	—	134.03	—
信都区	—	78.89	1 603.75	8 861.57	5 789.95	—
经济开发区	—	—	—	—	224.20	—
合计	161.71	1 825.13	20 056.24	12 580.95	39 381.81	—

（18）清洁程度　8级地清洁程度处于"清洁"状态。用行政区划图与耕地质量等级图叠加联合形成行政区划耕地质量等级综合图，对栅格数据区域统计，2020年处于"清洁"状态耕地较2010年减少45 193.68 hm²（表4-138）。

表4-138　清洁程度8级地分布（hm²）

地区	清洁	
	2010年	2020年
广宗县	5 159.70	—
巨鹿县	169.98	—
临城县	2 102.57	1 709.42
临西县	5 402.28	—
隆尧县	434.52	—
南宫市	6 571.44	—
南和区	564.93	941.19
内丘县	11 988.08	2 538.58
清河县	492.74	—
沙河市	8 371.30	276.43
威　县	10 421.93	—
新河县	302.39	—
信都区	7 393.70	8 940.46
经济开发区	224.20	—
合计	59 599.76	14 406.08

（九）9级地耕地质量特征

1. 空间分布

表4-139表明，2010年9级地15 366.22 hm²，占耕地总面积2.56%；2020年9级地123.70 hm²，占耕地总面积0.02%，9级地面积逐渐减少。2010—2020年，巨鹿县、临西县、隆尧县、南宫市、南和区、清河县、沙河市、威县9级地面积逐渐减到0；临城县、内丘县、信都区面积逐渐减少，其中信都区减少最多为5 745.53 hm²，内丘县减少3 747.49 hm²。

表4-139　9级地面积与分布

地区	2010年		2020年	
	面积（hm²）	占9级地面积（%）	面积（hm²）	占9级地面积（%）
巨鹿县	46.79	0.30	—	—

（续表）

地区	2010 年		2020 年	
	面积（hm²）	占 9 级地面积（%）	面积（hm²）	占 9 级地面积（%）
临城县	953. 14	6. 20	1. 44	1. 16
临西县	567. 33	3. 69	—	—
隆尧县	114. 69	0. 75	—	—
南宫市	98. 71	0. 64	—	—
南和区	242. 93	1. 58	—	—
内丘县	3 840. 51	24. 99	93. 02	75. 20
清河县	24. 70	0. 16	—	—
沙河市	2 212. 75	14. 40	—	—
威　县	1 489. 90	9. 70	—	—
信都区	5 774. 77	37. 58	29. 24	23. 64
合计	15 366. 22	100. 00	123. 70	100. 00

2. 属性特征

（1）灌溉能力　9 级地灌溉能力处于"基本满足"和"不满足"状态。用行政区划图与耕地质量等级图叠加联合形成行政区划耕地质量等级综合图，对栅格数据区域统计，2020 年处于"基本满足"状态耕地较 2010 年减少 1 029. 62 hm²，处于"不满足"状态耕地减少 14 212. 90 hm²（表 4-140）。

表 4-140　灌溉能力 9 级地分布（hm²）

地区	基本满足		不满足	
	2010 年	2020 年	2010 年	2020 年
巨鹿县	—	—	46. 79	—
临城县	15. 35	1. 44	937. 79	—
临西县	—	—	567. 33	—
隆尧县	—	—	114. 69	—
南宫市	—	—	98. 71	—
南和区	242. 93		—	—
内丘县	186. 71	93. 02	3 653. 80	—
清河县	—	—	24. 70	—
沙河市	2. 46	—	2 210. 29	—
威　县	—	—	1 489. 91	

（续表）

地区	基本满足		不满足	
	2010 年	2020 年	2010 年	2020 年
信都区	705.87	29.24	5 068.89	—
合计	1 153.32	123.70	14 212.90	—

（2）耕层质地　9级地耕层质地为中壤、轻壤、砂壤和砂土。用行政区划图与耕地质量等级图叠加联合形成行政区划耕地质量等级综合图，对栅格数据区域统计，2020年中壤较2010年减少4 421.77 hm²，轻壤减少6 007.62 hm²，砂壤减少2 636.67 hm²，砂土减少2 176.46 hm²（表4-141）。

表 4-141　耕层质地 9 级地分布（hm²）

地区	中壤		轻壤		砂壤		砂土	
	2010 年	2020 年	2010 年	2020 年	2010 年	2020 年	2010 年	2020 年
巨鹿县	—	—	—	—	—	—	46.79	—
临城县	—	—	362.85	1.44	590.28	—	—	—
临西县	—	—	502.48	—	—	—	64.85	—
隆尧县	—	—	—	—	—	—	114.69	—
南宫市	—	—	—	—	—	—	98.71	—
南和区	—	—	—	—	—	—	242.93	—
内丘县	—	12.07	3 825.71	80.95	14.80	—	—	—
清河县	—	—	—	—	—	—	24.71	—
沙河市	71.73	—	1 155.01	—	899.11	—	86.91	—
威　县	—	—	—	—	—	—	1 489.90	—
信都区	4 389.96	27.85	245.35	1.39	1 132.48	—	6.97	—
合计	4 461.69	39.92	6 091.40	83.78	2 636.67	—	2 176.46	—

（3）地形部位　9级地地形部位用行政区划图与耕地质量等级图叠加联合形成行政区划耕地质量等级综合图，对栅格数据区域统计，2020年地形部位为低海拔冲积平原较2010年减少1 579.45 hm²，低海拔冲积洪积平原减少1 005.60 hm²，侵蚀剥蚀低海拔低丘陵减少5 912.14 hm²，侵蚀剥蚀中海拔低丘陵减少1 972.42 hm²，侵蚀剥蚀中海拔高丘陵减少2 592.21 hm²，侵蚀剥蚀小起伏中山减少2 180.70 hm²（表4-142）。

表 4-142　地形部位 9 级地分布（hm²）

地区	低海拔冲积平原		低海拔冲积洪积平原		侵蚀剥蚀低海拔低丘陵		侵蚀剥蚀中海拔低丘陵		侵蚀剥蚀中海拔高丘陵		侵蚀剥蚀小起伏中山	
	2010年	2020年	2010年	2020年	2010年	2020年	2010年	2020年	2010年	2020年	2010年	2020年
巨鹿县	—	—	46.79	—	—	—	—	—	—	—	—	—
临城县	—	—	—	—	937.79	—	—	—	—	—	15.35	1.44
临西县	64.85	—	502.48	—	—	—	—	—	—	—	—	—
隆尧县	—	—	114.69	—	—	—	—	—	—	—	—	—
南宫市	—	—	98.71	—	—	—	—	—	—	—	—	—
南和区	—	—	242.93	—	—	—	—	—	—	—	—	—
内丘县	—	—	—	—	3 653.79	—	—	—	—	—	186.71	93.02
清河县	24.70	—	—	—	—	—	—	—	—	—	—	—
沙河市	—	—	—	—	86.91	—	183.24	—	1 172.38	—	770.23	—
威　县	1 489.90	—	—	—	—	—	—	—	—	—	—	—
信都区	—	—	—	—	1 233.65	—	1 789.18	—	1 419.83	—	1 332.11	29.24
合计	1 579.45	—	1 005.60	—	5 912.14	—	1 972.42	—	2 592.21	—	2 304.40	123.70

（4）有效土层厚度 9级地有效土层厚度处于"≥100 cm""〔60，100）cm"和"〔30，60〕cm"状态。用行政区划图与耕地质量等级图叠加联合形成行政区划耕地质量等级综合图，对栅格数据区域统计，2020年处于"≥100 cm"状态耕地较2010年减少4 515.53 hm²，处于"〔60，100）cm"状态耕地减少287.87 hm²，处于"〔30，60）cm"状态耕地减少10 439.12 hm²（表4-143）。

表4-143 有效土层厚度9级地分布（hm²）

地区	≥100 cm		〔60，100）cm		〔30，60）cm	
	2010年	2020年	2010年	2020年	2010年	2020年
巨鹿县	46.79	—	—	—	—	—
临城县	—	—	287.87	—	665.27	1.44
临西县	567.33	—	—	—	—	—
隆尧县	114.69	—	—	—	—	—
南宫市	98.71	—	—	—	—	—
南和区	—	—	—	—	242.93	—
内丘县	—	—	—	—	3 840.51	93.02
清河县	24.70	—	—	—	—	—
沙河市	2 141.02	—	—	—	71.73	—
威　县	1 489.90	—	—	—	—	—
信都区	32.39	—	—	—	5 742.38	29.24
合计	4 515.53	—	287.87	—	10 562.82	123.70

（5）质地构型 9级地质地构型处于"上松下紧型""紧实型""夹层型""海绵型""松散型"和"薄层型"状态。用行政区划图与耕地质量等级图叠加联合形成行政区划耕地质量等级综合图，对栅格数据区域统计，2020年"上松下紧型"状态耕地较2010年减少1 624.30 hm²，"紧实型"状态耕地减少595.65 hm²，"夹层型"状态耕地减少1 724.97 hm²，"海绵型"状态耕地减少1 489.19 hm²，"松散型"状态耕地减少9 018.06 hm²，"薄层型"状态耕地减少790.35 hm²（表4-144）。

表4-144　质地构型9级地分布（hm²）

地区	上松下紧型		紧实型		夹层型		海绵型		松散型		薄层型	
	2010年	2020年	2010年	2020年	2010年	2020年	2010年	2020年	2010年	2020年	2010年	2020年
巨鹿县	—	—	—	—	46.79	—	—	—	—	—	—	—
临城县	590.28	—	—	—	—	—	—	—	74.98	1.44	287.87	—
临西县	—	—	—	—	64.85	—	—	—	—	—	502.48	—
隆尧县	—	—	—	—	—	—	—	—	114.69	—	—	—
南宫市	—	—	—	—	98.71	—	—	—	—	—	—	—
南和区	—	—	—	—	—	—	—	—	242.93	—	—	—
内丘县	—	—	—	—	—	—	—	—	3 840.51	93.02	—	—
清河县	—	—	—	—	24.71	—	—	—	—	—	—	—
沙河市	—	—	—	—	—	—	1 487.06	—	725.69	—	—	—
威　县	—	—	—	—	1 489.91	—	—	—	—	—	—	—
信都区	1 034.02	—	595.65	—	—	—	2.13	—	4 142.96	29.24	—	—
合计	1 624.30	—	595.65	—	1 724.97	—	1 489.19	—	9 141.76	123.70	790.35	—

（6）有机质　9级地2010年土壤有机质平均15.5 g/kg，2020年平均20.2 g/kg。利用行政区划图与耕地质量等级图叠加联合形成行政区划耕地质量等级综合图，对栅格数据区域统计，2010年土壤有机质变幅8.5～22.1 g/kg，2020年变幅19.4～21.4 g/kg，2010—2020年土壤有机质平均增加4.7 g/kg（表4-145）。

表4-145　有机质含量9级地分布（g/kg）

地区	平均值		最大值		最小值	
	2010年	2020年	2010年	2020年	2010年	2020年
巨鹿县	21.0	—	12.1	—	11.5	—
临城县	20.2	19.5	22.1	19.5	16.9	19.5
临西县	13.1	—	14.2	—	11.1	—
隆尧县	13.7	—	13.9	—	13.4	—
南宫市	11.6	—	12.2	—	11.0	—
南和区	16.2	—	16.8	—	15.7	—
内丘县	16.4	20.2	20.7	21.4	13.9	19.4
清河县	9.9	—	10.1	—	9.7	—
沙河市	15.3	—	18.6	—	12.9	—
威　县	—	—	11.5	—	8.5	—
信都区	15.4	20.6	18.8	20.8	13.0	20.5
平均值	15.5	20.2	22.1	21.4	8.5	19.4

（7）有效磷　9级地2010年土壤有效磷平均19.5 mg/kg，2020年平均15.5 mg/kg。利用行政区划图与耕地质量等级图叠加联合形成行政区划耕地质量等级综合图，对栅格数据区域统计，2010年土壤有效磷变幅3.9～61.4 mg/kg，2020年变幅13.3～17.4 mg/kg，2010—2020年土壤有效磷平均减少4.0 mg/kg（表4-146）。

表4-146　有效磷含量9级地分布（mg/kg）

地区	平均值		最大值		最小值	
	2010年	2020年	2010年	2020年	2010年	2020年
巨鹿县	10.1	—	12.1	—	8.5	—
临城县	18.3	16.6	28.0	16.7	15.1	16.4
临西县	16.6	—	19.6	—	14.6	—
隆尧县	19.1	—	20.2	—	17.5	—
南宫市	8.9	—	10.3	—	7.7	—

（续表）

地区	平均值		最大值		最小值	
	2010 年	2020 年	2010 年	2020 年	2010 年	2020 年
南和区	11.3	—	15.9	—	3.9	—
内丘县	18.6	15.7	37.0	17.4	11.6	13.3
清河县	18.9	—	20.1	—	18.3	—
沙河市	24.0	—	61.4	—	9.0	—
威　县	14.7	—	19.4	—	11.2	—
信都区	20.4	14.7	53.9	16.9	10.8	13.8
平均值	19.5	15.5	61.4	17.4	3.9	13.3

（8）速效钾　9 级地 2010 年土壤速效钾平均 91 mg/kg，2020 年平均 120 mg/kg。利用行政区划图与耕地质量等级图叠加联合形成行政区划耕地质量等级综合图，对栅格数据区域统计，2010 年土壤速效钾变幅 61～124 mg/kg，2020 年变幅 110～132 mg/kg，2010—2020 年土壤速效钾平均增加 29 mg/kg（表 4-147）。

表 4-147　速效钾含量 9 级地分布（mg/kg）

地区	平均值		最大值		最小值	
	2010 年	2020 年	2010 年	2020 年	2010 年	2020 年
巨鹿县	108	—	113	—	104	—
临城县	101	120	111	120	91	119
临西县	110	—	115	—	105	—
隆尧县	86	—	92	—	83	—
南宫市	108	—	113	—	98	—
南和区	92	—	93	—	90	—
内丘县	83	117	108	129	67	110
清河县	63	—	64	—	61	—
沙河市	101	—	124	—	74	—
威　县	97	—	119	—	61	—
信都区	90	129	113	132	74	119
平均值	91	120	124	132	61	110

（9）排水能力　9 级地排水能力处于"满足""基本满足"和"不满足"状态。用行政区划图与耕地质量等级图叠加联合形成行政区划耕地质量等级综合图，对栅格数据

区域统计，2020 年处于"满足"状态耕地较 2010 年减少 423.63 hm²，处于"基本满足"状态耕地减少 9 566.69 hm²，处于"不满足"状态耕地减少 5 252.20 hm²（表 4-148）。

表 4-148　排水能力 9 级地分布（hm²）

地区	满足		基本满足		不满足	
	2010 年	2020 年	2010 年	2020 年	2010 年	2020 年
巨鹿县	—	—	—	—	46.79	—
临城县	12.54	1.44	621.45	—	319.15	—
临西县	—	—	—	—	567.33	—
隆尧县	—	—	—	—	114.69	—
南宫市	—	—	—	—	98.71	—
南和区	—	—	—	—	242.93	—
内丘县	494.87	80.95	1 998.50	12.07	1 347.14	—
清河县	—	—	24.69	—	—	—
沙河市	—	—	1 168.98	—	1 043.78	—
威　县	—	—	985.56	—	504.34	—
信都区	—	1.39	4 807.43	27.85	967.34	—
合计	507.41	83.78	9 606.61	39.92	5 252.20	—

（10）pH　9 级地 2010 年土壤 pH 为 7.7，2020 年为 8.2。利用行政区划图与耕地质量等级图叠加联合形成行政区划耕地质量等级综合图，对栅格数据区域统计，2010 年土壤 pH 变幅 6.7～8.7，2020 年 8.0～8.3，2010—2020 年土壤 pH 平均增加 0.5（表 4-149）。

表 4-149　pH 9 级地分布

地区	平均值		最大值		最小值	
	2010 年	2020 年	2010 年	2020 年	2010 年	2020 年
巨鹿县	7.7	—	7.8	—	7.7	—
临城县	8.1	8.0	8.2	8.0	7.9	8.0
临西县	8.6	—	8.7	—	8.4	—
隆尧县	8.2	—	8.2	—	8.2	—
南宫市	7.7	—	7.7	—	7.6	—
南和区	8.0	—	8.1	—	8.0	—

（续表）

地区	平均值		最大值		最小值	
	2010 年	2020 年	2010 年	2020 年	2010 年	2020 年
内丘县	8.1	8.2	8.3	8.3	7.9	8.0
清河县	8.0	—	8.0	—	7.9	—
沙河市	7.3	—	8.0	—	6.7	—
威　县	8.3	—	8.5	—	8.0	—
信都区	7.4	8.1	8.0	8.2	6.8	8.0
平均值	7.7	8.2	8.7	8.3	6.7	8.0

（11）土壤容重　9 级地 2010 年土壤容重平均 1.36g/cm³，2020 年平均 1.49g/cm³。利用行政区划图与耕地质量等级图叠加联合形成行政区划耕地质量等级综合图，对栅格数据区域统计，2010 年土壤容重变幅 1.22～1.59 g/cm³，2020 年变幅 1.45～1.54 g/cm³，2010—2020 年平均增加 0.13 g/cm³（表 4-150）。

表 4-150　土壤容重 9 级地分布（g/cm³）

地区	平均值		最大值		最小值	
	2010 年	2020 年	2010 年	2020 年	2010 年	2020 年
巨鹿县	1.34	—	1.34	—	1.33	—
临城县	1.40	1.49	1.52	1.49	1.37	1.49
临西县	1.28	—	1.29	—	1.26	—
隆尧县	1.38	—	1.40	—	1.38	—
南宫市	1.33	—	1.35	—	1.32	—
南和区	1.29	—	1.29	—	1.28	—
内丘县	1.53	1.50	1.59	1.54	1.35	1.46
清河县	1.25	—	1.26	—	1.25	—
沙河市	1.25	—	1.28	—	1.22	—
威　县	1.27	—	1.29	—	1.25	—
信都区	1.28	1.46	1.48	1.51	1.22	1.45
平均值	1.36	1.49	1.59	1.54	1.22	1.45

（12）盐渍化程度　9 级地盐渍化程度处于"无""轻度"和"中度"状态。用行政区划图与耕地质量等级图叠加联合形成行政区划耕地质量等级综合图，对栅格数据区域统计，2020 年盐渍化程度处于"无"状态耕地较 2010 年减少 11 514.88 hm²，处于

"轻度"状态耕地减少 3 456.50 hm²，处于"中度"状态耕地减少 271.14 hm²（表 4-151）。

表 4-151　盐渍化程度 9 级地分布（hm²）

地区	无		轻度		中度	
	2010 年	2020 年	2010 年	2020 年	2010 年	2020 年
巨鹿县	46.79	—	—	—	—	—
临城县	352.48	1.44	329.52	—	271.14	—
临西县	64.85	—	502.48	—		
隆尧县	—	—	114.69	—		
南宫市	98.71	—	—	—		
南和区	—	—	242.93	—		
内丘县	3 150.46	93.02	690.05	—		
清河县	24.70	—	—	—		
沙河市	1 734.71	—	478.05	—		
威　县	1 489.90	—	—	—		
信都区	4 675.98	29.24	1 098.78	—	—	—
合计	11 638.58	123.70	3 456.50	—	271.14	—

（13）地下水埋深　9 级地地下水埋深均处于"≥3 m"状态。用行政区划图与耕地质量等级图叠加联合形成行政区划耕地质量等级综合图，对栅格数据区域统计，2020年处于"≥3 m"状态耕地较 2010 年减少 15 242.52 hm²（表 4-152）。

表 4-152　地下水埋深 9 级地分布（hm²）

地区	≥3 m	
	2010 年	2020 年
巨鹿县	46.79	—
临城县	953.14	1.44
临西县	567.33	—
隆尧县	114.69	—
南宫市	98.71	—
南和区	242.93	—
内丘县	3 840.51	93.02
清河县	24.70	—
沙河市	2 212.75	—

（续表）

地区	≥3 m	
	2010 年	2020 年
威　县	1 489.90	—
信都区	5 774.77	29.24
合计	15 366.22	123.70

（14）障碍因素　9级地基本处于无障碍因素，只有部分耕地存在夹砂层。用行政区划图与耕地质量等级图叠加联合形成行政区划耕地质量等级综合图，对栅格数据区域统计，2020 年无障碍耕地较 2010 年减少 13 991.27 hm²，夹砂层耕地减少 1 251.25 hm²（表4-153）。

表 4-153　障碍因素 9 级地分布（hm²）

地区	无		夹砂层	
	2010 年	2020 年	2010 年	2020 年
巨鹿县	46.79	—	—	—
临城县	950.33	1.44	2.81	—
临西县	567.33	—	—	—
隆尧县	114.69	—	—	—
南宫市	98.71	—	—	—
南和区	242.93	—	—	—
内丘县	3 814.70	93.02	25.81	—
清河县	—	—	24.70	—
沙河市	1 870.63	—	342.12	—
威　县	1 254.56	—	235.34	—
信都区	5 154.30	29.24	620.47	—
合计	14 114.97	123.70	1 251.25	—

（15）耕层厚度　9级地有效土层厚度处于"≥20 cm"和"〔15，20）cm"状态。用行政区划图与耕地质量等级图叠加联合形成行政区划耕地质量等级综合图，对栅格数据区域统计，2020 年处于"≥20 cm"状态耕地较 2010 年减少 12 808.92 hm²，处于"〔15，20）cm"状态耕地减少 2 433.60 hm²（表4-154）。

表 4-154　耕层厚度 9 级地分布（hm²）

地区	≥20 cm		[15, 20) cm	
	2010 年	2020 年	2010 年	2020 年
巨鹿县	—	—	46.79	—
临城县	953.14	1.44	—	—
临西县	567.33	—	—	—
隆尧县	—	—	114.69	—
南宫市	—	—	98.71	—
南和区	242.93	—	—	—
内丘县	3 840.51	93.02	—	—
清河县	24.70	—	—	—
沙河市	71.73	—	2 141.02	—
威　县	1 489.90	—	—	—
信都区	5 742.38	29.24	32.39	—
合计	12 932.62	123.70	2 433.60	—

（16）农田林网化　9 级地农田林网化处于"中"和"低"状态。用行政区划图与耕地质量等级图叠加联合形成行政区划耕地质量等级综合图，对栅格数据区域统计，2020 年农田林网化处于"中"状态耕地较 2010 年增加 123.70 hm²，处于"低"状态耕地减少 15 366.22 hm²（表 4-155）。

表 4-155　农田林网化 9 级地分布（hm²）

地区	中		低	
	2010 年	2020 年	2010 年	2020 年
巨鹿县	—	—	46.79	—
临城县	—	1.44	953.14	—
临西县	—	—	567.33	—
隆尧县	—	—	114.69	—
南宫市	—	—	98.71	—
南和区	—	—	242.93	—
内丘县	—	93.02	3 840.51	—
清河县	—	—	24.70	—
沙河市	—	—	2 212.75	—
威　县	—	—	1 489.90	—

（续表）

地区	中		低	
	2010 年	2020 年	2010 年	2020 年
信都区	—	29.24	5 774.77	—
合计	—	123.70	15 366.22	—

（17）生物多样性 9 级地生物多样性处于"丰富""一般"和"不丰富"状态。用行政区划图与耕地质量等级图叠加联合形成行政区划耕地质量等级综合图，对栅格数据区域统计，2020 年生物多样性处于"丰富"状态面积较 2010 年增加 27.54 hm²，处于"一般"状态耕地减少 7 136.35 hm²，处于"不丰富"状态耕地减少 8 133.71 hm²（表 4-156）。

表 4-156 生物多样性 9 级地分布（hm²）

地区	丰富		一般		不丰富	
	2010 年	2020 年	2010 年	2020 年	2010 年	2020 年
巨鹿县	—	—	46.79	—	—	—
临城县	—	1.44	605.71	—	347.43	—
临西县	—	—	567.33	—	—	—
隆尧县	—	—	114.69	—	—	—
南宫市	—	—	98.71	—	—	—
南和区	—	—	—	—	242.93	—
内丘县	11.45	80.95	1 187.31	12.07	2 641.75	—
清河县	—	—	—	—	24.70	—
沙河市	—	—	1 026.66	—	1 186.09	—
威　县	—	—	1 254.56	—	235.34	—
信都区	44.79	1.39	2 274.51	27.85	3 455.47	—
合计	56.24	83.78	7 176.27	39.92	8 133.71	—

（18）清洁程度 9 级地清洁程度处于"清洁"状态。用行政区划图与耕地质量等级图叠加联合形成行政区划耕地质量等级综合图，对栅格数据区域统计，2020 年处于"清洁"状态耕地较 2010 年减少 15 242.52 hm²（表 4-157）。

表 4-157 清洁程度 9 级地分布（hm²）

地区	清洁	
	2010 年	2020 年
巨鹿县	46.79	—

（续表）

地区	清洁	
	2010 年	2020 年
临城县	953.14	1.44
临西县	567.33	—
隆尧县	114.69	—
南宫市	98.71	—
南和区	242.93	—
内丘县	3 840.51	93.02
清河县	24.70	—
沙河市	2 212.75	—
威　县	1 489.90	—
信都区	5 774.77	29.24
合计	15 366.22	123.70

（十）10 级地耕地质量特征

1. 空间分布

表 4-158 表明，2010 年 10 级地 4 640.83 hm²，占耕地总面积 0.77%；2020 年 10 级地 1 052.27 hm²，占耕地总面积 0.18%，10 级地逐渐减少。2010—2020 年内丘县、沙河市、信都区 10 级地面积逐渐减到 0；临城县逐渐增加 217.98 hm²。

表 4-158　10 级地面积与分布

地区	2010 年		2020 年	
	面积（hm²）	占 10 级地面积（%）	面积（hm²）	占 10 级地面积（%）
临城县	834.29	17.98	1 052.27	100.00
内丘县	355.68	7.66	—	—
沙河市	316.37	6.82	—	—
信都区	3 134.49	67.54	—	—
合计	4 640.83	100.00	1 052.27	100.00

2. 属性特征

（1）灌溉能力　10 级地灌溉能力处于"基本满足"和"不满足"状态。用行政区划图与耕地质量等级图叠加联合形成行政区划耕地质量等级综合图，对栅格数据区域统计，2020 年处于"基本满足"状态耕地较 2010 年减少 17.63 hm²，处于"不满足"状态耕地减少 3 570.93 hm²（表 4-159）。

表 4-159 灌溉能力 10 级地分布（hm²）

地区	基本满足		不满足	
	2010 年	2020 年	2010 年	2020 年
临城县	—	—	834.29	1 052.27
内丘县	7.30	—	348.38	—
沙河市	—	—	316.37	—
信都区	10.33	—	3 124.16	—
合计	17.63	—	4 623.20	1 052.27

（2）耕层质地 10 级地耕层质地为中壤、轻壤、砂壤和砂土。用行政区划图与耕地质量等级图叠加联合形成行政区划耕地质量等级综合图，对栅格数据区域统计，2020 年中壤耕地较 2010 年减少 1 944.64 hm²，轻壤减少 452.48 hm²，砂壤减少 878.28 hm²，砂土减少 313.16 hm²（表 4-160）。

表 4-160 耕层质地 10 级地分布（hm²）

地区	中壤		轻壤		砂壤		砂土	
	2010 年	2020 年	2010 年	2020 年	2010 年	2020 年	2010 年	2020 年
临城县	—	—	72.34	—	761.94	1 052.27	—	—
内丘县	0.02	—	348.36	—	7.30	—	—	—
沙河市	—	—	—	—	3.22	—	313.16	—
信都区	1 944.62	—	31.78	—	1 158.09	—	—	—
合计	1 944.64	—	452.48	—	1 930.55	1 052.27	313.16	—

（3）地形部位 用行政区划图与耕地质量等级图叠加联合形成行政区划耕地质量等级综合图，对栅格数据区域统计，2020 年地形部位为侵蚀剥蚀低海拔低丘陵的面积较 2010 年减少 22.82 hm²，侵蚀剥蚀中海拔低丘陵的耕地减少 785.04 hm²，侵蚀剥蚀中海拔高丘陵的耕地减少 1 274.83 hm²，侵蚀剥蚀小起伏中山的耕地减少 1 505.87 hm²（表 4-161）。

表 4-161　地形部位 10 级地分布（hm²）

地区	侵蚀剥蚀低海拔低丘陵		侵蚀剥蚀中海拔低丘陵		侵蚀剥蚀中海拔高丘陵		侵蚀剥蚀小起伏中山	
	2010 年	2020 年	2010 年	2020 年	2010 年	2020 年	2010 年	2020 年
临城县	761.94	1 052.27	—	—	—	—	72.34	—
内丘县	—	—	—	—	—	—	355.68	—
沙河市	313.15	—	0.31	—	—	—	2.92	—
信都区	—	—	784.73	—	1 274.83	—	1 074.93	—
合计	1 075.09	1 052.27	785.04	—	1 274.83	—	1 505.87	—

（4）有效土层厚度　邢台市 10 级地有效土层厚度处于"≥100 cm"和"［30，60）cm"状态。用行政区划图与耕地质量等级图叠加联合形成行政区划耕地质量等级综合图，对栅格数据区域统计，2020 年处于"≥100 cm"耕地较 2010 年减少 318.67 hm²，处于"［30，60）cm"耕地减少 3 269.89 hm²（表 4-162）。

表 4-162　有效土层厚度 10 级地分布（hm²）

地区	≥100 cm		［30，60）cm	
	2010 年	2020 年	2010 年	2020 年
临城县	—	—	834.29	1 052.27
内丘县	—	—	355.68	—
沙河市	316.06	—	0.31	—
信都区	2.61	—	3 131.88	—
合计	318.67	—	4 322.16	1 052.27

（5）质地构型　邢台市 10 级地质地构型处于松散型和薄层型状态。用行政区划图与耕地质量等级图叠加联合形成行政区划耕地质量等级综合图，对栅格数据区域统计，2020 年松散型耕地较 2010 年减少 3 878.88 hm²，薄层型耕地增加 290.32 hm²（表 4-163）。

表 4-163　质地构型 10 级地分布（hm²）

地区	松散型		薄层型	
	2010 年	2020 年	2010 年	2020 年
临城县	72.34	—	761.95	1 052.27
内丘县	355.68	—	—	—

（续表）

地区	松散型		薄层型	
	2010 年	2020 年	2010 年	2020 年
沙河市	316. 37	—	—	—
信都区	3 134. 49	—	—	—
合计	3 878. 88	—	761. 95	1 052. 27

（6）有机质　10 级地 2010 年土壤有机质平均 16.8 g/kg，2020 年平均为 19.6 g/kg。利用行政区划图与耕地质量等级图叠加联合形成行政区划耕地质量等级综合图，对栅格数据区域统计，2010 年土壤有机质变幅 12.5～22.9 g/kg，2020 年变幅 17.2～20.8 g/kg，2010—2020 年土壤有机质平均增加 2.8 g/kg（表 4-164）。

表 4-164　有机质含量 10 级地分布（g/kg）

地区	平均值		最大值		最小值	
	2010 年	2020 年	2010 年	2020 年	2010 年	2020 年
临城县	21. 5	19. 6	22. 9	20. 8	18. 1	17. 2
内丘县	17. 7	—	21. 9	—	15. 4	—
沙河市	13. 2	—	15. 8	—	12. 5	—
信都区	15. 8	—	18. 8	—	15. 8	—
平均值	16. 8	19. 6	22. 9	20. 8	12. 5	17. 2

（7）有效磷　10 级地 2010 年有效磷平均 20.4 mg/kg，2020 年平均 17.9 mg/kg。利用行政区划图与耕地质量等级图叠加联合形成行政区划耕地质量等级综合图，对栅格数据区域统计，2010 年土壤有效磷变幅 6.9～44.4 mg/kg，2020 年变幅 16.4～18.6 mg/kg，2010—2020 年土壤有效磷平均减少 2.5 mg/kg（表 4-165）。

表 4-165　有效磷含量 10 级地分布（mg/kg）

地区	平均值		最大值		最小值	
	2010 年	2020 年	2010 年	2020 年	2010 年	2020 年
临城县	17. 0	17. 9	28. 3	18. 6	14. 5	16. 4
内丘县	24. 4	—	41. 2	—	17. 2	—
沙河市	11. 9	—	26. 5	—	6. 9	—
信都区	20. 5	—	44. 4	—	9. 7	—
平均值	20. 4	17. 9	44. 4	18. 6	6. 9	16. 4

（8）速效钾 10 级地 2010 年土壤速效钾平均 90 mg/kg，2020 年平均 136 mg/kg。利用行政区划图与耕地质量等级图叠加联合形成行政区划耕地质量等级综合图，对栅格数据区域统计，2010 年土壤速效钾变幅 70～113 mg/kg，2020 年变幅 131～139 mg/kg，2010—2020 年土壤速效钾平均增加 46 mg/kg（表 4-166）。

表 4-166　速效钾含量 10 级地分布（mg/kg）

地区	平均值		最大值		最小值	
	2010 年	2020 年	2010 年	2020 年	2010 年	2020 年
临城县	99	136	105	139	93	131
内丘县	94	—	105	—	79	—
沙河市	75	—	99	—	70	—
信都区	88	—	113	—	75	—
平均值	90	136	113	139	70	131

（9）排水能力 10 级地排水能力处于"满足""基本满足"和"不满足"状态。用行政区划图与耕地质量等级图叠加联合形成行政区划耕地质量等级综合图，对栅格数据区域统计，2020 年处于"满足"状态耕地较 2010 年减少 62.69 hm^2，处于"基本满足"耕地减少 1 273.69 hm^2，处于"不满足"耕地减少 2 252.18 hm^2（表 4-167）。

表 4-167　排水能力 10 级地分布（hm^2）

地区	满足		基本满足		不满足	
	2010 年	2020 年	2010 年	2020 年	2010 年	2020 年
临城县	19.80	—	336.39	1 052.27	478.11	—
内丘县	42.89	—	153.49	—	159.29	—
沙河市	—	—	316.37	—	—	—
信都区	—	—	1 519.71	—	1 614.78	—
合计	62.69	—	2 325.96	1 052.27	2 252.18	—

（10）pH 10 级地 2010 年土壤 pH 平均为 7.6，2020 年平均为 7.9。利用行政区划图与耕地质量等级图叠加联合形成行政区划耕地质量等级综合图，对栅格数据区域统计，2010 年土壤 pH 变幅 6.8～8.2，2020 年变幅 7.9～8.0，2010—2020 年土壤 pH 平均增加 0.3（表 4-168）。

表 4-168 pH 10 级地分布

地区	平均值		最大值		最小值	
	2010 年	2020 年	2010 年	2020 年	2010 年	2020 年
临城县	8.1	7.9	8.1	8.0	7.8	7.9
内丘县	8.0	—	8.2	—	7.9	—
沙河市	7.8	—	7.9	—	6.8	—
信都区	7.4	—	8.1	—	6.8	—
平均值	7.6	7.9	8.2	8.0	6.8	7.9

（11）土壤容重 10 级地 2010 年土壤容重平均 1.32 g/cm³，2020 年平均 1.41 g/cm³。利用行政区划图与耕地质量等级图叠加联合形成行政区划耕地质量等级综合图，对栅格数据区域统计，2010 年土壤容重变幅 1.22～1.58 g/cm³，2020 年变幅 1.39～1.43 g/cm³，2010—2020 年平均增加 0.09 g/cm³（表 4-169）。

表 4-169 土壤容重 10 级地分布（g/cm³）

地区	平均值		最大值		最小值	
	2010 年	2020 年	2010 年	2020 年	2010 年	2020 年
临城县	1.39	1.41	1.49	1.43	1.38	1.39
内丘县	1.50	—	1.58	—	1.35	—
沙河市	1.24	—	1.27	—	1.23	—
信都区	1.26	—	1.42	—	1.22	—
平均值	1.32	1.41	1.58	1.43	1.22	1.39

（12）盐渍化程度 10 级地盐渍化程度处于"无""轻度"和"中度"状态。用行政区划图与耕地质量等级图叠加联合形成行政区划耕地质量等级综合图，对栅格数据区域统计，2020 年盐渍化程度处于"无"状态耕地较 2010 年减少 2 433.34 hm²，处于"轻度"状态耕地减少 832.24 hm²，处于"中度"状态耕地减少 322.98 hm²（表 4-170）。

表 4-170 盐渍化程度 10 级地分布（hm²）

地区	无		轻度		中度	
	2010 年	2020 年	2010 年	2020 年	2010 年	2020 年
临城县	814.49	1 052.27	19.80	—	—	—
内丘县	298.66	—	30.80	—	26.22	—

（续表）

地区	无		轻度		中度	
	2010 年	2020 年	2010 年	2020 年	2010 年	2020 年
沙河市	313. 46	—	2. 91	—	—	—
信都区	2 059. 00	—	778. 73	—	296. 76	—
合计	3 485. 61	1 052. 27	832. 24	—	322. 98	—

（13）地下水埋深 10 级地地下水埋深均处于"≥3 m"状态。用行政区划图与耕地质量等级图叠加联合形成行政区划耕地质量等级综合图，对栅格数据区域统计，2020年处于"≥3 m"状态耕地较 2010 年减少 3 588. 56 hm²（表 4-171）。

表 4-171　地下水埋深 10 级地分布（hm²）

地区	≥3 m	
	2010 年	2020 年
临城县	834. 29	1 052. 27
内丘县	355. 68	—
沙河市	316. 37	—
信都区	3 134. 49	—
合计	4 640. 83	1 052. 27

（14）障碍因素 10 级地障碍因素处于"无"和"夹砂层"状态。用行政区划图与耕地质量等级图叠加联合形成行政区划耕地质量等级综合图，对栅格数据区域统计，2020 年处于"无"状态耕地较 2010 年减少 2 215. 50 hm²，处于"夹砂层"状态耕地减少 1 373. 06 hm²（表 4-172）。

表 4-172　障碍因素 10 级地分布（hm²）

地区	无		夹砂层	
	2010 年	2020 年	2010 年	2020 年
临城县	223. 64	1 052. 27	610. 65	—
内丘县	320. 93	—	34. 75	—
沙河市	316. 37	—	—	—
信都区	2 406. 83	—	727. 66	—
合计	3 267. 77	1 052. 27	1 373. 06	—

（15）耕层厚度　10 级地有效土层厚度处于"≥20 cm"和"［15，20）cm"状态。用行政区划图与耕地质量等级图叠加联合形成行政区划耕地质量等级综合图，对栅格数据区域统计，2020 年处于"≥20 cm"状态耕地较 2010 年减少 3 269.89 hm²，处于"［15，20）cm"状态耕地减少 318.67 hm²（表 4-173）。

表 4-173　耕层厚度 10 级地分布（hm²）

地区	≥20 cm		［15，20）cm	
	2010 年	2020 年	2010 年	2020 年
临城县	834.29	1 052.27	—	—
内丘县	355.68	—	—	—
沙河市	0.31	—	316.06	—
信都区	3 131.88	—	2.61	—
合计	4 322.16	1 052.27	318.67	—

（16）农田林网化　10 级地农田林网化均处于"低"状态。用行政区划图与耕地质量等级图叠加联合形成行政区划耕地质量等级综合图，对栅格数据区域统计，2020 年农田林网化处于"低"状态耕地较 2010 年减少 3 588.56 hm²（表 4-174）。

表 4-174　农田林网化 10 级地分布（hm²）

地区	低	
	2010 年	2020 年
临城县	834.29	1 052.27
内丘县	355.68	—
沙河市	316.37	—
信都区	3 134.49	—
合计	4 640.83	1 052.27

（17）生物多样性　10 级地生物多样性处于"丰富""一般"和"不丰富"状态。用行政区划图与耕地质量等级图叠加联合形成行政区划耕地质量等级综合图，对栅格数据区域统计，2020 年生物多样性处于"丰富"状态耕地较 2010 年减少 76.65 hm²，处于"一般"状态耕地减少 1 117.71 hm²，处于"不丰富"状态耕地减少 2 394.20 hm²（表 4-175）。

表 4-175　生物多样性 10 级地分布（hm²）

地区	丰富		一般		不丰富	
	2010 年	2020 年	2010 年	2020 年	2010 年	2020 年
临城县	19.80	—	3.90	—	810.59	1 052.27
内丘县	56.58	—	32.23	—	266.87	—
沙河市	—	—	313.15	—	3.22	—
信都区	0.27	—	768.43	—	2 365.79	—
合计	76.65	—	1 117.71	—	3 446.47	1 052.27

（18）清洁程度　10 级地清洁程度处于"清洁"状态。用行政区划图与耕地质量等级图叠加联合形成行政区划耕地质量等级综合图，对栅格数据区域统计，2020 年处于"清洁"状态耕地较 2010 年减少 3 588.56 hm²（表 4-176）。

表 4-176　清洁程度 10 级地分布（hm²）

地区	清洁	
	2010 年	2020 年
临城县	834.29	1 052.27
内丘县	355.68	—
沙河市	316.37	—
信都区	3 134.49	—
合计	4 640.83	1 052.27

第五章 耕地施肥现状和分区施肥指导

第一节 主要作物施肥现状分析

邢台市种植的主要农作物有小麦、玉米、棉花、蔬菜以及谷子、花生、中药材、高粱、甘薯等经济作物。本节采用调查方法详细记录了邢台地区主要农作物施肥方法、用量及肥料种类等。

一、调查对象及具体方法

调查对象包括邢台全市 20 个县（市、区）。巨鹿县、新河县、南宫市、清河县、临西县、威县、广宗县、南和区、沙河市、任泽区、隆尧县、宁晋县、柏乡县、临城县、内丘县、信都区 16 个县（市、区）每个县（市、区）选择 2 个村，每个村 15 户，小计 480 户；平乡县选择 5 个村，每个村 20 户，小计 100 户；邢东新区、经济开发区、襄都区 3 个区每个区选择 2 个村，每村 10 户，小计 60 户；共计 640 户。所有县、乡、村涉及测土配方施肥技术应用的主要农作物类型全覆盖，包括小麦、玉米、棉花、谷子、花生、蔬菜、果树等。种植户类型包括农户和规模化种植户。施肥量以氮肥（N）、磷肥（P_2O_5）、钾肥（K_2O）养分含量计，面积以 2021 年粮食作物、经济作物种植统计面积计算。

二、计算方法

采用加权平均值法测算某一行政区域肥料使用量。

$$CFI = \sum\nolimits_{1-n} \left(N + P_2O_5 + K_2O \right) / A_1$$

$$CFQ = CFI \times A_2$$

$$TCFQ = \sum \left(CFQ_1 + CFQ_2 + \cdots + CFQ_m \right)$$

$$CFRR = \left(LTCFQ - TCFQ \right) / LTCFQ \times 100\%$$

式中：CFI 为某一区域某种作物平均化肥使用强度；m 为某一作物编号；n 为调查户编号；$\sum\nolimits_{1-n} \left(N + P_2O_5 + K_2O \right)$ 为调查范围内某一作物所有调查农户施用的氮磷钾化肥总量；A_1 为调查农户某一作物的种植总面积；A_2 为某一行政区内某一作物的种植总面积；

CFQ 为某一行政区域某一作物化肥使用总量（CFQ_1 代表作物 1 的化肥使用总量；CFQ_2 为作物 2 的化肥使用总量；依此类推）；$TCFQ$ 为某一行政区域主要农作物施肥总量；$\sum$（$CFQ_1+CFQ_2+\cdots+CFQ_m$）为某一行政区域不同农作物施肥量总和。

三、主要农作物施肥状况

（一）小麦施肥状况

2021 年邢台市小麦播种面积 500 余万亩（1 亩 ≈ 666.67 m²，1 hm² = 15 亩，下同）。统计分析全市 20 个县（市、区）598 户小麦施肥状况，全生育期化肥投入结构总体合理。全市小麦平均施肥强度为施氮肥 12.92 kg/亩，磷肥 7.14 kg/亩，钾肥 3.17 kg/亩；小麦总施肥量为 11 531.72 万 kg，其中氮肥 6 699.04 万 kg、磷肥 3 391.79 万 kg、钾肥 1 440.89 万 kg（表 5-1 和表 5-2）。

表 5-1　邢台市各县（市、区）小麦的氮磷钾施肥强度（kg/亩）

县（市、区）	小麦施肥强度		
	N	P_2O_5	K_2O
柏乡县	14.40	6.63	3.02
广宗县	11.73	6.83	3.98
巨鹿县	11.72	6.46	4.02
临城县	13.56	5.97	3.92
临西县	15.27	4.86	2.43
隆尧县	14.20	5.39	3.41
南宫市	12.77	6.91	2.94
南和区	13.54	7.64	2.71
内丘县	13.46	6.05	2.65
宁晋县	13.73	6.53	2.23
平乡县	12.88	7.49	2.24
清河县	12.42	6.86	3.81
任泽区	12.83	8.47	1.95
沙河市	12.48	7.39	4.49
威　县	11.73	8.53	4.32
新河县	13.82	8.81	1.60
信都区	13.24	9.43	1.94
襄都区	14.27	7.11	2.85
邢东新区	9.13	7.57	5.14
经济开发区	11.22	7.86	3.83
全市平均值	12.92	7.14	3.17

表 5-2　邢台市各县（市、区）小麦的氮磷钾施用量（万 kg）

县（市、区）	小麦施肥量			
	N	P_2O_5	K_2O	总施肥量
柏乡县	303.94	139.94	63.77	507.65
广宗县	118.45	68.96	40.16	227.57
巨鹿县	329.36	181.59	112.99	623.94
临城县	177.58	78.23	51.30	307.11
临西县	587.92	187.05	93.56	868.53
隆尧县	864.66	328.00	207.50	1 400.16
南宫市	330.76	178.86	76.15	585.77
南和区	471.11	265.82	94.21	831.14
内丘县	339.13	152.55	66.86	558.54
宁晋县	1 276.68	607.55	206.97	2 091.20
平乡县	306.63	178.20	53.21	538.04
清河县	289.33	159.81	88.74	537.88
任泽区	468.13	309.26	71.13	848.52
沙河市	118.55	70.24	42.64	231.43
威　县	271.02	197.04	99.81	567.87
新河县	330.33	210.54	38.35	579.22
信都区	21.19	15.09	3.11	39.39
襄都区	16.42	8.18	3.28	27.88
邢东新区	2.67	2.21	1.50	6.38
经济开发区	75.18	52.67	25.65	153.50
全市总施肥量	6 699.04	3 391.79	1 440.89	11 531.72

（二）玉米施肥状况

2021 年全市玉米种植面积 560 余万亩，统计分析全市 20 个县（市、区）629 户施肥状况，玉米平均施肥强度为施氮肥 10.19 kg/亩，磷肥 5.85 kg/亩，钾肥 3.76 kg/亩；玉米总施肥量为 11 240.25 万 kg，其中氮肥 5 918.30 万 kg、磷肥 3 268.13 万 kg、钾肥 2 053.82 万 kg（表 5-3 和表 5-4）。

表 5-3 邢台市各县（市、区）玉米的氮磷钾施肥强度（kg/亩）

县（市、区）	玉米施肥强度		
	N	P_2O_5	K_2O
柏乡县	11.52	4.51	2.36
广宗县	14.41	5.07	4.07
巨鹿县	10.50	3.50	3.43
临城县	7.42	5.06	5.06
临西县	11.51	5.67	3.55
隆尧县	12.05	5.27	2.85
南宫市	8.43	9.15	4.54
南和区	9.16	3.50	3.77
内丘县	10.01	4.37	2.78
宁晋县	10.52	6.79	3.98
平乡县	11.40	3.51	5.08
清河县	8.93	9.06	3.88
任泽区	12.88	3.64	3.31
沙河市	9.79	9.76	2.60
威　县	9.10	8.46	4.44
新河县	10.85	5.13	2.54
信都区	10.17	5.43	4.98
襄都区	9.25	4.27	3.28
邢东新区	8.16	8.41	2.98
经济开发区	7.81	6.42	5.66
全市平均值	10.19	5.85	3.76

表 5-4 邢台市各县（市、区）玉米的氮磷钾施用量（万 kg）

县（市、区）	玉米施肥量			
	N	P_2O_5	K_2O	总施肥量
柏乡县	264.94	103.68	54.25	422.87
广宗县	174.32	61.30	49.27	284.89
巨鹿县	291.78	97.26	95.27	484.31
临城县	181.73	123.95	124.00	429.68
临西县	464.83	229.05	143.32	837.20
隆尧县	731.29	319.74	172.92	1 223.95

（续表）

县（市、区）	玉米施肥量			
	N	P$_2$O$_5$	K$_2$O	总施肥量
南宫市	269.06	291.91	144.95	705.92
南和区	338.15	129.17	139.24	606.56
内丘县	292.40	127.58	81.06	501.04
宁晋县	1 021.09	659.61	386.15	2 066.85
平乡县	340.86	105.06	152.01	597.93
清河县	315.39	319.67	136.90	771.96
任泽区	485.53	137.41	124.64	747.58
沙河市	240.72	240.01	64.03	544.76
威　县	121.02	112.49	59.04	292.55
新河县	280.00	132.27	65.51	477.78
信都区	22.37	11.95	10.96	45.28
襄都区	13.41	6.19	4.75	24.35
邢东新区	13.18	13.59	4.82	31.59
经济开发区	56.23	46.24	40.73	143.20
全市总施肥量	5 918.30	3 268.13	2 053.82	11 240.25

（三）棉花施肥状况

2021 年棉花种植面积约 107 万亩。分析全市 8 个县（市、区）56 户施肥状况，全市棉花平均施肥强度为施氮肥 11.98 kg/亩，磷肥 10.78 kg/亩，钾肥 4.38 kg/亩；棉花总施肥量为 2 873.01 万 kg，其中氮肥 1 317.33 万 kg、磷肥 1 201.20 万 kg、钾肥 354.48 万 kg（表 5-5 和表 5-6）。

表 5-5　邢台市各县（市、区）棉花的氮磷钾施肥强度（kg/亩）

县（市、区）	棉花施肥强度		
	N	P$_2$O$_5$	K$_2$O
广宗县	13.08	12.38	3.09
临西县	14.08	15.74	3.39
隆尧县	11.08	12.74	3.87
南宫市	12.35	10.46	3.65
平乡县	10.00	5.00	7.50

（续表）

县（市、区）	棉花施肥强度		
	N	P_2O_5	K_2O
清河县	11.06	8.19	5.21
威　县	12.12	11.37	2.92
新河县	12.04	10.37	5.44
全市平均值	11.98	10.78	4.38

表 5-6　邢台市各县（市、区）棉花氮磷钾施用量（万 kg）

县（市、区）	棉花施肥量			
	N	P_2O_5	K_2O	总施肥量
广宗县	139.98	132.47	33.03	305.48
临西县	57.74	64.53	13.88	136.15
隆尧县	13.74	15.80	4.79	34.33
南宫市	432.25	366.10	127.75	926.10
平乡县	6.30	3.15	4.72	14.17
清河县	29.86	22.10	14.06	66.02
威　县	624.21	585.64	150.26	1 360.11
新河县	13.25	11.41	5.99	30.65
全市总施肥量	1 317.33	1 201.20	354.48	2 873.01

（四）蔬菜施肥状况

2021 年蔬菜种植面积约 79 万亩。统计全市 13 个县（市、区）50 户施肥状况，蔬菜平均施肥强度施氮肥 12.60 kg/亩，磷肥 10.32 kg/亩，钾肥 8.02 kg/亩；总施肥量 2 405.78 万 kg，其中氮肥 1 013.40 万 kg、磷肥 811.04 万 kg、钾肥 581.34 万 kg（表 5-7）。

表 5-7　邢台市各县（市、区）蔬菜氮磷钾施用量（万 kg）

作物类型	蔬菜施肥量			
	N	P_2O_5	K_2O	总施肥量
柏乡县	80.20	53.95	63.35	197.50
广宗县	33.69	34.96	22.81	91.46
巨鹿县	41.25	41.25	41.25	123.75

（续表）

作物类型	蔬菜施肥量			
	N	P_2O_5	K_2O	总施肥量
临城县	22.50	21.38	18.75	62.63
隆尧县	135.84	106.00	60.77	302.61
南宫市	137.31	107.15	61.44	305.90
南和区	181.61	141.72	81.25	404.58
内丘县	31.01	24.20	13.87	69.08
宁晋县	99.23	80.80	32.44	212.47
平乡县	81.22	71.49	71.12	223.83
任泽区	93.18	62.21	48.22	203.61
威　县	43.07	37.91	37.71	118.69
信都区	33.30	28.03	28.35	89.68
全市总施肥量	1 013.41	811.05	581.33	2 405.79

（五）其他作物类型施肥状况

全市谷子、花生、其他（中药材、高粱、甘薯等）总施肥量分别为 460.93 万 kg、742.98 万 kg 和 525.34 万 kg（表 5-8）。

表 5-8　邢台市其他作物类型氮磷钾施用量（万 kg）

作物类型	其他作物施肥量			
	N	P_2O_5	K_2O	总施肥量
谷子	217.90	179.16	63.87	460.93
花生	327.59	291.04	124.35	742.98
其他作物	246.39	183.77	95.18	525.34

（六）不同生态类型区主要作物总施肥量

邢台市主要作物总施肥量为 29 780.02 万 kg，其中氮肥 15 739.97 万 kg、磷肥 9 326.1 万 kg、钾肥 4 713.95 万 kg。东部平原区（新河县、巨鹿县、平乡县、广宗县、威县、南宫市、清河县、临西县）总施肥量为 13 643.88 万 kg，其中氮肥 6 907.94 万 kg、磷肥 4 561.18 万 kg 和钾肥 2 174.76 万 kg；山麓平原区（柏乡县、临城县、隆尧县、宁晋县、沙河县、内丘县、经济开发区、南和区、任泽区、襄都区、信都区、邢东新区）总施肥量为 16 136.14 万 kg、其中氮肥 8 832.03 万 kg、磷肥 4 764.92 万 kg 和钾肥 2 539.19 万 kg（表 5-9）。

表 5-9　邢台市不同生态类型区主要作物氮磷钾总施用量

生态类型区	主要作物施肥量（万 kg）			
	N	P$_2$O$_5$	K$_2$O	总施肥量
东部平原区	6 907.94	4 561.18	2 174.76	13 643.88
山麓平原区	8 832.03	4 764.92	2 539.19	16 136.14
全市总用量	15 739.97	9 326.10	4 713.95	29 780.02

四、主要作物施肥种类

通过分析，邢台市各县（市、区）小麦、玉米、棉花、花生、谷子等主要作物施肥类型中，氮肥占 30% 左右，复合肥占 90% 以上，有机肥、单质肥等其他肥料占 10% 左右。蔬菜、果树等复合肥施用占比超过 90%，施用有机肥、叶面肥、农家肥等施肥类型较少，不足 5%。邢台市主要作物施肥种类比较单一，基本按照复合肥基施和单质肥追施模式，建议加大有机肥、叶面肥等的推广力度。

五、主要作物施肥方式

通过分析邢台市主要作物的施肥方式（表 5-10 和表 5-11），邢台市各县（市、区）小麦基肥施肥方式以撒施为主，占 98.1%，追肥以撒施为主，占 99.0%；玉米采用种肥同播方式，占 100.0%，追肥以撒施为主，占 87.0%；棉花基肥施肥方式为沟施，占 65.0%，追肥以撒施为主；花生基肥以种肥同播为主，占 91.0%，追肥以撒施为主，占 83.3%；谷子基肥为撒施为主，占 88.3%，追肥以撒施为主；蔬菜和其他作物追肥多采用节水措施。在调查样本中，小麦、玉米、花生和谷子主要以传统施肥方式为主，采用水肥一体化、喷灌等先进方式占比较低，这与调研对象为零散户较多，种植大户和合作社占比较少有关，而蔬菜和其他作物多采用穴施及节水措施。总体来看，邢台市各县（市、区）主要农作物施肥方式为采用种肥同播、撒施和穴施等，滴灌、喷灌、水肥一体化等施肥方式采用较少，主要集中在种植大户和合作社等播种面积较大的农业经营主体。在以后施肥推广过程中，应加大滴灌、喷灌、水肥一体化等施肥方式的推广力度。

表 5-10　邢台市主要作物基肥施肥方式

作物类型	种肥同播（%）	撒施（%）	穴施（%）	沟施（%）	节水措施（%）
小麦	0	98.1	0	0.6	1.3

（续表）

作物类型	种肥同播（%）	撒施（%）	穴施（%）	沟施（%）	节水措施（%）
玉米	100	0	0	0	0
棉花	0	30.0	0	65.0	5.0
花生	91.0	9.0	0	0	0
谷子	11.7	88.3	0	0	0
蔬菜	0	97.0	0	3.0	0
其他	2.4	47.0	43.4	3.6	3.6

注：节水措施包括滴灌、喷灌、水肥一体化等。

表5-11 邢台市主要作物追肥施肥方式

作物类型	种肥同播（%）	撒施（%）	穴施（%）	沟施（%）	节水措施（%）
小麦	0	99.0	0	1.0	0
玉米	0	87.0	0	0	13.0
棉花	0	100.0	0	0	0
花生	0	83.3	0	0	16.7
谷子	0	83.3	0	0	16.7
蔬菜	0	56.0	0	8.0	36.0
其他	0	50.0	32.5	0	17.5

注：节水措施包括滴灌、喷灌、水肥一体化等。

第二节 肥料特性

肥料是农作物的粮食，是农作物稳产高产的物质基础。科学施肥是提高作物产量，改善农产品品质和降低农业生产成本的重要因素。只有了解肥料性质，科学施肥，才能真正发挥肥料的有效作用，提高肥料利用率（彭正萍 等，2013）。

一、有机肥

（一）有机肥的积极作用

有机肥肥效全面，含有大量元素（N、P、K）、中量元素（Ca、Mg、S）和微量元素（Fe、Mn、Cu、Zn、B、Mo）以及其他对作物生长有益的元素（Co、Se、Na），能为作物提供全面均衡养分。有机肥料所含的养分多以有机态形式存在，通过微生物分解转变成植物可利用的形态，可缓慢释放，长久供应作物养分。有机肥在分解过程中，产生腐殖质、胡敏酸、氨基酸、黄腐酸等，对种子萌发，根系生长均有刺激作用，促进作物生化代谢。有机肥抑制根系膜脂过氧化作用，使不同土层小麦根系 SOD 活性提高、MDA 含量降低，从而延缓根系的衰老。

有机肥料可保持和提高土壤有机氮和氮贮量，减弱无机氮对土壤的酸化作用，长期施用使耕层全氮含量提高 92.1%，下层土壤全氮增加更为明显，说明增施有机肥土壤供氮能力加强。施用有机肥料可减少土壤对磷固定，使土壤有效磷保持较高水平，对提高土壤供磷能力有明显促进作用。增加土壤有效钾，促进土壤中贮存态钾向速效钾转化。施用有机肥料有利于降低土壤容重和增加非毛管孔隙度。长期施用有机肥改变土壤不同粒级复合体的组成，促进土壤团粒结构形成。有机肥料增强土壤酶活性和微生物数量，特别是与土壤养分转化有关的微生物数量和酶活性。

（二）有机肥施用

1. 作基肥

有机肥料养分释放慢、肥效长、最适宜作基肥施用。主要适用于种植密度较大的作物。施用方法：一是用量大、养分含量低的粗有机肥料全层施用在翻地时，将有机肥料撒到地表，随着翻地将肥料全面施入土壤表层，然后耕入土中。二是养分含量高的商品有机肥料一般在定植穴内施用或挖沟施用，将其集中施在根系伸展部位，充分发挥其肥效。集中施用最好是根据有机肥料的质量情况和作物根系生长情况，采取离定植穴一定距离施肥，肥效随着作物根系的生长而发挥作用。

2. 作追肥

腐熟好的有机肥料含有大量速效养分，也可作追肥施用。人粪尿有机肥料的养分主要以速效养分为主，作追肥更适宜。追肥是作物生长期间的一种养分补充供给方式，一般适宜进行穴施或沟施。但追肥时注意：一是有机肥料含有速效养分数量有限，追肥时，同化肥相比应提前几天。二是后期追肥因主要是为了满足作物生长过程对养分极大需要，但有机肥料养分含量低，必要时要施用适当的单一化肥加以补充。三是制定合理的基肥、追肥分配比例。地温低时，微生物活动小，有机肥料养分释放慢，可以把施用量的大部分作为基肥施用；地温高时，微生物活动能力强，如果基肥用量太多，定植前，肥料被微生物过度分解，定植后，立即发挥肥效，有时可能造成作物徒长。

3. 作育苗肥

现代农业生产中许多作物栽培，均采用先在一定的条件下育苗，然后在大田定植的方法。育苗对养分需要量小，但养分不足不能形成壮苗，不利于移栽，也不利于以后作物生长。充分腐熟的有机肥料，养分释放均匀，养分全面，是育苗的理想肥料。

4. 作营养土

温室、塑料大棚等保护地栽培中，种植蔬菜、花卉等特种作物较多。采用泥炭、蛭石、珍珠岩、细土为主要原料，再加入少量化肥配制成营养土和营养钵。在基质中配上有机肥料，作为供应作物生长的营养物质，在作物的整个生长期中，隔一定时期往基质中加一次固态肥料，即可保持养分的持续供应。有机肥料的使用代替定期浇营养液，可减少基质栽培浇灌营养液的次数，降低生产成本。不同作物种类，可根据作物生长特点和需肥规律，调整营养土栽培配方。

二、无机肥

无机肥是化学合成方法生产的肥料，包括氮、磷、钾、复合肥。由于多为养分含量较高的速效性肥料，施入土壤后一般都会在一定时段内显著地提高土壤有效养分含量，但不同种类化肥其有效成分在土壤中转化、存留期长短以及后效等不同。

（一）氮肥

1. 铵态氮肥

在农业生产中铵态氮肥应用较多，主要品种有碳酸氢铵、硫酸铵、氯化铵，都含有铵离子，都易溶于水，是速效养分，施入土壤后很快溶解于土壤中并解离释放出铵离子，作物能直接吸收利用，肥效快，这些铵离子可与土壤胶粒上原有的各种阳离子进行交换而被吸附保存，免受淋失，肥效相对较长。铵态氮肥可作基肥，也可作追肥，其中硫酸铵还可作种肥，施入土壤后未转变成硝态氮前移动性小，应施于根系集中的土层中，铵态氮肥容易分解为氨气挥发损失，温度越高，挥发损失越大，不宜在温室大棚使用，也不能撒施表土，应沟施或穴施。尤其是石灰性土壤更应深施并立即覆土，铵态氮肥应与有机肥料配合施用，以利于改土培肥。硫酸铵忌长期使用，因硫酸铵属生理酸性化肥，若在地里长期施用，会增加土壤酸性，破坏土壤团粒结构，使土壤板结而降低理化性能，不利于培肥地力。氯化铵不宜在盐碱地或忌氯作物上施用。

2. 硝态氮肥

常见的硝态氮肥有硝酸钠、硝酸钙等，硝酸铵和硝酸钾中也含有硝酸根离子，且性质更接近硝态氮。硝态氮易溶于水，可直接被植物吸收利用、速效；硝态氮肥吸湿性强，易结块，在雨季甚至会吸湿变成液体，给贮存和运输造成困难，硝酸根离子带负电荷，不能被土壤胶粒吸附，易随水移动，当灌溉或降水量大时，会发生淋失或流失；在嫌气条件下可经反硝化作用转变成分子态氮和氮氧化物气体而损失肥效。

3. 酰胺态氮肥

尿素是化学合成的酰胺态有机化合物，在土壤溶液中呈分子态存在。植物直接吸收少量尿素分子，大部分尿素分子存在于土壤溶液中，土壤黏粒矿物和腐殖质分子上的功能团以氢键形式与之互相吸附，但吸附力较弱，数量也不多，虽可避免部分尿素分子被淋失，效果不大，绝大部分尿素分子需在脲酶作用下转变成碳酸铵或碳酸氢铵（7 d 左右）后，被植物吸收利用和被土壤吸附保存。尿素转化后的性质则与碳酸氢铵完全一样，具有铵态氮的基本特性，所以尿素肥效比一般化学氮肥慢。尿素特别适宜作根外追肥，是叶面补氮的首选肥料品种。尿素可作基肥，也可作追肥，一般不作种肥，若必须用作种肥时，用量不超过 5 kg/亩，最好与种子分开。尿素适宜在各类土壤上施用。尿素用作追肥时应比其他氮肥品种提前 3～5 d，早春更应提前一些，以利于转化。尿素施入土壤后，会很快转化为酰胺，很容易随水流失，因而施用后不宜马上浇水，也不要在大雨前施用。

4. 新型氮肥

新型氮肥不同于普通的传统氮肥，是利用特殊性能的材料、改良的工艺技术制备的具有多功能特性的肥料，新型氮肥同时具备养分释放规律与作物对养分需求规律在时间和数量上同步，通过直接或间接途径提供给农作物生长发育过程中所需要的养分，改善土壤结构，调节土壤微生物群落和理化性状，实现简约化施肥同时可避免追肥带来的额外投入及烦琐操作增加的劳动力，降低肥料损失，提高肥料肥效持续时间和利用率。随肥料行业迅速发展，新型氮肥主要有以下几种：缓/控释肥料，如硫包衣尿素、树脂包衣尿素等；稳定性肥料，如添加了脲酶抑制剂（N-丁基硫代磷酰三胺，NBPT）、硝化抑制剂（3,4-甲基吡啶磷酸盐，DMPP）、（双氰胺 DCD）等。

包膜控释肥的控释时间可在 2～12 个月，应用在玉米、小麦等作物上均有极显著地增加产量、改善品质或提高观赏价值的效果，氮肥利用率比普通对照肥料高达 50%以上，在减少 1/3～1/2 肥料用量情况下，仍有明显增产或促进作物生长发育的效果。包膜控释肥的施用量根据作物目标产量、土壤肥力水平和肥料养分含量综合考虑确定。小麦等根系密集且分布均匀的作物，可在播种前按照推荐的专用包膜控释肥施用量一次性均匀撒于地表，耕翻后种植，生长期内可不再追肥。玉米、棉花等行距较大的作物，按照推荐的专用包膜控释肥施用量，一次性开沟基施于种子的下部或靠近种子的侧部 5～10 cm 处，注意硫包膜尿素以及包膜肥料与速效肥料的掺混肥不能与种子直接接触，以免烧种或烧苗。

稳定性肥料具有肥效期长，养分利用率高，增产效果明显，作物后期不缺肥。氮肥有效期长达 120 d，氮素利用率高达 42%～45%，比普通肥料高 30%以上，可用于玉米、小麦、棉花等 30 多种作物，增产率 8%～18%（白由路，2018）。稳定性肥料多为高氮肥料，以复合肥形式施用时多为专用肥料，通常采用一次性施肥，种肥隔离不少于 7 cm。稳定性肥料一定结合当地种植结构及方式、常规用肥习惯进行施用。

稳定性肥料在玉米上施用可以一次性施用免追肥，在比常规施肥减少20%用量情况下，不减产，并且能"活秆成熟"（刘轶，2016）；一般以25～55 kg/亩作底肥一次性施入，在打垄前施到垄底，可种肥同播。稳定性肥料在小麦上施用可结合耕地以40～50 kg/亩作底肥施入，春季返青时追施氮肥一次。

（二）磷肥

磷肥当季利用率只有10%～25%，绝大多数土壤对磷有较强的吸持固定力，残留在土壤中的磷几乎不随土壤中的水淋失，可以在土壤中积累起来。残留在土壤中的化学磷肥绝大部分被土壤吸附固定，仅有少部分以有效磷形态存在，两者之间存在动力学平衡，当土壤有效磷由于作物吸收而降低后，土壤吸附固定的磷可以不同方式和速度释放而转化成有效磷库。被土壤所吸附固定的残留磷并不完全无效，使土壤有强大和持续供磷能力。

1. 水溶性磷肥

水溶性磷肥包括普通过磷酸钙（普钙）、重过磷酸钙（重钙）和三料磷肥以及硝酸磷肥、磷酸一铵、磷酸二铵、磷酸二氢钾等。肥料中所含磷素养分均以磷酸二氢盐形式存在，溶解于水，施入土壤后解离为磷酸二氢根离子和相应的阳离子，易被植物直接吸收利用，肥效快。但水溶性磷肥在土壤中很不稳定，易受各种因素影响而转化成植物难以吸收形态。如在酸性土壤中，能与铁、铝离子结合，生成难溶性磷酸铁、铝盐而被固定，失去对植物的有效性；在石灰性土壤中，除少量与铁、铝离子结合外，绝大部分与钙离子结合，转化成磷酸八钙和磷酸十钙，一般植物难以吸收利用。水溶性磷肥中有效养分虽能溶解于土壤溶液中，但移动性很小，一般不超过3 cm，大多数集中在施肥点周围0.5 cm范围内。水溶性磷肥既可作基肥，也可作追肥和种肥。

2. 弱酸溶性磷肥

弱酸溶性磷肥是难溶于水，但能溶解于弱酸的一类肥料，包括钙镁磷肥、沉淀磷肥、脱氟磷肥和钢渣磷肥等。肥料中所含磷酸盐不溶于水，不能被植物直接吸收利用。但它能溶解于弱酸，如植物根系分泌出的有机酸或呼吸过程中产生的碳酸，对植物有一定肥效。弱酸溶性磷肥一般物理性状良好，不吸湿，不结块。弱酸溶性磷肥肥效慢而长。使弱酸溶性磷肥发挥肥效，须具备酸和水，缺少任何一个都将无效。在酸性土壤中能逐步转化为植物可吸收形态，在石灰性土壤中则向难溶性磷酸盐转化。另外，弱酸溶性磷肥含有钙、镁、硅等多种成分，能为植物提供较多营养元素。

（三）钾肥

1. 速效钾肥

施用速效钾肥有氯化钾和硫酸钾，都溶于水，可被作物直接吸收利用，且养分含量较高（氯化钾含 K_2O 60%左右，硫酸钾含 K_2O 50%左右）；都是化学中性、生理酸性肥料，增加土壤酸度。最适宜在中性或石灰性土壤上施用，在酸性土壤上应配合施用石灰。施入土壤后，钾离子被土壤胶粒吸附，移动性小，不易随水流失或淋失。氯化钾含有氯离子，不宜在盐碱地或忌氯作物上施用，忌氯作物如薯类、西瓜、葡萄、甜菜等，在其他地块或作物上应首选氯化钾。硫酸钾含硫酸根，虽可为植物提供硫素营养，但其含量远超过作物需要量，与钙结合后会生成溶解度较小的硫酸钙，长期施用后堵塞土壤孔隙，造成板结，应与有机肥配合施用。

2. 其他钾肥

草木灰中的钾素以碳酸钾为主，是速效性肥料，为化学碱性肥料，不能与铵态氮肥、腐熟的人粪尿等混合，沟施、穴施均可，尤其适宜作根外追肥，用10%~20%的水浸提液叶面喷洒。也可用于浸种、拌种和盖秧田、蘸秧根等。

三、中微量元素肥料

中微量元素肥料种类多，品种也多，施用时注意针对性、高效性和毒害性。

（一）铁肥

铁是植物保持正常生长发育所必需的微量元素中最重要的元素之一，对作物光合作用、呼吸作用和氮代谢具有重要作用，是许多酶的成分，参与 RNA 代谢、叶绿体中捕光器和叶绿素形成，还参与光合磷酸化作用和呼吸作用。作物体内的铁还原蛋白可激活叶绿素前体合成过程中的一种酶，影响叶绿素合成。铁是作物体内细胞色素酶、过氧化氢酶等重要酶的辅助因子。

缺铁，茎叶叶脉间失绿黄化，严重时，整个新叶变黄，叶脉也逐渐变黄。老叶子也表现出叶脉黄化的病症，叶缘或叶尖出现焦枯及坏死，继续发展则叶片脱落，植株生长停滞并死亡。玉米缺铁，上部嫩叶失绿、黄化，然后向中、下部叶发展，叶片呈现黄绿相间条纹，严重时叶脉黄化、叶片变白。小麦缺铁，叶色黄绿，发生小斑点，嫩叶出现白色斑块或条纹，老叶早枯。

常用的铁肥有无机铁肥、有机铁肥、螯合铁肥。无机铁肥有硫酸铁、硫酸亚铁，硫酸铁和硫酸亚铁主要作土壤基肥，也可作追肥。有机铁肥的代表主要有尿素铁络合物、黄腐酸二胺铁等、EDTA 螯合铁。EDTA 螯合铁主要用于基肥或者追肥，有机铁肥和螯合铁肥主要用于叶面喷施。果树上用作基肥每亩使用量 5～10 kg；浸种使用浓度为 0.05%～0.1%，玉米等谷类种子浸泡时间 2 h，大豆浸泡时间为 6～12 h；拌种每千克种子用肥 4 g；叶面喷施浓度为 0.05%～3%，每亩用肥 300～600 g。

（二）锰肥

锰是植物叶绿素和叶绿体的组成成分，直接参与光合作用。植物缺锰，首先表现叶肉失绿，叶脉仍为绿色，禾本科作物为平行叶脉，失绿小片为长条形，双子叶植物为网状叶脉，失绿小片为圆形。叶脉间的叶片突起，使叶子边缘起皱。严重时失绿小片扩大相连，叶片上出现褐色斑点，甚至烧灼显现，且停止生长。玉米缺锰症状是从叶尖到基部沿叶脉间出现与叶脉平行的黄绿色条纹，幼叶变黄，叶片柔软下垂，茎细弱，籽粒不饱满、排列不齐，根细而长。小麦缺锰时患病初期叶色褪淡，与叶脉平行处出现许多黄白色的细小斑点，病状逐渐扩大，造成叶片离尖端 1/3 或 1/2 处折断下垂。病株须根少，且根细而短，有的变黑或变褐而坏死。植株生长缓慢，无分蘖或少分蘖。

锰肥属酸性肥，适用于马铃薯、小麦等作物。常用锰肥是硫酸锰，属水溶性速效锰，采用根外追肥、浸种或拌种等方法（李春霞，2019）。硫酸锰的浸种浓度为 0.1%～0.2%，浸种时间 8 h；拌种时每千克种子用锰肥 4～8 g；根外追肥、苗期和生殖生长初期效果较好，大田作物喷施浓度为 0.05%～0.1%，果树喷施浓度为 0.3%～0.4%；作种肥时每亩用 4～8 kg，最好与硫酸铵、氯化铵、氯化钾等生理酸性肥料或过磷酸钙以及有机肥混合施用，减少土壤固定。氯化锰为粉红色结晶，易溶于水，基肥、追肥 15～60 kg/hm²，可与生理酸性肥及农肥混施。

（三）铜肥

铜在植物体内以络合物形态存在，且在植物体内的移动性决定于供应水平，供应水平高移动性大，反之则慢；铜也有变价功能，在植物生理代谢过程，以铜酶形态参与氧化还原反应，铜蛋白参与碘水化合物和氯代谢，对植物木质化产生影响，同含氮有机化合物有很强亲和力，使病原体蛋白质破坏，铜是多酚氧化酶、酚酶成分，直接影响抗菌剂酚类物质及其氧化物的合成，增强多酚氧化酶的活性，提高作物的抗病能力。

缺铜，叶片容易缺绿，从叶尖开始，叶尖失绿，干枯和卷曲，禾本科植物症状基本相似，叶尖呈灰黄色，后变白色，分蘖多但不抽穗或穗很少，穗空发白，植株矮小顶枯和节间缩短像一丛草，严重时颗粒无收。玉米缺铜顶部和心叶变黄，生长受阻，植株矮小丛生，叶脉间失绿一直发展到基部，叶尖严重失绿或坏死，果穗很小。小麦缺铜上位叶片黄化，新叶叶尖黄白化，质薄，扭曲，披垂，易坏死，不能展开；老叶在叶舌处弯曲或折断，叶尖枯萎，叶鞘下部出现灰白色斑点，花器官发育不良。

铜肥属酸性肥，适用于苹果、番茄等作物，可作基肥、种肥、追肥或根外追肥。只有硫酸铜溶于水。多采用作基肥或浸拌种。重施石灰砂壤土和肥沃富含钾磷的土壤。浸种用水 10 kg，加铜肥 2 g，另加 5 g 氢氧化钙。根外喷洒肥量加倍，氢氧化钙加 100 g。掺拌种子 1 kg，仅需铜肥 1 g。

（四）锌肥

植物体内许多重要的酶的组成成分都含有锌，如 RAN 聚合酶、乙醇脱氢酶、铜锌超氧化物歧化酶、碳酸酐酶等。在糖酵解过程中，它是磷酸甘油醛脱氢酶、乙酸脱氢酶等酶的活化剂。色氨酸是生长素的重要组成成分，锌能促进吲哚乙酸和丝氨酸合成色氨酸。锌影响二氧化碳的水合作用影响植物代谢，还是核糖体重要组成元素，在植物体内对蛋白质影响受外界光照影响极大，能促进植物生殖器官发育，提高植物抗逆性。

缺锌植株矮小，节间缩短，幼苗新叶基部变薄、变白变脆，呈半透明状继而向叶缘扩张，被风吹时易撕裂破碎，呈白绿相间，严重时叶梢由红色变褐色，整个叶片干枯死亡。玉米缺锌症为幼苗生长受阻并缺乏叶绿素，叶片叶脉间出现浅黄色或白色条纹，病株节间缩短，植株矮小，茎秆细弱，抽雄吐丝延迟，果穗发育不良，形成缺粒不满尖的果穗。小麦缺锌植株矮小，叶片主脉两侧失绿，形成黄绿相间条带，条带边缘清晰、下部老叶成水渍状而干枯死亡；雄蕊发育不良，花药瘦小，花粉少，有时畸形无花粉，子房膨大生育期推迟，有时边抽穗边分蘖，影响麦穗形成；根系不发达，抽穗迟，穗小，粒少。

锌肥属碱性肥，以硫酸锌为主，适用于任何作物，锌肥有七水硫酸锌、一水硫酸锌、氧化锌、氯化锌、木质素磺酸锌、环烷酸锌乳剂和螯合锌。锌肥可作基肥、追肥、种肥。七水硫酸锌可作基肥或者追肥，但在土壤中流动性较差，易被土壤固定。氯化锌白色粉末或颗粒，溶于水，弱酸性，可叶面喷施，另加熟石灰基追肥。锌肥也可叶面喷施。

（五）硼肥

硼是植物正常生长发育所必需的微量营养元素之一，对植物生理功能起重要调节作用。合理施用硼肥促进植物生长发育，增加色素含量，提高光合效率和干物质积累。硼对植物体内生长素合成有重要作用，硼和酚类发生反应降低生长素含量，抑制吲哚乙酸活性使生长素含量适宜。硼有利于植物体内腺嘌呤转化为核酸，缺硼或过量硼营养导致植物体内核酸分解加剧，RNA 和 DNA 含量下降，通过影响植物体内蛋白质和核酸代谢影响植物细胞伸长和生长，进而影响植物正常生长和发育。

缺硼，生长点受阻，节间变短，植株矮化，顶端枯萎，并有大量腋芽簇生，叶片不平整，易变厚变脆，卷曲萎缩，叶柄短粗甚至开裂。缺硼使作物花少而且小，结实率或坐果率降低，空壳率高，甚至出现"花而不实"的现象。玉米缺硼植株新叶狭长，幼叶展开困难，且叶片簇生，叶脉间组织变薄，呈白色半透明条纹，雄穗不易抽出，雌穗发育畸形，果穗短小畸形，靠近茎秆一边果穗皱缩缺粒且分布不规则，甚至形成空秆。小麦缺硼症状一般在新生组织先出现，表现为顶芽易枯死，开花持续时间长，有时边抽穗边分蘖，生育期延长；雄蕊发育不良，花药瘦小，花粉少或畸形，子房横向膨大，颖壳前后不闭合；后期枯萎。

硼肥以硼砂和硼酸应用最为普遍。硼砂白色结晶或粉末，易溶于40 ℃热水，碱性。硼酸易溶于热水，弱酸性。可作基肥、种肥、种子处理和根外追肥，适用于油菜、大豆和果树等。

（六）钼肥

钼是植物中醛氧化酶、亚硫酸盐氧化酶、黄嘌呤脱氢酶、黄质氧化酶、硝酸还原酶和固氮酶的组成成分，参与核酸代谢、磷代谢和维生素代谢，对光合作用和糖代谢有影响。钼最重要的生理功能是参与植物氮代谢，特别是硝酸还原和氮固定过程，促进激素和嘌呤合成，提高植物抗寒能力、种子活力和休眠度，促进叶绿素合成，促进作物对磷吸收和无机磷向有机磷转化。

缺钼以豆科作物最为敏感，症状首先表现在老叶上，叶片叶脉间失绿。形成黄绿色或橘红色的叶斑，严重时茎软弱，叶尖灰色，叶缘卷曲，凋萎以致坏死，继而向新叶发展，有时生长点死亡。豆科作物根瘤小而色淡，发育不良，开花结果延迟。玉米缺钼首先在老叶上出现失绿或黄斑症状，叶尖易焦枯，严重时根系生长受阻，造成大面积植株死亡。小麦缺钼易在苗期，发病时叶色褪淡，开始老叶叶片前半部沿叶脉平行出现细小白色斑点，后逐渐接连成线状，叶缘向叶面一侧卷曲、干枯，直至整株枯死或不能抽穗。

钼肥适用于豆科及十字花科作物，可作基肥、种肥、追肥，以钼酸盐应用较广泛。钼酸铵、钼酸钠常用于种子处理和根外追肥。

（七）钙肥

钙在植物体内分布一般是新陈代谢较旺盛的组织中，如幼嫩梢部、叶片、花、果实及其他分生组织中。植物吸收钙，主要依靠蒸腾拉力。被转运到植株生长发育的器官之后，钙就很少发生再分配和转运；由于叶片蒸腾作用大于果实以及其他幼嫩部位，因而获得钙能力较强，钙的移动性在韧皮部相对较差，难以再运输和分配到果实及新生部位，因此发生缺钙。

缺钙症状首先出现在新生组织和果实上。缺钙时，植株生长受阻，节间较短，植株的顶芽、侧芽、根尖等分生组织首先出现缺素症，易腐烂死亡；幼叶卷曲畸形，叶缘变黄逐渐坏死；果实生长发育不良，出现病变。玉米缺钙时植株矮小，叶缘有时呈白色锯齿状不规则破裂，新叶尖端粘连，不能正常生长，老叶尖端出现棕色焦枯。小麦缺钙生长点及茎尖端死亡，植株矮小或簇生状，幼叶往往不能展开，长出的叶片出现缺绿，根系短，分枝多，根尖往往分泌透明黏液，球形附在根尖上。

常用的有石灰、石膏、含钙的氮磷钾化肥等。石灰可作基肥和追肥，不能作种肥。施用时要撒施，力求均匀，防止局部土壤过碱或未施到，条播作物可少量条施。番茄、甘蓝等可在定植时少量穴施，不宜连续大量施用石灰。石灰肥料不能和铵态氮肥、腐熟的有机肥和水溶性磷肥混合施用，以免引起氮损失和磷退化导致肥效降低。碱土可施用石膏，一般施 25～30 kg/亩。水溶性钙肥可叶面喷施。

（八）镁肥

镁参与植物体内叶绿素的合成，参与蛋白质的合成，连接核糖体亚单位，将核糖体亚单位结合在一起，形成稳定的核糖体颗粒，为蛋白质合成奠定基础，是植物体内很多酶的活化剂，许多酶的重要合成物质，还参与许多酶促反应。

缺镁表现是叶绿素下降，出现失绿症。植株矮小，生长缓慢，双子叶植物脉间失绿，逐渐由淡绿色转变为黄色或白色，还会出现大小不一的褐色或紫红色斑点，严重时整个叶片坏死。作物缺镁老组织先出现症状，叶片通常失绿，始于叶尖和叶缘的脉间色变淡，由淡绿变黄再变紫，随后向叶基部和中央扩展，但叶脉仍保持绿色，在叶片上形成清晰脉纹，出现各种色泽晕斑。严重时叶片枯萎、脱落。玉米缺镁，下位叶先是叶尖前端脉间失绿，并逐渐向叶基部扩展，叶脉仍保持绿色，呈黄绿色相间条纹，有时局部出现绿斑，叶尖及前端叶缘呈紫红色，严重时叶尖干枯，脉间失绿部分出现褐色斑点或条斑。小麦缺镁时叶片脉间出现黄色条纹，残留小绿斑相连成串如念珠状，心叶挺直，下位叶片下垂，老叶与新叶之间夹角大，有时下部叶缘出现不规则的褐色焦枯。

镁肥包括镁的氧化物、硫酸盐、碳酸盐、硝酸盐、氯化物和磷酸盐、硅酸盐等，其有固态和液态。固态镁肥，有的溶解性比较高，但也有的属微溶性。镁肥宜作基肥，也可作追肥和叶面喷施。在强酸性土壤上，适宜施用钙镁磷肥、白云石灰等缓效镁肥，在弱酸性土壤中，施用硫酸镁有利于作物成长。镁肥可作土壤基肥，也可作追肥和根外追肥，镁在植物生长发育前期作用较明显，适宜做基肥，但许多镁肥肥效并不持久，需追肥。

（九）硫肥

植物体内的硫脂是高等植物内同叶绿体相连的最普遍组分，硫以硫脂方式组成叶绿体基粒片层，硫氧还蛋白半胱氨酸–SH 在光合作用中传递电子，形成铁氧还蛋白的铁硫中心参与暗反应。硫是组成蛋白质的半胱氨酸、胱氨酸和蛋氨酸等含硫氨基酸的重要组成成分，蛋白质的合成常因胱氨酸、甲硫氨酸的缺乏而受到抑制。施硫提高作物必需氨基酸，尤其是甲硫氨酸，而甲硫氨酸在许多生化反应中可作为甲基供体，不仅是蛋白质合成起始物，也是评价蛋白质质量重要指标。

硫在植物体内移动性差，缺硫症状先出现于幼叶。植物缺硫一般症状为植物发僵，新叶失绿黄化；双子叶植物缺硫症状明显，老叶出现紫红色斑；禾谷类植物缺硫开花和成熟期推迟，结实率低，籽粒不饱满。玉米缺硫初发时叶片叶脉间发黄，随后发展至叶色和茎部变红，并先由叶边缘开始，逐渐伸延至叶片中心。幼叶多呈现缺硫症状，而老叶保持绿色。小麦缺硫通常表现为幼叶叶色发黄，叶脉间失绿黄化，而老叶仍为绿色，年幼分蘖趋向于直立。

硫肥主要有含硫化肥、石膏和硫磺、有机肥等。含硫化肥包括硫酸铵、过磷酸钙、硫酸钾、硫基复合肥等。石膏和硫磺也常作为硫肥施用，石膏可作基肥、追肥和种肥，提供硫素营养。

四、有机—无机复混肥

有机—无机复混肥中有机质部分具有分散多孔的结构以及含有较多的活性官能团，可通过影响化肥养分释放、转化和供应调节化肥养分供应，优化化肥养分利用效果（刘杏兰 等，1996）。有机物料与化肥复配制成有机—无机复混肥，有机物料对化肥成分产生改性作用以及相互间的交互作用，对养分尤其是化肥氮、钾素的释放和磷肥固定产生一定调节作用，促进作物对养分的吸收，不仅提高养分综合利用效率，对化肥养分利用率提高有一定促进。施用有机—无机复混肥料的土壤有机质和全氮均较等养分量的化肥高，但低于施同肥量的堆肥和秸秆有机肥，有机—无机复混肥处理的土壤碱解氮、有效磷和速效钾相比单施化肥增加。有机—无机复混肥升级产品通过活性微生物成分的添加，增加土壤中有益优势菌群数量，改善作物根际环境，提高养分吸收利用程度，有助于有机—无机复混肥料增产优势发挥。

有机—无机复混肥可以作为基肥、追肥和种肥使用。但作为种肥的时候，避免与种子直接接触，避免有机物分解以及化肥对种子发芽产生不必要的危害。根据肥料中的有效成分含量和比例、土壤养分、作物种类和作物生长发育情况，确定合理的施用量（杜伟，2010）。

五、水溶肥

水溶肥养分自由搭配，除能提供传统肥料所含有氮、磷、钾等营养物质外，还可以自由搭配腐殖酸、氨基酸、生长激素、农药等，水肥一体肥效利用率高。按照剂型分类可分为水剂型（清液型、悬浮型）和固体型（粉状、颗粒状）。按照肥料组分分类可分为养分类、植物生长调节剂类、天然物质类和混合类。按照肥料作用功能分类可分为营养型和功能型。一般而言，水溶性肥料含有作物生长所需的全部营养元素，如 N、P、K、Ca、Mg、S 以及微量元素等，可据作物生长所需的营养需求特点来设计配方，满足作物对各种养分的均衡需求，并可根据作物不同长势对肥料配方作调整。植物的生长需要很多不同营养物质，主要有促进叶绿素合成，提升产量的氮；促进细胞分裂和幼苗加速成长的磷；提升幼果快速膨大的钾；促进授粉受精，提高坐果率的硼；提升植株抗病能力的锌和促进光合作用、加速代谢的镁等。水溶肥可实现养分自由搭配，可根据农作物的品种和生长周期所需营养元素的特性，实现因品施肥和因时施肥。水肥一体是其最主要的特点，水溶肥施用方便，节约劳动力，节约作物用水量，肥效利用率高，节约肥料用量（李代红 等，2012）。

六、微生物肥料

微生物肥料是一类含有微生物的特定制剂应用于农业生产中，能够获得特定的肥料效应。因其含有特定功能微生物，可诱导土壤有益微生物通过固氮、解磷、解钾和对其他元素的增溶作用来改善土壤养分（郑立伟 等，2020）。也可以产生生理活性物质，细菌肥料施入土壤后，可通过其微生物的代谢活动产生各种生理活性物质，如植物维生素、酸类物质等，从而刺激调节植物生长发育。施用微生物肥料后功能微生物在土壤中繁殖，能够改变土壤微生物群落结构，为植物生长提供健康的环境。微生物肥料将土壤微生物群落调节到适当的水平，从而保持植物的健康。使土壤微生物多样性和丰富度增加，改变土壤微生物群落组成，使土壤中微生物群落丰度增加。细菌肥料控病机制主要是限制病原菌的定殖和传播，改变微生物环境平衡，促进植物生长，诱发植物产生抗性，产生铁载体将铁螯合起来，抑制有害微生物的生长，产生抗生素，如胞外溶解酶、氧化氰。微生物肥料改善土壤酶活性，对根际土壤中过氧化氢酶、蔗糖酶、碱性磷酸酶及脲酶等酶的活性有影响。微生物肥料促进土壤酶活性的增加，提高植物利用土壤中养分的能力，对植物生长提供良好的生存环境、增加作物产量具有重要作用。微生物肥料激活植物系统抗性不仅表现在对病害的防治作用，有些细菌肥料的特殊微生物可提高宿主的抗旱性、抗盐碱性、抗极端温湿度和极端 pH 值、抗重金属毒害等能力，提高宿主植株的逆境生存能力。

第三节　分区施肥指导建议

一、施肥指标体系建立

主要作物施肥指标体系建立的依据如下。

邢台市根据土壤检测数据、田间试验、肥料配方对比试验结果、土壤类型、历年冬小麦、夏玉米、棉花主要农作物施肥指标体系和配方等资料，结合当地农业生产情况，对冬小麦、夏玉米、棉花主要农作物一定目标产量下建立相应的施肥指标体系、提出合理施肥配方建议。

1. 邢台市土壤养分状况

2020 年邢台市土壤有机质、全氮、有效磷、速效钾变化范围分别为 2.74～44.92 g/kg、0.30～2.09 g/kg、1.50～236.60 mg/kg、35.0～685.0 mg/kg；平均值分别为 18.45 g/kg、1.12 g/kg、20.39 mg/kg、178.4 mg/kg；变异系数分别为 29.39%、27.95%、84.75%、47.39%。按照河北省地方标准《耕地地力主要指标分级诊断》（DB 13/T 5406—2021），土壤有机质、全氮、有效磷、速效钾含量分别处在三级（中）、三级（中）、三级（中）、一级（高）水平。

2. 作物对营养元素的需求特征

每形成 100 kg 小麦籽粒平均需吸收氮（N）3.0 kg，磷（P_2O_5）1.25 kg，钾（K_2O）2.5 kg；每形成 100 kg 玉米籽粒平均需吸收氮（N）2.57 kg，磷（P_2O_5）0.86 kg，钾（K_2O）2.14 kg；每生产 100 kg 籽棉需吸收氮（N）5 kg、磷（P_2O_5）1.8 kg、钾（K_2O）4 kg，氮、磷、钾比例约为 1∶0.3∶1。磷的营养临界期，玉米在出苗后 1 周；小麦在分蘖始期；棉花在出苗后的 10～20 d。氮的临界期比磷稍晚一些，一般在营养生长到生殖生长过渡时期，小麦在分蘖和幼穗分化 2 个时期；玉米在幼穗分化期；棉花在现蕾初期。植物营养临界期的养分供应主要靠基肥或种肥供应。植物营养最大效率期往往在植物生长最旺盛的时期，此时植物吸收养分的绝对数量和相对数量最多。小麦的拔节—孕穗期，玉米的大喇叭口期，棉花在花铃期吸收氮、磷、钾总量的 80%，吸收氮高峰期在花期，吸收磷、钾高峰期在铃期，棉花营养最大效率期在花铃期。

二、主要作物施肥指标体系和施肥配方

邢台市小麦、玉米主要分布在山麓平原区和东部平原区，棉花主要分布在东部平原区；山麓平原区包括临城东部、内丘东部、信都区东部、沙河东部、柏乡、隆尧、任泽区、南和、宁晋；东部平原区包括新河、巨鹿、平乡、南宫、广宗、威县、清河和临西。依据邢台市各县（市、区）近年土壤养分数据、土壤供肥特点、肥料试验和肥效对比试验数据、相似类型区同类作物养分管理试验数据，参照各种作物养分吸收规律、肥料利用率以及土壤养分校正系数等参数，修订了邢台市山前平原区和东部平原区的冬小麦、夏玉米施肥指标体系和推荐施肥配方，以及全市棉花施肥指标体系和推荐施肥配方，见表 5-12～表 5-16。

表 5-12　山麓平原区冬小麦施肥指标体系

目标产量（kg/亩）	土壤有机质（g/kg）	土壤全氮（g/kg）	推荐施纯 N 量（kg/亩）	土壤有效磷（mg/kg）	推荐施 P_2O_5 量（kg/亩）	土壤速效钾（mg/kg）	推荐施 K_2O 量（kg/亩）
≤500	≤15	≤0.90	12～13	≤15	4～5	≤100	4～5
	(15,20]	[0.90,1.20]	11～12	(15,20]	3～4	(100,120]	3～4
	(20,25]	(1.20,1.50]	10～11	(20,25]	2～3	(120,140]	2～3
	>25	>1.50	9～10	>25	—	>140	—
[500,550)	≤15	≤0.90	13～14	≤15	5～6	≤100	5～6
	(15,20]	(0.90,1.20]	12～13	(15,20]	4～5	(100,120]	4～5
	(20,25]	(1.20,1.50]	11～12	(20,25]	3～4	(120,140]	3～4
	>25	>1.50	10～11	>25	2～3	>140	2～3
[550,600)	≤15	≤0.90	14～15	≤15	6～7	≤100	6～7
	(15,20]	(0.90,1.20]	13～14	(15,20]	5～6	(100,120]	5～6
	(20,25]	(1.20,1.50]	12～13	(20,25]	4～5	(120,140]	4～5
	>25	>1.50	11～12	>25	3～4	>140	3～4
>600	≤15	≤0.90	15～16	≤15	7～8	≤100	7～8
	(15,20]	(0.90,1.20]	14～15	(15,20]	6～7	(100,120]	6～7
	(20,25]	(1.20,1.50]	13～14	(20,25]	5～6	(120,140]	5～6
	>25	>1.50	12～13	>25	4～5	>140	4～5

表 5-13　东部平原区冬小麦施肥指标体系

目标产量（kg/亩）	土壤有机质（g/kg）	土壤全氮（g/kg）	推荐施纯 N 量（kg/亩）	土壤有效磷（mg/kg）	推荐施 P_2O_5 量（kg/亩）	土壤速效钾（mg/kg）	推荐施 K_2O 量（kg/亩）
<500	≤15	≤0.90	13～14	≤15	6～7	≤100	5～6
	(15,20]	(0.90,1.20]	12～13	(15,20]	5～6	(100,120]	4～5
	(20,25]	(1.20,1.50]	11～12	(20,25]	4～5	(120,140]	3～4
	>25	>1.50	10～11	>25	—	>140	—
(500,550]	≤15	≤0.90	14～15	≤15	7～8	≤100	6～7
	(15,20]	(0.90,1.20]	13～14	(15,20]	6～7	(100,120]	5～6
	(20,25]	(1.20,1.50]	12～13	(20,25]	5～6	(120,140]	4～5
	>25	>1.50	11～12	>25	4～5	>140	3～4

（续表）

目标产量 （kg/亩）	土壤有机质 （g/kg）	土壤全氮 （g/kg）	推荐施纯N量 （kg/亩）	土壤有效磷 （mg/kg）	推荐施P₂O₅量 （kg/亩）	土壤速效钾 （mg/kg）	推荐施K₂O量 （kg/亩）
	≤15	≤0.90	15～16	≤15	8～9	≤100	7～8
(550,600]	(15,20]	(0.90,1.20]	14～15	(15,20]	7～8	(100,120]	6～7
	(20,25]	(1.20,1.50]	13～14	(20,25]	6～7	(120,140]	5～6
	>25	>1.50	12～13	>25	5～6	>140	4～5
	≤15	≤0.90	16～17	≤15	—	≤100	—
≥600	(15,20]	(0.90,1.20]	15～16	(15,20]	8～9	(100,120]	7～8
	(20,25]	(1.20,1.50]	14～15	(20,25]	7～8	(120,140]	6～7
	>25	>1.50	13～14	>25	6～7	>140	5～6

表 5-14　山麓平原区夏玉米施肥指标体系

目标产量 （kg/亩）	土壤有机质 （g/kg）	土壤全氮 （g/kg）	推荐施纯N量 （kg/亩）	土壤有效磷 （mg/kg）	推荐施P₂O₅量 （kg/亩）	土壤速效钾 （mg/kg）	推荐施K₂O量 （kg/亩）
	≤15	≤0.90	13～14	≤15	5～6	≤100	6～7
≤600	(15,20]	(0.90,1.20]	12～13	(15,20]	4～5	(100,120]	5～6
	(20,25]	(1.20,1.50]	11～12	(20,25]	3～4	(120,140]	4～5
	>25	>1.50	10～11	>25	—	>140	3～4
	≤15	≤0.90	14～15	≤15	6～7	≤100	7～8
(600,650]	(15,20]	(0.90,1.20]	13～14	(15,20]	5～6	(100,120]	6～7
	(20,25]	(1.20,1.50]	12～13	(20,25]	4～5	(120,140]	5～6
	>25	>1.50	11～12	>25	3～4	>140	4～5
	≤15	≤0.90	15～16	≤15	7～8	≤100	8～9
(650,700]	(15,20]	(0.90,1.20]	14～15	(15,20]	6～7	(100,120]	7～8
	(20,25]	(1.20,1.50]	13～14	(20,25]	5～6	(120,140]	6～7
	>25	>1.50	12～13	>25	4～5	>140	5～6
	≤15	≤0.90	16～17	≤15	8～9	≤100	9～10
>700	(15,20]	(0.90,1.20]	15～16	(15,20]	7～8	(100,120]	8～9
	(20,25]	(1.20,1.50]	14～15	(20,25]	6～7	(120,140]	7～8
	>25	>1.50	13～14	>25	5～6	>140	6～7

表 5-15　东部平原区夏玉米施肥指标体系

目标产量（kg/亩）	土壤有机质（g/kg）	土壤全氮（g/kg）	推荐施纯 N 量（kg/亩）	土壤有效磷（mg/kg）	推荐施 P_2O_5 量（kg/亩）	土壤速效钾（mg/kg）	推荐施 K_2O 量（kg/亩）
<600	≤15	≤0.90	14～15	≤15	5～6	≤100	6～7
	(15,20]	(0.90,1.20]	13～14	(15,20]	4～5	(100,120]	5～6
	(20,25]	(1.20,1.50]	12～13	(20,25]	3～4	(120,140]	4～5
	>25	>1.50	11～12	>25	—	>140	3～4
[600,650)	≤15	≤0.90	15～16	≤15	6～7	≤100	7～8
	(15,20]	(0.90,1.20]	14～15	(15,20]	5～6	(100,120]	6～7
	(20,25]	(1.20,1.50]	13～14	(20,25]	4～5	(120,140]	5～6
	>25	>1.50	12～13	>25	3～4	>140	4～5
[650,700)	≤15	≤0.90	16～17	≤15	7～8	≤100	8～9
	(15,20]	(0.90,1.20]	15～16	(15,20]	6～7	(100,120]	7～8
	(20,25]	(1.20,1.50]	14～15	(20,25]	5～6	(120,140]	6～7
	>25	>1.50	13～14	>25	4～5	>140	5～6
≥700	≤15	≤0.90	17～18	≤15	8～9	≤100	—
	(15,20]	(0.90,1.20]	16～17	(15,20]	7～8	(100,120]	8～9
	(20,25]	(1.20,1.50]	15～16	(20,25]	6～7	(120,140]	7～8
	>25	>1.50	14～15	>25	5～6	>140	6～7

表 5-16　东部平原区棉花施肥指标体系

籽棉产量（kg/亩）	土壤有机质（g/kg）	土壤全氮（g/kg）	推荐施纯 N 量（kg/亩）	土壤有效磷（mg/kg）	推荐施 P_2O_5 量（kg/亩）	土壤速效钾（mg/kg）	推荐施 K_2O 量（kg/亩）
<250	≤15	≤0.90	12～13	≤15	5～6	≤100	7～8
	(15,20]	(0.90,1.20]	11～12	(15,20]	4～5	(100,120]	6～7
	(20,25]	(1.20,1.50]	10～11	(20,25]	3～4	(120,140]	5～6
	>25	>1.50	9～10	>25	—	>140	—
[250,300)	≤15	≤0.90	13～14	≤15	5～6	≤100	8～9
	(15,20]	(0.90,1.20]	12～13	(15,20]	4～5	(100,120]	7～8
	(20,25]	(1.20,1.50]	11～12	(20,25]	3～4	(120,140]	6～7
	>25	>1.50	10～11	>25	2～3	>140	5～6

（续表）

籽棉产量（kg/亩）	土壤有机质（g/kg）	土壤全氮（g/kg）	推荐施纯N量（kg/亩）	土壤有效磷（mg/kg）	推荐施P$_2$O$_5$量（kg/亩）	土壤速效钾（mg/kg）	推荐施K$_2$O量（kg/亩）
[300,350)	≤15	≤0.90	14～15	≤15	6～7	≤100	9～10
	(15,20]	(0.90,1.20]	13～14	(15,20]	5～6	(100,120]	8～9
	(20,25]	(1.20,1.50]	12～13	(20,25]	4～5	(120,140]	7～8
	>25	>1.50	11～12	>25	3～4	>140	6～7
≥350	≤15	≤0.90	15～16	≤15	7～8	≤100	—
	(15,20]	(0.90,1.20]	14～15	(15,20]	6～7	(100,120]	10～11
	(20,25]	(1.20,1.50]	13～14	(20,25]	5～6	(120,140]	9～10
	>25	>1.50	12～13	>25	4～5	>140	8～9

（一）冬小麦推荐施肥及管理技术建议

（1）前茬夏玉米收获后，将秸秆粉碎2～3遍，长度3～5 cm，铺匀。播前精选小麦种子，药剂拌种或种子包衣，防治地下害虫。

（2）根据种植区土壤质地、土壤养分状况和冬小麦目标产量，每亩基施含缓控释氮肥的掺混肥35～40 kg/亩或配方肥40～50 kg/亩。有条件的地块可基施商品有机肥150～200 kg/亩或者生物有机肥50～100 kg/亩，如果施用有机肥，化肥用量可以减少15%～20%。

（3）已连续旋耕3年以上的地块，需深耕或深松20 cm以上。最近3年内深耕过的地块，可旋耕2遍，旋耕深度在15 cm以上。深耕或旋耕后耱压、耢平，做到上虚下实，地面细平。

（4）最佳播期一般控制在10月5—15日，播深4～5 cm，播种量12.5～15 kg，播后及时镇压。早播宜深，晚播宜浅。

（5）根据冬前降水情况和土壤墒情决定是否灌冻水；需灌冻水时，一般在日平均气温5℃开始，昼消夜冻时灌溉，时间在11月27日至12月15日；对有脱肥趋势的麦田，配合浇冻水施少量化肥。冬前进行化学除草，适时镇压保墒。

（6）来年起身至拔节期适时根据苗情追肥灌溉；一次性追肥的地块一般追施含氮钾的水溶肥15～20 kg/亩或尿素10～15 kg/亩。春季二次追肥或者有水肥一体化灌溉条件的地块，这次追肥可以追施含氮钾的水溶肥7～10 kg/亩或尿素5～8 kg/亩。

（7）有水肥一体化灌溉条件的，浇好开花灌浆水，可随灌水每亩施尿素或氮钾水溶肥 3～5 kg，时间在 5 月 5—15 日；及时防治蚜虫、吸浆虫和白粉病；做好一喷多防。

（8）在收获前 10～15 d 停止浇水，防倒伏和有利于机械收获。适时收获，颗粒归仓。

（二）夏玉米推荐施肥及管理技术建议

1. 选择合适品种和播量

选择适宜品种，进行药剂拌种，以减轻病害，防治地下害虫。一般于 6 月 5—15 日采用等行距或大小行足墒机械播种。播种量一般为每亩 2.5～3 kg。播后及时浇灌蒙头水，确保全苗。查苗、补苗，拔除小弱株，保证植株健壮，改善群体通风透光条件。

2. 合理施肥

（1）施肥原则：夏玉米施化肥注意平衡氮、磷、钾营养，进行配方一次性施肥，采用机械化进行种肥同播。

（2）根据种植区实际情况，有条件的可施用有机肥 150～200 kg/亩或者生物有机肥 80～150 kg/亩，同时减少 15%～20% 无机化肥用量；缺锌地块基肥增施硫酸锌 1～1.5 kg/亩。同时配施以下 3 种施肥方式之一：①机械化条件成熟的，采用一次性施肥，全生育期底施含缓控释氮肥的掺混肥或者复合肥 35～50 kg/亩，后期不再追肥；②有灌溉和追肥条件的 2 次追肥区，底肥施用配方肥 30～35 kg/亩，小喇叭口—大喇叭口期结合苗情、土壤墒情，随着灌溉或降雨追施氮钾肥 15～20 kg/亩或尿素 10～15 kg/亩；③有水肥一体化灌溉条件的种植区，底肥施用配方肥 30～35 kg/亩，可以结合灌水在大喇叭口期和灌浆初期分别追施氮钾肥 8～10 kg/亩。

3. 病虫草害防治

施肥播种后，及时进行化学除草，并注意后期病虫害防治。主要有黏虫、蓟马、玉米螟、二点委夜蛾、草地贪叶蛾、病毒病、粗缩病等。

4. 及时收获

夏玉米成熟期即籽粒乳线基本消失时及时收获，收获后及时晾晒。有条件的地区适当延长收获时间，推行籽粒机收技术。

（三）棉花推荐施肥及管理技术建议

（1）棉花施肥以基肥为主、追肥为辅。一般前轻后重，因地、因时、因苗施用。基肥用量占总施肥量的 60%～70%。基肥以有机肥料为主，化学肥料为辅，有机肥养分全，肥效稳定持久。

（2）根据棉花需肥特点和目标产量、地力状况等因素，从上面制定配方中选择合适肥料品种，确定合理施肥量。

（3）基肥：施足基肥，并以有机肥为主，一般施腐熟有机肥1 000～1 500 kg/亩和棉花专用肥40 kg/亩。基施锌肥（硫酸锌）1～1.5 kg/亩、硼肥0.5 kg/亩。

（4）追肥：以氮肥为主，一般分初花期和盛铃期两次进行，前轻后重，两次施肥比例为1∶2。初花期苗情较好、长势偏旺的苗，可不施第一次追肥，习惯于一次性追肥的，可在花铃前期（每株有1～2个幼铃时）进行。第二次在盛铃期追肥，一般每次追施棉花氮肥或氮钾肥10～15 kg/亩。蕾期施肥深度为13～15 cm，离棉株13 cm；初花以后追肥深度和距离约为17 cm。也可结合浇水采用冲施法或滴灌法进行追肥。

（5）根外追肥：氮肥不足的棉田，将0.2%～0.3%的磷酸二氢钾与0.5%～1.0%的尿素及氨基酸叶面肥配合喷施。每隔10～15 d喷1次，共喷3～4次。

第六章 耕地质量提升技术模式

第一节 耕地质量提升模式

为了保证耕地数量稳定和质量提高，贯彻落实 2015 年中央一号文件精神和中央关于加强生态文明建设的部署，推动实施耕地质量保护与提升行动，着力提高耕地内在质量，实现"藏粮于地"，夯实国家粮食安全基础，农业部（2018 年 3 月，更名为农业农村部）制定了《耕地质量保护与提升行动方案》。总结相关耕地质量提升技术模式如下。

一、测土配方施肥技术

测土配方施肥是以土壤测试和肥料田间试验为基础，根据作物需肥规律、土壤供肥性能，在合理施用有机肥料的基础上，选择氮、磷、钾及中微量元素等肥料的科学施肥方法。测土配方施肥基于田块的肥料配方设计，首先确定氮、磷、钾养分的用量，然后确定相应的肥料组合，通过提供配方肥料或发放配肥通知单指导农民使用。生产中应注重：通过田间试验掌握不同施肥区不同作物的施肥比例，施肥时期和施肥方法；通过开展田间测试总结土壤养分数据，为不同作物提出不同的施肥配方设计；建立以镇、村、组为单位的测土配方施肥示范区，树立样板田，全面展示测土配方施肥的技术效果；加强对各级农业技术人员及肥料经销商的系统培训，逐步推行农业推广人员持证上岗。在华北平原高产粮区通过减氮及配施有机肥协调养分平衡供应，满足作物对养分的需求，并且合理施氮促进根系发育，增强作物水分利用和养分吸收，促进生长，提高作物产量，同时减少氮肥用量，提高氮肥利用率。与不施肥相比，化肥氮磷钾两者或三者之间配施均可提高土壤有机质、改善土壤物理性质和增强土壤生物多样性。80%的配方施肥结合有机肥可以增加土壤有机质、微生物碳、有效磷和速效钾含量分别为 5.73%、5.84%、2.1%和 6.35%（张世卿，2020）。

二、机械化深施肥技术

使用机械化作业可有效降低劳动成本，提升农业生产的经济效益；还可保证施肥效率和施肥量的合理控制，为农作物健康生长提供保障。据统计，在耕作条件相同、肥料使用量相同的情况下，采取机械化深施肥技术的作物产量明显超出人工地表施肥的作物产量，作物产量增幅平均达到10%以上（李赟虹，2020）。化肥深施技术可有效降低肥料的挥发作用，尤其是减少氮素损失，减少化肥使用量，提升耕地质量，增加经济效益。深施肥是用深松或者深耕实现的，农田深松能够打破犁底层、加深耕层深度；改善中、下层土壤结构，提高土壤通透性；增加耕层活土量、提高土壤肥力；扩大根系活动范围，促进根系的生长；提高土地生产能力，增强抗逆减灾能力，从而有利于作物产量的提高。农业农村部门及农机推广机构充分调动农机合作组织、种粮大户、农业产业基地的积极性，做好示范性推广工作。政府部门要加大政策、资金等扶持力度，对购买施肥机械设备进行累加补贴，对深施肥机械作业实施作业补贴。加强深施肥技术农机与农艺的配套研究，开发与机械化深施技术配套的肥料。

三、秸秆粉碎还田技术

秸秆粉碎还田技术是用秸秆粉碎机将农作物秸秆就地粉碎，均匀地抛撒在地表，随即翻耕入土，使之腐烂分解。提高秸秆粉碎质量，作物秸秆被翻入土壤后，在分解为有机质的过程中消耗一部分氮肥，适当增加前期氮肥使用量，减少后期氮肥用量；秸秆中含有丰富的氮磷钾等营养元素，可以增加土壤养分含量，提高土壤的蓄水保墒能力，促进团粒结构的形成，改善土壤理化性状，进而改善植株性状，提高作物产量。小麦收获后残茬高度一般不超过25 cm，粉碎后小麦秸秆长度一般不超过15 cm。也可以利用秸秆粉碎机对秸秆进行粉碎并均匀抛撒覆盖地表，再用联合整地机浅翻、重耙，然后起垄、整形、镇压。适宜微生物活动的碳氮比为25∶1，秸秆还田的小麦基肥增施氮肥，选用氮含量稍高的小麦复合肥做底肥；也可在小麦正常施肥的基础上，增施尿素75～112.5 kg/hm²，以满足小麦及微生物对养分需求，并加快秸秆分解腐烂。玉米收获后，尽快进行秸秆还田，最好是同步进行切割粉碎，秸秆切割长度一般小于10 cm，掌握在3～5 cm为宜，秸秆还田并非越多越好，其还田数量根据水源和耕作条件决定，原则上保证当年还田秸秆充分腐烂，不影响下茬耕作质量，尽早翻耕深埋，地面无明显粉碎秸秆堆积，以利于秸秆腐熟分解和保证小麦种子发芽出苗。秸秆还田地块一般主张深耕，深度25 cm以下，做到土碎地平，上虚下实。耕地后进行镇压，以防漏风跑墒，这在一定程度上也避免了因粉碎后的玉米秸秆未及时翻入土壤被风吹干，造成秸秆水分损失。

四、水肥一体化技术

水肥一体化技术是指灌溉与施肥融为一体的农业新技术。水肥一体化是借助压力系统（或地形自然落差），将可溶性固体或液体肥料，按土壤养分含量和作物种类的需肥规律和特点，配兑成的肥液与灌溉水一起，通过可控管道系统供水、供肥，使水肥相融后，通过管道和滴头形成滴灌，均匀、定时、定量浸润作物根系发育生长区域，使主要根系土壤始终保持疏松和适宜的含水量；同时根据不同作物的需肥特点，土壤环境和养分含量状况，作物不同生长期需水需肥规律情况进行不同生育期的需求设计，把水分、养分定时定量，按比例直接提供给作物。可以避免肥料尤其是铵态和尿素态氮肥施用在土壤表层易引起的挥发损失，既节约氮肥、提升耕地质量又有利于环境保护。充分分析种植作物的需水量及生长条件，确定灌水量。一般情况下，相比畦灌、浇灌模式，滴灌施肥的灌溉量降低 35% 左右，确定灌溉量后进一步确定灌水时期、次数及每次用水量，确定上述参数时充分分析作物的需水规律、实际降水情况、土壤墒情等（李小利 等，2018）。该技术灌水均匀，能够克服传统灌溉施肥造成的土壤板结；还可降低土壤容重，增加土壤孔隙度，有效保持土壤湿度，促进土壤微生物群落的多样性，提高土壤有机质的分解速率。

五、合理轮作技术

土壤改良主要是针对土壤的不良性状和障碍因素，采取相应的物理或化学措施，改善土壤结构，提高土壤肥力，增加农作物产量，以及改善人类生存土壤环境的过程。引导农民改进耕作方式，实施合理轮作、间作或套种。不同种类的作物、同一种类作物不同科的品种轮作、间作和套种，如"玉米—大豆间作""绿肥—冬小麦轮作""冬绿肥—春花生轮作"改善土壤性状，增加土壤有机质、增强土壤微生物活性，提高土壤养分肥力和肥料利用效率。种植紫花苜蓿、三叶草、红豆草、紫云英等生长茂盛的草本植物，通过植物对土壤营养成分的调节，改善土壤通气状况，改良土壤结构，减少化肥的使用数量，进而提升耕地质量。

六、多元模式融合技术

有机肥种类繁多、肥料来源广、成本低廉、施用方法简单，是发展优质、高效、低耗农业的一项重要技术。化肥与有机肥配施，可以将化肥养分含量高、肥效快但持续时间短、养分单一的缺点，与有机肥肥效慢但大多数养分种类丰富且持续时间长的优点充分结合起来，实现取长补短。"有机肥 +配方肥"模式、"有机肥+水肥一体化"模式、"秸秆生物反应堆"模式、"有机肥+机械深施"模式。河北平原是我国小麦—玉米主产区之一，热量资源不足、气候干旱、水资源严重匮乏，与光热资源分配不合理、水肥利用效率不高、耕地高产承载力较弱等生产现状矛盾突出，严重制约了两季作物和生态区域间均衡增产，以及高产和资源高效利用的均衡同步，目前集成和应用了"水肥热高效利用协同增产关键技术""冬小麦—夏玉米轮作秸秆还田施用技术""秸秆机械还田生物菌快速腐熟技术""高效节水型夏玉米全程机械化技术""季节性休耕技术"等多元化高效融合技术体系。

第二节 科学施肥技术模式

一、有机物质替代化肥技术

有机物质包括有机肥料、生物炭、作物秸秆等，这些物质施入土壤后可替代一部分无机化肥。

（一）优化农作物生长环境

施入有机肥后，改善土壤物理结构，提高土壤孔隙度，通透交换性，使土壤变得疏松，改善根系生态环境，促进团粒体结构形成，提高作物耐涝能力。协调土壤水、肥、气、热状态，破除土壤板结，使土壤变得疏松肥沃，有利于耕作，为作物生长发育创造适宜环境。资料报道，施用有机肥降低土壤容重 $0.18~g/cm^3$，增加通气孔隙 7%，同时增加土壤通透和蓄水能力。有机肥中有机质的分解能提高深层土壤的施肥能力和抗酸碱能力，也能为作物的生长发育创造良好的土壤条件。有机肥在作物根系形成的有益菌还能抑制有害病原菌繁衍，增强作物抗病抗旱能力，降低连作植物病情发生概率，连年施用可大大缓解重茬障碍。生物炭作为一种新兴土壤调理剂，不仅可以增加土壤含水量、电导率，还能增加土壤微生物量，促进土壤碳、氮的矿化。作物秸秆中含有丰富的氮磷钾等营养元素，可以增加土壤养分含量，提高土壤的蓄水保墒能力，促进团粒结构的形成，土壤通透性增强，有机质、全氮、速效磷、速效钾含量明显提升，给农作物提供更加优质的土壤生产环境。其中土壤有机碳含量平均提高 15.6%；土壤有效磷含量显著提升 32.0%；土壤速效钾含量平均提升 27.1%。

（二）提升化肥肥力和增加作物产量

有机肥料施到土壤后，不仅能在当年有效实现土壤肥力提升，同时由于农业生产当中有机肥有效成分释放较为缓慢，在后期也能保持良好作用，让农作物生长更好，提升植物收成。有机类型肥料在使用中有效作用时间较长、对土地肥力提升显著情况，由于有机类型肥料在使用中出现螯合作用，有机类型肥料中所包含的原生成分以及次生成分，能和土壤中的部分营养物质发生螯合反应，让土壤化学物质的实际利用率得到保证，通过肥力的提升也能实现农作物产量的提升。

有机肥替代 30%化肥小麦、玉米季产量分别为 $7~685~kg/hm^2$、$7~936~kg/hm^2$，较单施化肥处理分别增加了 5.2%、8.0%（张世卿，2020）。小麦的有机肥替代 30%化肥处理较单施化肥处理小麦的穗粒数、有效穗数有明显的提高趋势，千粒重没有显著性差异。施用生物炭小麦增产 6%～15%。秸秆还田对河北省小麦产量有显著提高效果，平均提高 11%，小麦亩穗数、穗粒数及籽粒千粒重在秸秆还田下都有不同程度的提高。

二、缓控释氮肥替代普通氮肥技术

缓控释肥是一种利用新技术、新材料、新方法研制的新型肥料，通过某种机制措施控制养分释放来满足作物在不同时期对养分的需求，达到养分释放与养分需求两者之间供需基本平衡，该类肥料对于减少肥料淋溶、挥发，提高肥料利用率具有重要作用。

（一）控释尿素减少氮素淋失

5 年小麦/玉米轮作之后，在 0～60 cm，各施氮处理的硝态氮较不施氮处理有显著提高。0～20 cm，小麦苗期普通尿素处理的土壤硝态氮含量显著高于其他控释尿素处理，生育后期该层土壤硝态氮明显降低。20～60 cm，普通尿素处理的土壤硝态氮较高，由于尿素是速溶性肥料，施入土壤后硝态氮迅速增加，而硝态氮带有负电荷，土壤对其吸附能力较小，增加了硝态氮淋洗损失，导致氮素损失和对环境污染。

（二）提高作物产量及氮素利用率

肥料投入与农作物需求相同步对作物增产起到重要作用。冬小麦和夏玉米氮素需求量与生育进程间符合"S"形曲线变化，小麦在苗期和孕穗期至成熟期氮素需求量较少，氮素需求高峰出现在拔节—抽穗期；玉米在苗期和灌浆期—成熟期氮素需求量较少，氮素需求高峰主要在拔节—开花期。长期定位施用控释尿素平均冬小麦、夏玉米产量及氮素利用率表明，轮作 7 年，PCU、SCU 和 PSCU 较 Urea 小麦分别增产 4.9%、8.3%和 11.5%；PCU、SCU 和 PSCU 相对于 Urea 氮素利用率分别增加 28.7%、29.7%和 34.4%。控释尿素处理 PCU、SCU 和 PSCU 的夏玉米籽粒产量均显著高于 Urea，控释尿素减氮处理 PCU 70%、SCU 70%和 PSCU 70%相对于 Urea 玉米氮素利用率分别增加了 97.0%、102.6%和 103.8%（郑文魁，2017）。

三、土壤调理物质提升耕地质量技术

（一）土壤调理剂

土壤调理剂是用于改善土壤理化性质的一种物料，将其应用于退化的土壤中，可以改良土壤结构、减少土壤盐碱化现象、改善土壤中的水分状况、提高土壤的生产力。小麦季施用土壤调理剂可以增强土壤团聚体水稳性，增加土壤速效钾、有效磷、硝态氮和有机质含量，提升土壤微生物碳、氮含量，提高土壤肥力。宁晋县试验表明，施用调理剂后小麦季表层土壤微生物碳提高 13.29%、微生物氮提高 7.47%，耕层土壤容重比未添加的下降了 0.05 g/cm³，有效磷、速效钾提高 1.8%～32.92%。土壤调理剂在一定程度上调节土壤的酸碱性，生石灰、贝壳粉等可在短时间内较好地提高土壤 pH 值 0.1～0.3 个单位。施用土壤调理剂破除根层土壤板结，增加土壤团粒结构，为根系生长发育营造良好根际环境；使小麦产量提高 2%～15%。

（二）微生物菌剂

微生物菌剂可以改善作物生长环境，施用微生物菌剂显著降低土壤 pH 与电导率，提高土壤有效养分含量，增加土壤有机碳含量，提高土壤脲酶活性。施用菌剂后土壤有效磷提高 59% 以上。不同微生物菌剂对小麦纹枯病防效均在 70% 以上，在越冬期，菌剂对根腐病和全蚀病的防效均较高，达到 90% 左右。微生物菌剂可增加小麦分蘖数和次生根数，增加小麦产量。

四、机械深耕提升耕地质量技术

土地耕整，覆盖杂草和肥料，可积蓄水分和养分，疏松土壤，恢复土壤团粒结构，创造良好的土壤耕层构造和表面状态，可为播种和作物生长发育及田间管理提供良好条件。

（一）机械深耕改善土壤理化性状

在运用传统耕作技术过程中，容易在灭茬时形成坚硬的犁底层，而通过深耕深松技术可避免这一问题，提升土壤的透气性和透水程度，将土壤容重调节在合理范围内，并实现 45 cm 左右的深松深度，从而确保农作物苗壮生长。采用深松技术，可在土壤中建立天然水库，使土壤能够充分吸收降水、存储水分使作物在旱季得到充足的水分补给，确保作物健康生长。研究表明，深松全层施肥和深松两肥异位分层施肥的土壤入渗速率较免耕浅施肥分别显著提升 51% 和 59%。深翻比免耕增加土壤孔隙度 1.30%，降低容重 0.70%。深松降低土壤容重，增加孔隙，改善土壤耕层环境。2018—2019 年在邢台市宁晋县试验表明，深松和深翻处理的土壤容重小于浅耕，0～10 cm 的 WT3、WT4 较 WT1、WT2 显著降低 6.57%～8.03%；10～20 cm 显著降低 4.96%～7.64%；20～30 cm 显著降低 3.97%～6.58%（马阳，2018）。

（二）机械深耕利于秸秆还田

秸秆还田提高土壤水分有效性，降低土壤水分蒸发散失，秸秆中含有大量植物生长必需的营养元素，还田的秸秆在土壤中被分解的过程中会释放出这些元素，增加土壤养分含量和有效性，促进作物对养分与水分的吸收，从而提高作物产量。经过深耕以后，秸秆被翻入深层，减少了病虫的危害，加快了秸秆腐烂速度。茎秆中含有一定营养物质，给下茬作物生长提供了帮助，提高了土壤肥力，进而减少化学肥料施用量。

（三）机械深耕促进作物生长

农作物生长需要一定的耕作深度。小麦根系主要分布在 0～40 cm，其中 0～20 cm 土层的根系占总量的 60%～70%；20～40 cm 土层内的根系占 20%～30%；40 cm 以上土层内的根系仅占 10%。高产小麦的耕作深度一般大于 20 cm。机械深耕作业深度可达到 21～26 cm，能够满足作物生长耕作深度，有效促进作物生长，实现增产。深翻和深松较免耕，作物氮转运量增加了 16.1 kg/hm²、12.8 kg/hm²，磷转运量增加 5.7 kg/hm²、5.0 kg/hm²，钾转运量增加 3.3 kg/hm²、6.1 kg/hm²。

五、水肥一体化技术

邢台市属于典型的半干旱地区，农业灌溉用水主要来自地下水，而长期的大规模灌溉导致地下水超采严重，水肥一体化技术需要迅速发展。

（一）提高水氮利用率

水和氮是限制干旱和半干旱地区农业发展的主要因素，滴灌属于局部灌溉，通过把少量的灌溉水直接送到作物根部，可以降低水分的渗漏和蒸发损失，减少灌溉量从而提高作物水分利用效率。与喷灌和漫灌相比，滴灌湿润具有较好的均一性，对作物出苗和前期生长均有促进作用。与漫灌相比，滴灌施肥可增加土壤储水量，合理的土壤水分含量促进根系对氮素和水分的吸收，提高了水分和氮素利用效率。合适的水肥配比可有效发挥肥效，促进作物对肥料的吸收与利用，从而促进作物干物质量和产量的提高。研究表明，在小麦生长发育的灌浆期、收获期，微喷的水肥一体化模式明显提高了土壤中的含水量，而漫灌模式更有利于提高土壤表层含水量。在各处理中，综合管理水肥一体化模式的土壤，在各生育时期保持在一个相对稳定的高含水量，随着深度变化趋势较为平稳，优势明显。也有研究对 4 种不同灌溉及耕作方式下的复播油葵产量、耗水量和水分利用效率分析表明，不同处理间产量和水分利用效率均表现为滴灌免耕（DNT）＞滴灌翻耕（DCT）＞漫灌免耕（FNT）＞漫灌翻耕（FCT），DNT、DCT 和 FNT 比 FCT 水分利用效率增加 11.9%、5.4%、2.4%。翻耕条件下滴灌水分利用效率比漫灌高 2.42 kg/（hm²·mm）。滴灌配合免耕技术不仅改善了土壤理化性状，防止土壤水分过度蒸发，提高土壤水分有效性，为作物生长创造了良好的土壤环境。

（二）水肥一体化对作物生长的影响

滴灌能维持长期作物轮作系统全年合适的含水量并有效控制灌溉后 7～15 d 的含水量，不仅减少灌溉水用量，提高农业生产水氮利用效率。研究表明，滴灌小麦千粒重大于漫灌，是由于滴灌小麦灌浆速率大于漫灌，叶片功能期较长，进入灌浆期较早，延长了灌浆期，灌浆高峰持续时间也较长。滴灌提高水分利用效率甚至会提高小麦产量。将滴灌技术与覆膜栽培方法结合形成膜下滴灌技术，可有效解决小麦种植中面临的生育前期积温不足和整个生育期的灌水施肥问题，有效调控土壤水热、提高土壤酶活性、促进作物生长和提高小麦产量。小麦、玉米是邢台市的主粮作物，种植面积大，是全市粮食安全的重要保障，在稳定面积的前提下，重点实施好主粮作物水肥一体化关键技术是符合当前全市粮食生产的需要。

第七章　耕地资源合理利用

耕地是土地的精华，是农业生产最重要的资源。邢台市耕地面积 599 232.80 hm²。全市常住人口为 7 111 106 人，与 2010 年第六次全国人口普查的 7 104 103 人相比，增加 7 003 人，增长 0.10%。人均耕地面积 0.087 hm²，远低于全国平均水平，必须采取各种切实可行的措施，实现耕地资源总量动态平衡和可持续利用。

第一节　耕地资源利用面临的问题

土地是一切生产和生存的源泉，是人类赖以生存的基地，是农业生产最基本的生产资料。为确保粮食生产安全，控制人口增长，必须加强耕地资源保护，合理利用现有土地资源。

一、耕地资源配置可续性降低

邢台市耕地资源在开发利用过程中，由于土地资源和环境自身存在的不利因素以及经济活动长期缺乏规划，导致部分地区为追求高产，盲目开发和过度垦殖，造成水土流失、土地沙化、盐碱化等问题，使耕地生态环境质量不断下降，耕地资源配置可续性降低。

（一）水土流失

水土流失是邢台市耕地资源利用中最主要的生态问题，它直接导致土壤退化、耕作层变浅、保水保肥能力降低，进而影响山区农业生产发展、水库的安危和下游平原地区的洪涝灾害治理。邢台市水土流失面积仍有 164 986.1 hm²，占总面积的 39.3%。

（二）土地沙化

邢台地区由于黄河故道以及河漫滩地等地形影响，形成了较大面积的沙地。到 2016 年，邢台市沙化耕地型的耕地面积仍有 0.98 万 hm²，占当时全市总耕地面积的 1.40%。土地沙化是土地退化的重要表现，严重影响土地生产质量、显著降低耕地的生产潜力。

（三）土壤盐碱化

邢台市全域均属黑龙港流域，其地形、气候特点、水域分布以及农业生产的不合理管理导致该市易形成盐碱地。盐碱地主要分布在东部低平原地区，尤其是滏阳河与老漳河夹道处分布面积最大，其地下水位高，矿化度在 2～5 g/L，局部高达 5 g/L。邢台市共有盐碱地面积 4.7 万 hm²，其中未利用面积为 6 827.41 hm²。

二、耕地资源质量地区差异明显且分布不均衡

由于地形、土壤、水文、耕作水平等条件的影响，西部、中部和东部地区的耕地资源质量状况有明显差异。西部的信都区、临城县、内丘县和沙河市垦殖率仅为 31.2%，东部平原各县（市）则在 70% 以上。滏阳河以西的中部平原地区水资源丰富，耕地资源质量及土地生产率水平居全市之首；滏阳河以东的平原地区水由于资源缺乏，中、低产田较多，土地质量及生产率明显低于中部平原地区。2020 年邢台市耕地质量评价报告显示，邢台市耕地中地面平坦、土体构型较为良好、土层较深厚、质地优良、无障碍层次货较低、水浇条件良好、养分水平较高、保肥保水性能较好、灌溉排水条件良好，质地优良的 1～3 等级耕地仅占耕地总面积的 24.53%，4～10 等级耕地面积则占 75.47%。全市中、低产田面积为 45.23 万 hm²，占耕地面积的 75.47%。

三、耕地面积地域分布不均

2010 年邢台市农用地面积为 93.69 万 hm²，耕地面积为 69.86 万 hm²，占农用地面积的 74.57%。宁晋、威县、南宫 3 个地区耕地面积居于全市前列，分别为 82 903 hm²、76 262 hm² 和 62 919 hm²，占全市总耕地面积 11.87%、10.92% 和 9.01%；柏乡、临城、新河居于后三位，分别为 19 583 hm²、24 299 hm² 和 25 625 hm²，占全市总耕地面积 2.80%、3.48% 和 3.67%。

四、耕地种植结构单一且产出效益低

在邢台市一些地区尤其是贫困山区，由于科技信息闭塞、文化层次制约等因素，导致作物种植结构比较单一、产品品质较差，耕地产出经济效益较低。另外，由于农民外出务工收益较高，致使农村青壮年劳动力缺失，从而出现部分农村耕地利用率和产出进一步降低。

第二节　各类农田合理改良利用

土壤改良利用是对各项土壤资料进行综合分析，针对土壤的不良性状和障碍因素，

运用土壤学、农业生物学、生态学等多种学科的理论与技术，采取相应的物理或化学措施，改善土壤性状，提高土壤肥力，排除或防治影响农作物生育和引起土壤退化等不利因素，并根据不同区域土壤特点、自然条件、经济条件，因地制宜地制定切实可行的开发、利用规划，综合发展农、林、牧、副、渔生产，发挥土壤生产潜力，增加作物产量，提高经济、生态和社会效益。

一、高、中产田分布

耕作农田按照《全国中低产田类型划分与改良技术规范》（NY/T 310—1996）和《全国耕地类型区、耕地地力等级划分》（NY/T 309—1996）标准，根据耕地的内在基础地力、外在农田设施建设水平和耕地产出能力为基础，结合不同区域特点，将耕地划分为高产田、中产田和低产田。通过对近几年邢台市耕地地力、土壤主导障碍因素和粮食产量调查，在总结邢台市以往农田调查成果基础上，根据该市耕地地力等级评价结果，1～3 等地划分为高产田，4～6 等地划分为中产田，7～10 等地划分为低产田。2020 年邢台市各类农田面积及所占比例见表 7-1。该市高产田面积 14.70 万 hm^2、占全市耕地面积的 24.53%，中低产田 45.23 万 hm^2，占耕地面积的 75.47%。

表 7-1　邢台市各类农田面积及所占比例

行政区域	高产田（hm^2）	中产田（hm^2）	低产田（hm^2）
柏乡县	105.76	17 576.03	0.00
广宗县	1 560.94	25 667.58	0.00
巨鹿县	66.14	35 966.10	0.00
临城县	13 917.40	7 442.19	5 308.93
临西县	344.24	36 163.64	0.00
隆尧县	27 613.45	22 315.18	0.00
南宫市	6 323.01	47 153.15	0.00
南和区	576.68	24 152.33	1 591.30
内丘县	869.91	20 088.48	7 836.12
宁晋县	53 094.63	23 679.14	0.00
平乡县	0.00	24 484.47	0.00
清河县	23 556.89	385.29	0.00
任泽区	14 905.29	12 734.80	0.00
沙河市	253.08	20 580.16	4 918.81
威　县	3 754.99	52 192.09	0.00
新河县	0.00	24 685.18	0.00

（续表）

行政区域	高产田（hm²）	中产田（hm²）	低产田（hm²）
信都区	0.00	10 983.29	15 302.50
襄都区	0.00	2 794.53	0.00
邢东新区	17.86	2 218.23	0.00
经济开发区	0.00	6 053.01	0.00
合计（hm²）	146 960.30	417 314.90	34 957.66
比例（%）	24.53	69.64	5.83

二、高产田的合理利用

2020 年邢台市耕地总面积为 599 232.80 hm²，其中高产田占总耕地面积的 24.53%，主要分布在清河县、宁晋县和隆尧县等。各种指标均较好，地面平坦，土体构型较为良好，土层较深厚，质地优良，无障碍层次；水浇条件良好，养分水平较高，保肥保水性能较好，利用上几乎没有限制因素，可种植作物种类广泛，是高产稳产的农业生产基地。土壤状况良好，保水、保肥能力较好，耕作、灌溉条件便利、生产潜力大，是高产稳产优良农业生产基地。但是，在农业生产中高产田必须合理耕作、适当补充肥水，确保高产田生产能力的可持续性。实际耕作中，根据具体情况，结合当地气候、土壤条件、农业生产水平、灌溉水平等因素，因地制宜开展高产农田的合理利用。

高产田中的 1 等地是邢台市最好的土壤，各种指标均良好。生产中首先要注意增施有机肥，实行秸秆还田，增加土壤有机质含量，适量补充微肥；其次要注意调整肥料投入比例，实现平衡施肥，提高肥料利用率。高产田中的 2 等地，土壤质量和生产条件较好，但在农业生产上存在的不利因素是耕地养分比例失衡。在生产中主要从土壤入手，注意增施有机肥，改善物理性状，培肥地力，可采用深耕等措施改良土壤；同时，注意合理耕作，蓄水保肥；与农田基本建设相结合，防止养分和水分渗漏，最大限度地发挥土壤的增产潜力。高产田中的 3 等地，生产条件也较好，但存在土壤个别养分状况偏低的不利因素；生产中首先增施有机肥，培肥地力，增加秸秆还田质量和数量；根据种植作物合理确定氮、磷、钾与微肥的施用时期、使用比例、数量和方法。

三、中低产田合理利用

中低产田是因为土壤本身的障碍因素（如质地、土体构型、pH、养分状况等）或土壤环境因素不良（包括光照、温度、降水、地形地貌、作物布局、农田水利设施、耕作制度、施肥措施等），从而影响土壤生产力的发挥，导致农作物产量低而不稳。邢台市中低产田面积占全市耕地的 75.47%，改良中低产田、提高中低产田生产水平、合理利用中低产田是实现粮食高产稳产、保障粮食安全和实现土地资源可持续利用的一条重要举措。

（一）中低产田类型

结合《全国中低产田类型划分与改良技术规范》（NY/T 310—1996），根据本市土壤主要障碍因素和改良利用方向，将全市中低产田划分为 8 个类型：干旱灌溉型、瘠薄培肥型、坡地改梯型、盐碱耕地型、质地改良型、渍涝潜育型、沙化耕地型、无明显障碍型。邢台市干旱灌溉型的耕地面积 3.03 万 hm²，占全市总耕地面积的 5.06%。瘠薄培肥型的耕地面积 3.47 万 hm²，占全市总耕地面积的 5.80%。坡地改梯型的耕地面积 3.51 万 hm²，占全市耕地的 5.85%。盐碱耕地型的耕地面积 0.28 万 hm²，占全市总耕地面积的 0.46%。质地改良型的耕地面积 3.27 万 hm²，占全市总耕地面积的 5.46%。渍涝潜育型的耕地面积 3.75 万 hm²，占全市耕地的 6.26%。沙化耕地型的耕地面积 0.80 万 hm²，占全市总耕地面积的 1.33%。无明显障碍型的耕地面积 27.11 万 hm²，占全市总耕地面积的 45.25%。

（二）中低产田主要障碍因素

中低产田在农业生产中表现出的限制农业生产发展和提高单位产量的各种障碍因素主要有干旱缺水、耕层浅薄、土壤黏重、土壤酸性、土层含水量砂量高、土体下部含砂太高而漏水、涝渍、盐碱、黏盘、砾石含量太多、潜育化，以及风沙、白浆、砂姜、碱化、石灰板结等。该市土壤的主要障碍因素有以下几个方面。

1. 干旱缺水

邢台市多年平均降水量为 525.1 mm（山区年降水量 594 mm，平原 497.5 mm），降水总量为 65.41 亿 m³。降水主要集中在 6—9 月，夏季降水量占全年降水的 76%，秋季降水量占 18%；春季占 13%；冬季仅占 3%。因此，全年大部分时间气候干燥，天然降水不能满足作物生长需要。

受自然地理和气候条件影响，邢台市处于严重缺水形势，水资源总量 14.6 亿 m³，地下水 10.4 亿 m³，人均占有量不足 200 m³，亩均水资源量为 144 m³，占全国亩均水资源量的 1/10，为全省的 70% 左右，属资源型严重缺水地区。2010 年，全市供水总量为 18.4 亿 m³，全市农业用水 14.8 亿 m³，占总用水量的 80%，农田灌溉主要靠抽取地下水，致使地下水位连年下降，成为农业种植增产增效最大的制约因素。

2. 水土流失

邢台市耕地土壤水土流失的原因主要有两个因素：一是自然因素，地形复杂，地势从西向高逐渐降低，受降雨影响，地表切割破碎，地形沟壑密布，沟壁遭水蚀坍塌严重；山区大部分土壤为花岗岩、片麻岩母质土壤，结构疏松，颗粒大，易破碎；降雨主要集中在6—9月，夏季降水量占全年降水的76%，且多暴雨。二是人为因素，垦殖草坡，毁林造田，陡坡开荒，使植被遭到破坏，水土流失严重；水利工程设施不完备，拦蓄能力差，控制水土流失能力低。中华人民共和国成立前，全市山区总面积达419 386.9 hm²，原有水土流失面积为248 250.7 hm²，占山区总面积的59.2%。经过整治，该市水土流失面积仍有164 986.1 hm²，占总面积的39.3%。

3. 土壤沙化和盐碱

邢台地区由于黄河故道以及河漫滩地等地形影响，形成了较大面积的沙地。2007年，全市未利用土地中沙地面积达5 860.3 hm²，主要分布在东部低平原老沙河流域，其中南宫市面积最大为2 130.58 hm²。到2016年，邢台市沙化耕地型的耕地面积仍有0.98万 hm²，占全市总耕地面积的1.40%。邢台市属黑龙港流域，其地形、气候特点、水域分布以及农业生产的不合理管理导致该市易形成盐碱地。盐碱主要发生在低洼易涝区、古河道和地下水位高和矿化度较高区，主要分布在东部低平原地区以及宁晋、南和、信都区13个地区，尤其是交接洼地的东部边缘和古河道及局部洼地周边地区。

4. 土壤养分含量偏低

2020年调查结果，邢台市土壤有机质、全氮、有效磷、速效钾、缓效钾平均含量分别为18.45 g/kg、1.12 g/kg、20.39 mg/kg、178.4 mg/kg、995.6 mg/kg。有机质、全氮、有效磷、缓效钾平均值均属3级，处于中水平；速效钾平均值属1级，处于高水平。与2010年比，2010年土壤有机质、全氮、有效磷、速效钾、缓效钾分别提高22.75%、25.84%、12.03%、60.43%、20.23%，其中速效钾升幅最大，有效磷升幅最小；有效硫、有效铁、有效锰、有效锌、水溶性硼分别比2010年提高36.18%、45.55%、17.18%、10.05%、95.85%，有效铜含量降低8.33%。

5. 农民农业生产科学技术水平偏低

由于农民文化素质和年龄参差不齐，导致接受农业生产科学知识能力不足，再加上传统农业生产知识的禁锢以及农村提升科技素质氛围不强，导致农业生产仍存在耕作制度不合理，部分地块管理粗放，广种薄收。在土壤肥力管理方面，存在不合理的大量施用化肥造成土壤板结、盐渍化加重以及土壤污染导致的农田生产力下降和作物品质低下现象。

（三）中低产田改良利用

中低产田改造可以针对不同类型采取不同措施，通过工程、生物、农艺、化学等措施的综合应用，消除或减轻中低产田土壤限制农业产量提高的各种障碍因素，提高耕地基础地力。针对邢台市中低产田不同类型可以采取以下相应的技术措施。

1. 渍涝潜育型中低产田改造技术

渍涝潜育型中低产田土壤主要障碍因素是潜育化，土体内部因水分长期饱和，处于还原状态，土粒分散，呈稀糊状结构，水冷泥温低，养分供应速率慢，水、热、气、肥不协调。该类型中低产田的主要改造技术方向为防涝治潜、改土培肥、改变单一种植结构。

一是加强农田水利建设，开挖深沟排水、降低地下水位，改变土壤渍潜状况。同时疏通河道，搞好沟渠配套，健全排灌系统，提高排灌效益，降低地下水位。

二是采取冬耕晒垡措施改良土壤结构。在秋末冬初将土地耕翻后耙碎耙平，使其充分曝晒的措施。土垡经过较长时间的风吹日晒，经历冷热交替和干湿交替的胀缩作用而变得酥碎疏松，从而改善土壤结构和通气状况，促进有机物质分解和养分释放，降低还原性物质，提高土壤肥力，有利于良好土壤形成和来年整地播种及作物生长。

三是采用客土技术。实施掺砂改黏、降低土壤黏性；合理用肥，增施有机肥。涝洼地增施农肥和磷肥。冷凉地施热性粪肥，黏重地施沙性粪肥、发苗粪、催粒粪，同时配施磷、钾肥及锌、硼等微肥。

四是改变种植结构。合理轮作，种植绿肥熟化土壤、增加土壤有机质，改善土壤理化性状。

2. 坡地梯改型中低产田改造技术

坡地梯改型中低产田指通过修筑梯田梯埂等田间水保工程加以改良治理的坡耕地，其主导障碍因素为土壤侵蚀，以及与其相关的地形、地面坡度、土体厚度、土体构型与物质组成、耕作熟化层厚度等。主要改造方向为防止土壤侵蚀，减少水土流失，提高水资源利用效率，增加土壤肥力。

一是坡地梯改型耕地土壤侵蚀、土壤贫瘠和土壤干旱，通过实施修筑梯田（水平梯田、隔坡梯田、缓坡梯田）为中心的田间水保工程，增加梯田土体厚度、耕层熟化层厚度，防止水土流失和风蚀沙化，保护和提高耕地土壤肥力。

二是加强山区水利工程建设，大力开发和利用水源，努力提高水资源利用效率，通过以水调肥，提高坡地改梯形土壤肥力水平。

三是因地制宜，合理安排种植结构，充分利用地力和空间，并注意培肥地力，改良土壤，增强土地持续供肥能力。

四是坡度＞15°不宜或不需修筑梯田的坡耕地、梯埂等中低产田，可以实施退耕还林、还草，从而达到护坡保土的目的。

3. 瘠薄培肥型中低产田改造技术

瘠薄培肥型改造主要方法就是通过长期培肥逐步改良，提高土壤肥力。因此，对于瘠薄培肥型中低产田，培肥地力、科学施肥是一项重要的增产措施。有机肥与化肥在培肥地力上各有优缺点。有机肥料养分全，缓效，并含有丰富的有机质，能改良土壤结构，不仅有利于作物根系的生长发育，还有助于提高土壤保水、保肥能力，但有机肥起效慢。化肥养分含量高、速效，但对于土壤结构的改良效果较差。两种肥料各有所长，两者配合施用能取长补短、互相调剂，充分发挥这两种肥料的作用。根据有机肥料和无机肥料的特点，根据作物的生长特征，进行科学合理施肥。

4. 质地改良型中低产田改造技术

质地改良型是指由于土壤母岩、母质以及其他特殊条件导致质地过黏或过沙的土壤通过质地改良而形成的中低产田耕地。过黏类土壤多表现为耕作困难，土壤通透性差，有效养分供应缓慢；过沙类土壤则多表现为漏水漏肥，肥水稳定性差。改造方式主攻质地改良，可采用客土法，增施有机肥料等方法。

5. 干旱灌溉型中低产田改造技术

干旱灌溉型中低产田其主导障碍因素是干旱缺水，以及与其相关的水资源开发潜力、开发工程量及田间工程配套情况等。土壤改良主攻方向为提高灌溉能力。围绕"调水—节水—提高水分利用率"三个方面目标开展改造。加强农田水利基本建设，提高土地灌溉能力；大力发展节水农业，提高土壤供蓄水能力，科学用水，提高水分利用率。

6. 沙化耕地型中低产田改造技术

沙化耕地型中低产田主导障碍因素是沙化导致的土壤保肥、保水能力低。改造主攻方向以改土、提高土壤肥力为目标。通过客土掺加黏土或沟泥等类似物质，改善土壤质地；通过增施有机肥和无机肥料提高土壤肥力；采用新型灌溉技术如滴灌、喷灌等实施单次少水配合多次灌溉技术，减少水分和养分流失；调整种植结构，适当种植绿肥作物，逐步改善土壤肥力。

7. 盐碱耕地型中低产田改造技术

盐碱地形成的实质主要是各种易溶性盐类随水在地面作水平方向与垂直方向的运动，从而使盐分在土壤表层逐渐积聚起来。改良主攻方向为改善土壤水分状况。因地制宜综合治理、改良和利用相结合、水利工程措施和农业生物措施相结合、排除土壤盐分与提高土壤肥力相结合、灌溉与排水相结合。通过工程措施排盐、洗盐、降低土壤盐分含量；通过生物措施种植耐盐碱的植物，培肥土壤；通过耕作措施和合理施肥进一步改善土壤盐碱状况，提高土壤肥力；采用化学措施改良土壤，种植作物。

8. 无明显障碍型中低产田改良

加强农田水利设施建设，改善灌溉条件，采取合理灌溉制度。采取合理耕作措施，改善土层物理结构，提升保水保肥能力，增加土地生产潜力。因地制宜合理施肥，确保土壤肥力可持续供应能力。根据种植条件合理轮作，达到土壤生态良好和经济效益提升平衡。

参考文献

白由路，2018. 高效施肥技术研究的现状与展望 [J]. 中国农业科学，51（11）：2116-2125.

陈宏丽，2017. 邢台市耕地资源评价与利用 [M]. 北京：中国农业出版社.

杜伟，2010. 有机无机复混肥优化化肥养分利用的效应与机理 [D]. 北京：中国农业科学院.

李春霞，2019. 锰、铁和钼肥处理种子与叶面喷施对小麦生长与吸收的影响及其机制 [D]. 咸阳：西北农林科技大学.

李代红，傅送保，操斌，2012. 水溶性肥料的应用与发展 [J]. 现代化工，32（7）：12-15.

李小利，李昊儒，郝卫平，等，2018. 滴灌施肥对华北小麦—玉米产量和水分利用效率的影响 [J]. 灌溉排水学报，37（4）：18-28.

李赟虹，2020. 粮田作物生长及土壤理化性质对不同机械化耕种方式的响应 [D]. 保定：河北农业大学.

刘轶，2016. 控释肥氮释放对小麦玉米产量及氮素利用率的影响 [D]. 泰安：山东农业大学.

刘杏兰，高宗，刘存寿，等，1996. 有机—无机肥配施的增产效应及对土壤肥力影响的定位研究 [J]. 土壤学报，33（2）：138-147.

马阳，2018. 不同耕作施肥方式下的夏玉米养分利用和土壤效应研究 [D]. 保定：河北农业大学.

彭正萍，刘会玲，2013. 肥料科学施用技术 [M]. 北京：北京理工大学出版社.

吴敏，2020. 基于玉米季深松异位施肥技术的麦田施肥措施作用效应研究 [D]. 保定：河北农业大学.

张世卿，2020. 小麦—玉米轮作系统中生物有机肥替代不同比例化肥的效应研究 [D]. 保定：河北农业大学.

郑立伟，闫洪波，张丽，等，2020. 微生物肥料发展及作用机理综述 ［J］. 河北省
　科学院学报，37（1）：61-67.

郑文魁，2017. 控释尿素在小麦—玉米轮作体系中的养分高效利用研究 ［D］. 泰安：
　山东农业大学.